大旗出版
BANNER PUBLISHING

海魂 貳

從甲午戰爭到釣魚台的海權爭奪戰

編者序

歷史不容遺忘……

中國近代史，是一個五千年文明古國的百年屈辱與痛苦，這是同樣源自中華文化的民族體系，所不能抹滅的共同記憶。

只是，隨著本土意識的覺醒以及對民族主義的保守傾向，我們所學習到的往往都只是最簡單的歷史剪影——某年某月某日，在歷史上的某處，曾經發生過某件事。例如：1894 年，發生了中日甲午戰爭，大清帝國和大日本帝國為了爭奪朝鮮半島控制權而在黃海交鋒，此戰中，北洋海軍全軍覆沒，清廷被迫簽下《馬關條約》，割讓台灣、賠款 2 億兩白銀——僅此而已，我們在記憶中的歷史，它只是最基本的歷史事實，一份年表記錄而已。

但真正歷史的背後，故事往往比杜撰出來小說還要精采：北洋艦隊的核心主力：2 艘鐵甲艦、7 艘巡洋艦均是由國外名廠購入，戰鬥力極強，在各自級別上都是當時的一流軍艦；之後更陸續編入了炮艇、雷艇、戰艦等共計 19 艘。但為何如此強大的艦隊在甲午戰爭中卻全軍覆沒？為何中國的火炮只能擊傷日艦，卻打不沉他們？為何日艦的航速遠高於一度名列世界最快的北洋軍艦——致遠艦？

長達 5 個小時的海上會戰，由於北洋艦隊在海防力量的失守和覆滅，使中國掉進了可怕地亡國深淵，曾有一段歷史記載描述失意的中國軍隊：「調綠營兵日，餘見其人黧黑而瘠，馬瘦而小，未出南城，人馬之汗如雨。有囊洋藥具於鞍，累累然，有執鳥雀籠於手，嚼粒而飼，怡怡然；有如饑渴蹙額，戚戚然。」最後北洋大臣李鴻章，在中日甲午戰敗後，受派為全權大臣赴日談判，結果被迫簽訂了對大清帝國頗為嚴苛的不平等條約——《馬關條約》。

1945 年日本的廣島及長崎二地遭到原子彈轟炸，瞬間變成一片廢墟。自此，日本投降，全中國舉國歡騰，這是自 1840 年鴉片戰爭開始後，近百年來第一次反侵略戰爭勝利！

至民國時期，隨著中國海防與軍事的進步，始創海軍陸戰隊，在海軍重炮的掩護下，取金門、奪廈門、佔領福建的幾個重鎮，甚至將觸角伸及南沙與西沙群島，如今，中國學習了海洋文明，將淵博的中華文化透過航海遍佈於世界各大洲、各大洋。

歷史的背後，是活生生的故事，我們無法參與過去，卻可透過細膩的筆觸活在歷史中。中華文化歷經千年以上的時間歷史演變，唯有找出了這些演變真相、這些故事，你才能深深的體悟到歷史的文化面與感情面，讓文明的輝煌與痛苦真正具體的呈現，進而了解國與國之間彼此愛恨交雜的複雜情感。

《海魂》的撰寫，翻閱了大量的歷史資料並前往日本走訪遺跡，撰寫了許多教科書中不會詳細描述的血淚史。我們不需要揭開歷史傷疤、撕裂國族意識，但我們需要了解這些基本的歷史事實，從各種不同的角度探討事件的可能真相。基於原著的立場，我們仍保留兩位作者對歷史的見解，看文明如何把一個你爭我奪的動物世界，規範成了一個能正常運轉的人類社會。

希望在未來，日漸壯大的中國海軍，將是促進全亞洲，甚至全世界和平的有力保衛者，如同六百年前的鄭和艦隊，帶給世界各國真誠的友誼與和平，一起合作邁向更美好的未來。

歷史的細節不容忽視，於是，我們呈上這些文字。

目錄

編者序 004

第七章　滿天悲淚卷神州 009

龍旗艦隊 011

血海殘陽 018

天涯何處是神州 046

中國人的風骨 053

追尋北洋水師最後的蹤跡 064

第八章　民國初年海軍的奮鬥 091

民國時期的海軍陸戰隊 093

在美國閱兵的中國海軍 098

用軍艦威脅墨西哥 101

三擊出雲艦 103

海軍也有窩裡鬥 111

蔣介石大戰「八國聯軍」........ 117

為太平號復仇雪恥 133

艦在曹營心在漢 138

第九章　人民海軍向前進 143
紅色海軍第一艦 145
毛澤東的首艘「禦艦」 147
三代黃河艦的故事 154
南海艦隊的旗艦 159
水鬼傳奇 164
皮老虎大破「小太子」 179
首次三軍協同登陸戰 195
陶司令的糊塗仗 223
西沙南沙揚軍威 240
不明潛艇遊日本 246
衝向索馬利亞 255

第十章　風雲滾滾釣魚台 259
釣魚台之博弈 261
釣魚台的海權爭奪戰 269

參考書目 282

第七章

滿天悲淚卷神州

北洋艦隊這次授銜，意味著中國海軍經過多年建設，已經擁有了一支職業軍官隊伍，以林泰曾、劉步蟾、鄧世昌、林永升為代表人物的這批軍官，基本上都是福州船政學堂裡海軍專業出身，而且很多人都有留洋和在國外督造艦隻，並從大西洋經印度洋駕艦歸國的經歷，他們幾乎都是從北洋水師建設起，就投身於中國海軍建設的，這批優秀的海軍職業軍官既是當時中國海軍多年苦心經營的成果，也是中國海軍最寶貴的財富，更是從零起步的中國海軍教育建設的成果。

龍旗艦隊

1889年2月20日，北洋艦隊一片歡騰（從前一年開始，北洋水師在所有正式文件中改稱北洋艦隊，這也是北洋艦隊正式成軍的重大標誌，在19世紀末，作為「艦隊」意義上的海軍，中國只有北洋一處獨用）。這一天是光緒皇帝大婚前5天，慈禧太后選中了自己二弟桂祥的二格格葉赫那拉為光緒皇后，原戶部右侍郎長敘的兩個女兒他他拉氏姐妹為瑾嬪、珍嬪，為示皇恩浩蕩，李鴻章和北洋海軍提督（相當於今天的北海艦隊司令員）丁汝昌商定在這一天為艦隊軍官晉級授銜，根據慈禧太后懿旨親定的《北洋海軍章程》，北洋海軍額設副將5缺，參將4缺，都司27缺，守備60缺，這對艦隊軍官來說是一次極好的晉升晉級機會，就連工資也相對看漲，軍隊裡每次遇到這種事都是喜氣洋洋，恐怕只有打了大勝仗的痛快才能跟這種快活相比。

隨著京師電報（這時中國已經有了電報通訊）傳來皇太后、皇帝允准晉升名單的喜訊，82位晉級授銜的中國海軍軍官，一齊山呼「萬歲」，同時向京師方向跪下，叩謝皇恩浩蕩。這次任命的頭幾名軍官是：

中軍中營副將以花翎提督記名總兵鄧世昌借補，委帶致遠艦。

中軍左營副將以花翎副將銜補用參將方伯謙升署，委帶濟遠艦。

中軍右營副將以花翎副將銜補用參將葉祖珪升署，委帶靖遠艦。

左翼右營副將以花翎補用遊擊林永升升署，委帶經遠艦。

熟悉中國海軍史的朋友對這些名字都不會陌生，就算對軍事不感興趣的人，也可以從中國經典電影《鄧世昌》和電視劇《北洋水師》裡聽到過這些名字。

此前一年，天津鎮總兵丁汝昌被任命為北洋海軍提督，記名提督林泰曾為北洋海軍左翼總兵，記名總兵劉步蟾為北洋海軍右翼總兵（這相當於今天北海艦隊兩支驅逐艦的支隊司令員）。

這時中國海軍除了創辦了福州船政學堂、天津水師學堂、昆明湖水學堂三所國家級的海軍院校外，廣東、江蘇等地也分別辦起了海軍學校，廣東水陸師學堂是中國海軍第四所院校，由洋務運動後起最重要人物——兩廣總督張之洞和廣東巡撫吳大澂奏議成立。江南水師學堂於 1890 年，由曾國荃於江甯（今南京）創辦。這些海軍學堂都要進行雙語教育，以培養出合格的初級軍官。

江南水師學堂設在儀鳳門（今興中門）和挹江門之間的花家橋，地廣約 3、40 畝，南北狹長。校園是模仿英國水師學堂常習之式，請上海著名西式建築專家，稍變其制，設計建造而成。公務廳、客廳與學生住房、飯房、睡房皆比照華式。西學堂、工藝房、洋教習房則仿西式。另有操場，設高桅，供學生練習桅上操法用。

學堂分駕駛、管輪二科，各計額設學生 60 名。創辦時將原設魚雷學堂裁撤，優等學生轉送旅順魚雷營加習海操，其餘留歸學堂。向社會公開招生的，要求年齡在 13 歲至 20 歲之間，已讀二三經，能作策論，文理通順，曾習英文 3、4 年者。除了考試中文外，還要加考英文、翻譯、地理、算學四門，須四門皆有可觀者方能中選。文化考試之後，「由西醫體檢，證明身無隱疾，再由本人家屬出具甘結及紳士保結，聲明身家清白，並非寄籍外國，亦不崇奉異邪等教」。

在學五年之中，「不得自行告退、請假、完娶，不得應童子試（不許在學期間結婚，不許拿其他文憑）」。學習訓練中，「如有他虞，各聽天命，倘若藉眾滋事或畏難翹課，除將該生開革外，還將提其家屬，追繳曆領贍銀」。江南水師學堂各項規章主要仿效天津水師學堂。根據英文深淺，資質進境，把學生分作三班、英文勝者為一班，每月每人除飯食外給贍銀 4 兩；次者為二班，贍銀 3 兩；再次者為三班，贍銀 2 兩。未滿四個月的試習生，只供飯食不給贍銀。駕駛學生除要求精通英文外，尚需學幾何、代數、平、弦三角、中西海道、星辰部位、升桅帆纜、划船泅水、槍炮步伐、水雷魚雷、重學、微積分、駕駛、禦風、測量、繪圖諸法、輪機理要、格致、化學等課程。管輪學生需習氣學、力學、水學、火學、輪機理法、推算繪圖諸法，並由洋教習領赴機器廠、繪圖房、魚雷廠、木廠，實習打鐵、翻砂、鑄銅、修理輪機諸項手藝，並規定了定期考試制度。1892 年 10 月 17 日，學堂總辦桂嵩慶特請江南製造局著名英國翻譯傅蘭雅到校，主持五天大考。駕駛班平均分數 2196 分（3200 分為滿分）。按例凡得全分之半者得到上取，得全分 1/3 者為次取。由此可見學堂的教學還是很有成績的。

除了海軍人才建設取得重大的成果外，這時中國海軍水面艦艇部隊建設，也取得極其重大的成果（當時水下潛艇部隊在西方海軍都屬於很不成熟的前衛兵器，要到一戰中才能真正投入大規模海戰），這其中以清廷重點發展、李鴻章傾注全部心血創辦出來的北洋艦隊為真正的標誌性成就。

根據《北洋海軍建設章程》，當年威鎮遠東的北洋艦隊共有 25 艘在編軍艦，定遠、鎮遠 2 艘當時世界一流的德製鐵甲艦構成了艦隊的核心戰鬥力量，2 艦滿載排水量 7670 噸，直到今天，中國海軍也只有 4 艘俄製現代級驅逐艦和 2 艘旅洋級驅逐艦的噸位能與之媲美。艦上裝有 4 門 305 公釐口徑巨炮和 2 門 150 公釐口徑火炮，另外裝有 12 門法國「哈乞開斯」連珠快炮（高射速機關炮），4 門 75 公釐舢板炮和三

具355公釐魚雷發射管，魚雷21枚。防護能力更是超一流，德國軍艦對防護力的重視一貫超過英國海軍，定遠級艦的防護採用了當時最先進的鐵甲堡，據北洋海軍史學家陳悅記道：

鐵甲堡長度達43.5公尺，自上層建築到舷側水線及水線以下，以305~355公釐的鋼面鐵甲，將軍艦除首尾部分外的船體緊密包裹，整個軍艦中部要害部位，如彈藥庫、動力部門等均處於鐵甲堡防護中。之所以選擇鋼面鐵甲，是考慮到鐵在海水中不耐腐蝕，因而在熟鐵之外加上鋼甲。因遇原材料漲價，訂造鎮遠號鐵甲艦時限於經費，被迫將水線下的鋼面鐵甲換成防禦效果略遜的熟鐵裝甲。需要指出的是，在定遠級建造之時，世界上最新式的裝甲為英國發明的康邦裝甲，即鋼鐵複合裝甲，又稱鋼面鐵甲。

然而當得知中國2艘鐵甲艦的訂單被德國接到後，英國政府隨即下令拒絕向德國出口鋼面鐵甲。最終德國人通過反覆試驗，生產出了自己的鋼面鐵甲，並最先應用到了定遠級鐵甲艦上。薩克森級鐵甲艦中2艘建造時間晚於定遠級的軍艦，即採用了鋼面鐵甲。定遠級鐵甲艦成為德國造船工業中第一型採用複合裝甲的軍艦，為德國艦船工業提供了技術積累。

除了這2艘主力鐵甲艦之外，北洋海軍另再編經遠、來遠、致遠、靖遠、濟遠、超勇、揚威7艘巡洋艦。其中，1881年歸國的超勇、揚威2艘英製撞擊巡洋艦滿排1542噸，建成時是世界最新式的軍艦，甚至是一級體現新技術、新思想的概念艦。主要火力是口徑10英寸阿姆斯壯後膛炮，此炮號稱1881年威力最大的艦載火炮。

1885年歸國的濟遠艦排水量2300噸，為德製穹甲巡洋艦，主要火力為2門210公釐炮和1門150公釐炮，在下水時亦可算是當時先進軍艦。

1887年歸國的致遠、靖遠艦排水量2300噸，為當時非常先進的英製穹甲巡洋艦，造艦名廠出品，主要火力為3門210公釐炮。而同年歸國的經遠艦、來遠艦排水量2900噸，為世界艦船發展史上開創性的裝甲巡洋艦，主炮為2門210公釐克虜伯後膛鋼箍套炮，副炮為2門150公釐克虜伯後膛炮。所以，北洋艦隊的核心主力，2艘鐵甲艦、7艘巡洋艦均向國外購入，而且均出自國外名廠，戰鬥力極強。在各自級別上都是當時的一流軍艦。

此外，北洋艦隊還編入了6艘炮艇、6艘魚雷艇、3艘練習艦、1艘運輸艦，到甲午戰爭爆發時還補入了1艘平遠號巡洋艦、1艘福龍號大魚雷艇和1艘海鏡號訓練艦，整個艦隊排水量高達4萬噸，在當時排名亞洲第一，世界第六。

為建設這支強大的海軍力量，清廷可謂不惜血本，為了讓北洋艦隊拱衛京畿，成為渤海屏障，甚至不惜削弱南洋方面的海軍建設。據統計，從1887年至1894年，北洋海軍共獲得1000餘萬兩協款，平均每年130萬兩，而南洋自1886年從海防經費獲得100餘萬兩以後，每年僅得50餘萬兩。有人統計，不算南洋海軍和廣東、福建水師，僅建成北洋海軍就耗銀3000萬兩，還有統計說清廷支付的艦船購造費便已超過3000萬兩，合計清廷在海軍建設總投資在1億兩上下。中法海戰後至甲午戰爭，等於每年拿出300多萬兩白銀建設海軍，平均占其年財政收入的百分之四強，個別年份超過10%，中國財政當時一直極度緊張，這麼大的投入，的確是下了血本辦海軍。

除了水面艦隊基設，李鴻章還在旅順和威海營建了龐大的海軍基地和防禦嚴密的海岸炮兵陣地，並徹底整修了大沽口炮臺屏護天津，

到 1884 年，大沽口南岸共設大炮臺四座，小炮臺四十座。旅順基地設九座海岸炮臺，配置火炮 58 門，包括 200 公釐以上口徑巨炮 9 門。因為旅順基地主要定位是北洋艦隊維修保養泊區，所以在旅順基地內建造了攔潮大壩、大塢、還有鍋爐廠、機器廠、吸水鍋爐廠、木作廠、銅匠廠、鑄鐵廠、打鐵廠、電燈廠等九座修船廠，另建倉庫五座，庫間以鐵道相連，間設起重鐵架五座，當時旅順基地甚至已開始使用自來水和電燈。

而威海基地則要用作艦隊聚泊和補給，在威海劉公島上修建了北洋海軍提督衙門和大批營房。威海基地營建較晚，所以其防禦體系更加現代化。海灣南端設北邦三座炮臺，海灣南端設南邦三座炮臺，扼住了軍港入口。兩邦炮臺之後，又設有五座陸路炮臺構成環形防禦體系，又在劉公島上設六座炮臺，劉公島之南的日島上建設地阱炮臺，構成火力核心，裝備皆為克虜伯大炮。其中的地阱炮臺，巨炮設於地下，以水機升降，見敵至則升炮轟擊，可以圓轉自如，四面環擊，發射後借彈藥力退去水汽，降還地阱。這是當時遠東最強大、最先進的軍港。毫無疑問，北洋艦隊和具有大幅進步的南洋水師、廣東水師、福建水師在內的中國近代海軍，都是洋務運動在中國海防事業建設成果上最顯著的體現。

北洋海軍是中國歷史上第一支用西方新式軍艦大炮和訓練方法建設起來，並正式成軍的近代海軍。這支具有一流戰鬥力的艦隊，在當時的中國各界產生過極大的震動，歷次閱操，艨艟雲集，舳艫相接，就連並不精通海軍的朝廷權貴也有深刻印象。

1886 年醇親王巡閱北洋海軍後向朝廷報告：「各將弁講求操習，持久不懈，可期漸成勁旅」；「各將領文武等均能勤奮將事，官弁兵勇，步伐整齊，一律嚴整。槍炮雷電，施放靈捷」；「佈陣整齊，旗語燈號，如響斯應」。連滿清貴族也選送了 60 名滿族學員進學堂趕時髦。

北洋海軍成軍後，共舉行了兩次閱操。一次是 1891 年 5 月 23 日至 6 月 9 日，李鴻章與海軍衙門大臣、山東巡撫張曜巡閱艦隊。前往旅順途中，各艦分行佈陣，聲勢浩蕩。夜間以魚雷艇演習襲營陣法，其他各艦整備禦敵。又調集各艦魚貫打靶，旋以鐵甲艦、巡洋艦、魚雷艇演放魚雷。夜晚合操，水師萬炮齊放，無稍參差。艦隊顯示了強大的戰鬥力。1894 年 5 月 7 日至 27 日，李鴻章同幫辦大臣定安最後一次巡閱了艦隊。這次調集南北洋 21 艘軍艦，是中國近代海軍史上規模最大的一次檢閱。

檢閱中，連一向與北洋齟齬極深的湘系洋務派首領劉坤一，也承認南洋訓練水準遠不如北洋。他請李鴻章「轉囑禹亭軍門（丁汝昌），於南船抵津後賜之教督，俟會操時，諭令南船一切進止，皆視北船為標準」。李鴻章自己也有些陶醉。1891 年巡閱海軍後他說：「綜核海軍戰備，尚能日異月新，目前限於餉力，未能擴充，但就渤海門戶而論，已有深固不搖之勢。」

但是正陶醉在北洋海軍強大表像中的李鴻章並不自知，由於別人進步得更快，改革得更徹底，也由於他自己畏戰怯敵，指揮失誤，他盡半生之力創建的北洋海軍很快就要全軍覆沒，中國第一次衝擊現代化的「洋務運動」，幾乎所有的成果也因他的戰敗被血水淹沒，付諸東流。而且由於這支海防力量的失敗和覆滅，中國將會掉落進更可怕乃至亡國滅種的深淵。而他更想不到的是，給他致命一擊的，竟不是船堅炮利的「泰西豪強」，而是僅與中國一水之隔的近鄰，僅有四島 30 萬平方公里彈丸之地的日本！

血海殘陽

1894 年朝鮮爆發東學黨之亂（農民起義），朝鮮局勢急劇惡化，日本侵朝侵華的野心徹底點燃了！

甲午戰爭爆發前一年，日本外相陸奧宗光就在眾議院扯開嗓門報告說：「日本自 1868 年明治維新，25 年來，對外貿易由 30 萬增至 1 億 6200 萬兩；有 3000 英里鐵路線；1 萬英里電報，及各種航行大洋船隻。日本有最現代化之常備軍 15 萬人，有各式軍艦 40 隻，與歐洲任何各國相比無遜色。日本已實施代議政治，今日不怕任何人。所以日本外交政策為與外人互相往來，並全國為商埠，任人旅行，以促進貿易。」

而此時國際局勢也對日本空前有利，由於日本的自強，當時已實力日衰的大英帝國希望借助日本之力，支持英國在遠東的地位對抗俄法，於是同意日本在 5 年後取消領事裁判權，並上調關稅，由於英國是西方強國，日本由此不但徹底擺脫了黑船帶來的半殖民地化民族危機，而且為發動甲午戰爭找到了強大的國際支援，英國外相在祝酒詞中直截了當地建議為「英日」友誼乾杯——「英日新約」的簽訂勝似日本擊敗清朝的大軍！

滿面紅光的英國外相肯定不會想到，只需要再過 40 年，日本軍隊就會在香港和東南亞把英國軍隊打得滿地找牙，搶了英國老殖民地緬甸、新加坡不說，胃口大到還要去搶大英帝國皇冠上的寶石——印度！

1894 年 6 月 5 日，日本政府組建對華戰爭的最高統帥部——日軍大本營；6 月 17 日，大本營御前會議決定發動對華戰爭，並確定了日本海陸軍作戰的基本方針。其作戰目的是：將陸軍主力從海上輸送入渤海灣擇地登陸，在直隸（今河北）平原與中國軍隊進行決戰，然後進攻北京，迅速迫成城下之盟。日本大本營認為「中國的海軍具有優勢」，因此，陸軍主力在直隸平原決戰的結局，首先要取決於海戰的勝敗，意即取決於日本海軍能否首先在海上戰場殲滅中國海軍主力，掌握渤海與黃海的制海權，從而保證安全輸送其陸軍主力在渤海灣內登陸。

鑒於上述考慮，日本大本營在作戰計畫中設置出作戰的兩個階段：第一階段，日本出動陸軍入侵朝鮮，牽制中國軍隊，而後日本海軍聯合艦隊出海，尋機殲滅北洋海軍，奪取黃海與渤海的制海權；第二階段，則根據海上戰場的作戰所可能產生的不同結局，分別編設出三種具體作戰方案：如果日本海軍在海戰中獲勝並掌握了預定海區的制海權，則立即輸送其陸軍主力兵團進入渤海灣登陸，在直隸平原與中國軍隊實施決戰；如果海戰平分秋色，日本海軍不能掌握制海權，則以陸軍主力兵團達成對朝鮮的佔領；如果日本海軍在海上戰場失敗，制海權落入中國海軍之手，日軍則全部撤回本土設防，準備全力抵禦中國軍隊對日本的進攻行動。

日軍大本營關於作戰的上述考慮與方案，是十分周密、明確而堅決的。它對中國軍隊沒有作出任何輕視的判斷和決策，這完全符合兵家制勝之道。日軍大本營為這場戰爭制定的是一個典型的海軍制勝戰略，因為整個戰爭的發展過程及其可能導致的最終勝負結局，無不依賴於中日兩國海軍兵力在海上戰場的決戰，即黃、渤海制海權的得失。完全可以說，在這場戰爭的海上戰場角逐中，中日兩國海軍對黃海與渤海制海權的爭奪，具有關係戰爭全域的重要戰略意義。因此，

戰火尚未點燃，在軍事戰略籌畫上日本方面已居於一種有利而主動的戰略態勢之中了。

日軍這個作戰計畫值得關注的重心有兩點：

一、日本陸軍根本未把中國陸軍放在眼裡，自信有絕對的實力擊敗中國陸軍。

二、戰爭的命運將由中日兩國的海軍和制海權決定。

這兩點都很好理解，基於日軍強大的情報工作，日軍自信有能力擊敗清朝陸軍，後來的戰爭進程也充分說明了日軍判斷的正確。

根據第二點，從歷史上唐朝白江口海戰、忽必烈兩伐日本和明代 7 年抗日援朝三次交鋒來看，中日之間隔著朝鮮海峽，誰能控制海權，誰就握有戰爭的主動權，優勢的海軍可以保證中日兩國交戰時，輸送的陸軍部隊進可攻上敵國，退可防衛本土，在中日兩國戰爭史上，歷史的教訓是，任何一方丟了制海權，那什麼都完了，只能被動挨打。

而就在日軍將子彈上膛的時候，李鴻章老先生還在多次密電駐紮朝鮮 9 年的袁世凱，要求嚴密控制駐朝部隊，不要與日軍衝突，避免中日開戰，好讓老太后過個快樂的 60 歲生日！

以後中國真正的末代皇帝——洪憲皇帝袁世凱見不是路，在屢次請求增兵朝鮮未果後，將職權移交以後的民國第一任內閣總理唐紹儀，便趕緊跑回了國。而為了增援與日軍緊張對峙的牙山清軍，李鴻章雇用了 3 艘英國船高升號、飛鯨號和愛仁號運輸援朝陸軍，想借英國嚇唬日本，他侄子的秘書劉芬立刻將船隊起航日期、航線人數等這些絕密情報賣給了日諜，日本海軍馬上派出艦隊中火力最強、航速最快、最新服役的浪速、津州、吉野 3 艘巡洋艦在清軍航線上設伏，結果導致了豐島海戰的爆發。

1895年7月25日，3艘日艦在設伏區與從牙山回航的北洋艦隊濟遠號穹甲巡洋艦、廣乙號巡洋艦，和運載著1000名清軍陸軍士兵的英國商船高升號，中國護航老炮艦操江號遭遇，日艦當即向中國軍艦發動猛攻，廣乙號本是廣東水師老艦，來北洋參加校閱後因局勢緊張而編入北洋艦隊，由於裝備太過落後，當即重傷，掙扎到朝鮮西海岸擱淺自焚，管帶林國祥等官會後乘英艦和朝船輾轉歸國。（作者按：廣乙號能出現在北海洋海軍戰鬥序列，真實原因是時任兩廣總督的李翰章是李鴻章的親哥哥，兄弟有難，大哥當然要拉一把。事實上，李翰章將廣東水師戰鬥力最強的廣甲、廣乙、廣丙3艦全部借調給了北洋艦隊，所以後來許多軍迷指責廣東水師、福建水師和南洋水師坐視北洋艦隊孤軍奮戰，以致全軍覆滅。所謂「以北洋一隅之力，搏倭人舉國之師」，這是避重就輕之言。事實上，不但廣東水師最好的3艘艦艇全都支援了北洋艦隊，而且坦率地說，北洋艦隊集中了當時中國海軍的所有精華，能增援的廣東水師和福建水師艦艇裝備實在太落後，戰鬥中起不了什麼作用，福建水師以訓練為主，只剩一艘與廣乙同級的福靖艦，南洋水師倒是有6艘巡洋艦，可這6艘艦全是和北洋最差的超勇、揚威一樣防護很差的老艦，後來黃海海戰一爆發，13分鐘超勇、揚威就重傷起火，38分鐘超勇即沉，所以那些老艦來了，實際上起不了多大作用。）

這時最讓中國海軍恥辱的一幕出現了，戰場可堪一戰的濟遠號巡洋艦竟扔下中國運兵船，同時掛出白旗和日本海軍旗逃掉了！高升號船長高惠悌，和恰好也在船上的北洋海軍德國教練漢納根在獲救後，對英國領事證言：「……9點鐘，我們看到最前一艘船，掛有日本旗，其上還有一面白旗招展。該船很快就向我們方面開過來，經過我們

時，它把旗降落一次，又升上去，以表示敬意。」——這隻船後來證明為中國戰艦濟遠號。

搭乘操江號，被清政府派去朝鮮接任電報局總辦的丹麥人彌倫斯，被解往日本後在長崎拘留地也毫不客氣地記錄了濟遠的逃跑過程：「濟遠懸白旗，白旗之下懸日本兵船旗，艙面水手奔走張惶。濟遠兵船原可幫助操江，乃並不相助，亦未懸旗通知……。」

指揮濟遠艦的管帶就是中國海軍最有名的逃跑將軍方伯謙，方伯謙生活腐化，對上逢迎拍馬，對下欺壓淩辱，即使是在已經很腐敗的北洋艦隊也是出了名的，這樣的軍人怎麼可能為國捐軀？

我們痛心地看到，從第一次鴉片戰爭時清軍高級將領明知不敵卻人人死戰，到甲午戰爭時滿清陸海軍大批將領和官兵逃跑投降，再到以後中國 8 年抗戰時降兵如潮、降將如毛的百萬偽軍、無數漢奸和汪精衛親日偽政府，無數中國人的勇氣血性、國家榮譽感、民族自信心，就是這樣在腐敗的體制和屢次對外作戰失敗中一點點喪失掉的！

失去了戰鬥艦隻的掩護，中國運兵船就成了日艦宰割的死靶，日英雖已達成默契，但日艦依舊將英船高升號擊沉，艦上 1000 多名清軍陸軍士兵紛紛用步槍朝日艦開火，但最終只能隨船沉沒葬身魚腹。英國輿論當時極為憤慨，紛紛破口大罵日本擊沉英船，但是背後希望日本能遏制俄國在遠東擴張的英國政府，本來就支持日本發動甲午戰爭，才不理英國輿論怎麼說呢！

而日軍在擊沉高升號後，積極救撈兩船上的外籍人員，對落水的中國官兵卻是炮轟槍掃，近千名清軍慘死海中，而命令襲擊高升號並對落水中國官兵射擊的浪速號艦長，就是以後日俄戰爭，率領日本海軍在日本海海戰中擊敗俄軍的聖將、軍神——東鄉平八郎，當時他的軍銜是大佐。而為高升號護航的中國老炮艦操江號則被日艦「俘虜」。

豐島初戰，日軍即大勝，全國全軍頓時士氣大振，本就舉旗不定的清軍士氣更沮，李鴻章更是要保船，因為北洋艦隊和淮軍是他縱橫官場的根基，於是日本陸軍源源不斷地跨過朝鮮海峽登上東亞大陸，很快取得對駐朝清軍的兵力優勢，清軍在朝鮮半島中部的作戰中一觸即潰，直隸總督葉志超等清軍將領都成了有名的逃跑將軍，一下就逃到北朝鮮現在的首都平壤。葉志超早年跟隨淮軍名將劉銘傳在鎮壓太平軍和撚軍中起家，因作戰時英勇無畏、毫不惜命，得號「葉大呆子」，可是20年的官當下來，大把的銀子撈下來，當年內戰時無畏的軍人變成今天外戰時的怕死鬼了。

清軍退到平壤，各路日軍立刻尾隨而至，中日平壤大會戰即將展開，到了這個時候，不管李鴻章再怎麼想避戰保船，也得派出北洋艦隊主力護送陸軍增援朝鮮，日軍若陷平壤，跨過鴨綠江攻進中國東北便是須臾之事，那可是滿清的「龍興之地」！如果再不出動艦隊主力，李鴻章的腦袋也不是十分牢靠的！

現在中日雙方都十分清楚，清政府花費20餘年時間傾盡心血經營出來的北洋艦隊將決定戰爭的命運！打掉了北洋艦隊，日軍就可自由登陸中國四處攻擊！

1894年9月17日，北洋艦隊全體主力16艘戰艦完成護衛運輸船隊任務後，從鴨綠江口大東溝返航旅順，與早已在此尋殲中國船隻的日本海軍聯合艦隊遭遇，決定未來中日兩國50年國運的黃海大海戰就這樣爆發了！這天，日本海軍聯合艦隊本隊松島、千島田、嚴島、橋立、扶桑、比睿6艦，第一遊擊隊軍艦吉野、秋津洲、浪速、高千穗4艘新型巡洋艦，和炮艦赤城，武裝商船西京丸等12艦，在聯合艦隊司

令伊東祐亨帶領下，在黃海大鹿島一帶尋殲正朝朝鮮北部增兵的運輸船。10 時 20 分，日本艦隊最前列的新銳巡洋艦吉野首先發現了大鹿島方向有煤煙，日艦一片歡騰，果然發現了中國運兵船的蹤跡，但日軍沒有想到的是，前方是中國北洋艦隊的全部主力艦！中日主力艦隊的決戰即將開始！在這場決定中日兩國 50 年命運的大海戰中，日軍艦隊竟然提前 1 小時 40 分鐘發現中國艦隊！為什麼？因為出產世界最優煤炭的中國讓自己的艦隊燒最劣質的煤，而煤炭資源匱乏的日本卻讓艦隊燒全世界最好的煤！

「煤屑散辭，煙重灰多，難壯汽力，兼礙鍋爐，雖在常時，以供兵輪且不堪用，況行軍備戰之時乎！」

這是北洋水師提督丁汝昌在豐島海戰後寫給開平煤礦總辦張翼的信函，蒸汽時代的煤炭就是軍艦的糧食，燒煤就會有煤煙，優質煤燃燒充分，排出煙氣較小，容易保持艦艇隱蔽性，而中國的洋務企業（國有）開平礦務局五槽（第五工作面）所產的燃煤「品質最好，西人有用其煤者，謂此乃無上品，煙少火白，為他國所罕有。」八槽（第八工作面）所產劣質煤「渣滓甚大，局船兩相概不買用，天津存貨一千數百噸，貶價招徠，尚無買主。」所以 1884 年以前，北洋海軍各艦一向燒的是五槽煤——「天津東西兩機器局，兵商各火輪船概行燒用。」

而 1884 年以後，開平礦務總辦張翼上任後，這種情況改變了，此人幼時家貧，賣身王府為奴，一個真正的奴才居然靠巴結逢迎馬屁功爬上了開平煤辦總辦的高位，其所為便可想而知，開平優質煤取得的利潤。除貪污腐敗之外，還被張翼源源不斷地進貢京城各大衙門和王公大臣們，結果「朝廷和李中堂都褒獎他們忠義可嘉」。但是北洋海軍戰艦的鍋爐卻再也吃不到優質煤了，因為海軍軍費緊張，對燃煤靠行政調撥供應，結款不及時，還要打折，於是張翼只肯把非常損傷軍艦鍋爐的劣煤散煤供應北洋艦隊，這些劣煤燒起來不但沒勁，而且殘渣煤灰極多，對軍艦動力設備損害極大，所以朝鮮戰發後，北洋艦隊提督丁汝昌三番二次向張翼抗議：「包煤專備行軍之需，若盡羅劣充數，實難為恃，關係之重，豈複堪思！」

可是用錢把滿朝文武全砸趴了的張翼哪會把丁汝昌放在眼裡，反而致信丁汝昌——如果要用塊煤的話，可以自己去威海的碎煤裡篩選！丁汝昌只好再次抗議：「邇來續運之煤仍多碎散，實非真正五槽……發極碎塊，恐足下亦未及周知。」

北洋海軍司令丁汝昌發出此信時是 1894 年 9 月 12 日，幾天後，北洋海軍的艦隻就燒著這樣的劣質散煤、碎煤奔向戰場，結果劣煤燒出的濃重的煤煙讓日本海軍艦隊提前 1 個小時 40 分鐘，發現了中國海軍艦隊。

在 10 時 20 分日艦發現中國艦隻之後，11 時 30 分，北洋艦隊的瞭望兵才發現西南海面有一絲很詭異的薄煙，12 時才辨別出那是日軍艦隊！（甲午戰後，有士大夫曾因賣五槽煤給日本而彈劾過李鴻章。）

而就在北洋艦隊的水手們在警鈴聲中倉促緊急奔向各自戰位時，聯合艦隊司令伊東祐亨已經讓日本水兵吃完午飯，甚至破例允許他們飯後隨便吸煙——「因為很快就要進行戰鬥準備，進餐可以使精神徹底鎮靜下來，而且為了讓大家鎮靜，還允許飯後隨便吸煙。」於是日本海軍聯合艦隊就是這樣以逸待勞打了中國海軍一個措手不及。此時，坐鎮西京丸壓陣的日本海軍軍令部長樺山資紀，正用望遠鏡死死盯著迎面沖來的中國艦隊的艘艘艦影，他知道，只要打掉了眼前這支中國最強大的艦隊，日本就能徹底拿到東亞海權，發動明治維新的所有日本思想家們的擴張夢想就能變成現實！

中日雙方艦隊相距5300公尺時，北洋艦隊旗艦定遠管帶劉步蟾在有效射程之外發305公釐重炮一發，未中！諸多軍事專家都認為這一炮充分反映了北洋艦隊倉促接敵時的驚慌失措和訓練不精，當時的近代火炮命中精度差，定遠305公釐克虜伯主炮有效射程只有5000公尺，最佳發射距離為3000公尺至3500公尺，日艦的320公釐火炮比定遠艦主炮口徑更大，卻一直接近到這個距離才開火！日本海軍比北洋艦隊更高超的訓練素質從這一炮暴露無遺！

更糟的是，當時主炮裝填速度很慢，提前發射不僅毫無實戰效果，而且影響雙方軍艦接近後的近距離第二炮轟擊時間，而且定遠主炮炮口濃煙直接暴露了中國艦隊旗艦的位置，以中國當時横隊接敵隊形，只有旗艦才敢發第一炮！所以，日艦立刻集中火力攻擊暴露陣位的中國旗艦，劉步蟾的這一炮當即使中國艦隊指揮官丁汝昌在開戰之初即被日艦集火擊傷！世人原多根據洋員戴樂爾記載說劉步蟾首炮震塌飛橋摔傷丁汝昌，錯誤！

「18日與倭接仗，昌上望台督戰，為倭船排炮將定遠望台打壞，昌左腳夾於鐵木之中，身不能動，隨被炮火將衣燒，雖經水手將衣撕去，而右邊頭面及頸項皆被燒傷。比時雖為人抬，尚不覺過重，現在頭腳皆腫，兩耳流血水，兩眼不能睜開，日流黃水，腳日見腫，皮肉發黑，疼痛異常，多言中心即搖擺不定，無能自主……」

這是戰後丁汝昌的戰鬥報告。旅順船塢工程總辦龔照瑗記錄：「頃晤丁提督，見其右臂半邊被藥燒爛，左臂為彈炸望台木板擊傷，幸不甚重……」可見丁汝昌完全是燒傷，負傷原因是定遠毫無意義的第一炮暴露旗艦目標，招致日艦集中攻擊所致！這樣，戰鬥剛一開始，中國艦隊就失去了指揮官！更糟的是，雖然被燒傷的丁汝昌堅持不下甲板，裹傷後坐在艙面鼓舞士氣，但丁汝昌卻沒有指定接替人，定遠前桅被破壞後，劉步蟾也沒有升起指揮旗！所以中國艦隊開戰就失去了統一指揮！以後 5 個小時的大海戰中國海軍都是艦自為戰！

中日艦隊交火時，中國艦隊為橫陣，日本艦隊為雙縱列，為這個戰鬥隊形，軍事專家們和中國無數軍迷爭論了許多年，認為中國艦隊改變隊形，或許戰鬥結果會不同，其實這沒有任何意義，因為我們看到，在這場中國海軍被日本海軍打得一邊倒的戰鬥中，中國北洋艦隊所有能參戰的主力艦只悉數提刀上陣，連魚雷艇最後都參加了戰鬥！

戰前，李鴻章對清廷有一份北洋艦隊實力詳細報告。這份資料，是甲午戰爭爆發之前，清政府主管官員對自身軍事實力所做的最明確估計，具有極高的史料價值。李鴻章首先報告海軍的情況，說明為什麼只有 8 艘軍艦可資海戰。

「伏查戰艦以鐵甲為最，快船次之。北洋現有定遠、鎮遠鐵甲 2 艘，濟遠、致遠、靖遠、經遠、來遠快船 5 艘，均系購自外洋，平遠快船 1 艘，造自閩廠。前奏所雲戰艦，即指此 8 艘而言。此外，超勇、揚威二船，均系舊式，四鎮蚊炮船，僅備守口，威遠、康濟、敏捷三船，專備教練學生，利運一船，專備轉運糧械……曆考西洋海軍規制，但以船之新舊、炮之大小遲速分強弱，不以人數多寡為較量。自光緒 14 年後，並未添購一船，操演雖勤，戰艦過少。臣前奏定海軍章程及兩次校閱疏內，迭經陳明在案。」

李鴻章所述北洋艦隊 10 艘主力戰艦此役中全部參戰！而日軍本為尋殲中國運輸船而來，沒有想到此戰會打成中日雙方艦隊大決戰，所以只有聯合艦隊本隊和第一遊擊隊，外加一艘改裝武裝商船西京丸參

戰，動用兵力還不到日本海軍聯合艦隊可以參戰數量的一半！

在這場戰鬥中，日本海軍第二遊擊隊、第三遊擊隊，還有 4 艘巡洋艦，12 艘赤城號那樣的炮艦，4 艘練習艦，4 艘像西京丸那樣可以從商船直接改裝成特設巡洋艦計 24 艘軍艦沒有參戰！此外，日軍還有 24 艘魚雷艇隨時可以投入戰鬥（這些日本魚雷艇隨後參加了攻擊北洋艦隊基地威海衛的戰鬥）！如果日本海軍主力像北洋艦隊此役那樣全體出動，北洋艦隊的結果只可能有一個——全軍覆沒！

事實上，戰場是一個最公平的競賽場，戰爭的結果就是戰爭雙方軍隊和平時期綜合素質較量的結果！日本海軍在黃海海戰中贏得沒有半點虛假和討巧！戰果撕去了北洋艦隊這隻紙老虎嚇人的大皮，但這的確是日本海軍嚴酷訓練的正常結果！體現的就是日本海軍的真實戰鬥力！所以，討論雙方戰鬥隊形對此戰的影響，茶餘飯後閒聊可以，真認為變換隊形就能改變什麼，那豈不愚蠢。

12 時 52 分，日艦松島號在 3500 公尺處向定遠艦率先發炮，3 分鐘後，航速最快的日艦吉野號已衝到北洋艦隊橫隊最右端，開始向超勇、揚威 2 艘中國老艦開火，1 時 09 分，所有日艦均已投入戰鬥，從松島艦打響日本艦隊第一炮開始到此時僅僅 17 分鐘，中國艦隊指揮官丁汝昌已經受傷，中國超勇、揚威 2 艘無防護的老式巡洋艦則在 1 時 05 分，日艦開火後 13 分鐘即已重傷起火！

日軍以縱列衝過中國艦隊橫隊當面，北洋各艦隻有射速慢的首炮可以投入戰鬥，而日艦首尾炮和主炮均可投入戰鬥，所以每艘日艦駛過中國艦隊時，都只挨了幾炮，卻都沒有受到重大打擊，而中國 2 艘防護差的老艦卻招架不住日艦強大的速射火力，當即重傷起火，1 時 30 分，日艦開火後 38 分鐘，超勇即在日艦彈雨下沉沒。

超勇管帶黃建勳落水後有人抛長繩相救，不接沉水；揚威重傷搶灘，管帶林履中憤而蹈海成仁。

此時，日軍以吉野號為首的第一遊擊隊 4 艘新式巡洋艦，由於航速快已經包抄到中國艦隊的右翼，航速不均由橫隊拉成 V 形隊的中國艦隊，隊形頂部正好楔入日本艦隊第一遊擊隊和本隊之間，截住了日軍本隊相對較弱的 6 艦，中國海軍官兵當時表示出了非常無畏的戰鬥勇氣。

鎮遠艦主炮中彈，一位炮手頭骨當場炸碎，其餘炮手毫不驚懼，搬開屍體後繼續射擊，為了防止通氣管把甲板上的火焰引入機艙，水手們卸除了風斗，封閉的機艙內溫度升至華氏 200 度，機艙人員在如此高溫下一直堅守戰位 5 個多小時，直到戰鬥結束。

在中國海軍的猛烈打擊下，嚴島艦右舷被一發 210 公釐炮彈擊中，11 名水手被擊傷，又一彈穿過右舷在汽罐室爆炸，再傷 6 名日軍，比睿、扶桑被重創起火。定遠艦後主炮又擊中日艦赤城號，日方文字記載了這發炮彈的後果——「彈片打穿正在觀看海圖之阪元艦長頭部，鮮血及腦漿濺在海圖臺上，染紅了羅盤針。」

據日方統計資料記載，黃海海戰時雙方艦隻裝甲情況如下：

聯合艦隊鐵甲艦 1 艘，北洋海軍鐵甲艦 6 艘。

聯合艦隊半鐵甲艦 2 艘。

聯合艦隊非鐵甲艦 9 艘，北洋海軍非鐵甲艦 8 艘。

日方似將金屬構造但未加裝甲防護的艦隻，都歸入非鐵甲艦隻一欄。據中國資料記載，定遠、鎮遠的護甲厚 14 寸，經遠、來遠的護甲厚 9.5 寸。根據日軍統計，此役中日參戰軍艦在 200 公釐以上大口徑艦炮日中對比為 11 門對 21 門，中國記載北洋艦隊有 26 門，絕對優勢！

然而，為何中國的大口徑火炮只能擊傷日艦，卻不能使之沉沒？因為北洋艦隊在用訓練時的實心練習彈打實戰！

中國當時的兵器工業缺乏生產大中口徑開花彈（爆破彈）的能力，這類炮彈的獲取途徑只能靠進口，而1891年戶部下達了停止購買外洋軍械的禁令，北洋海軍4年沒有補充過新炮彈了，情況嚴重到什麼程度？嚴重到甲午之戰前一年，中國海軍大閱兵，定遠艦戰時用305公釐開花彈僅剩1枚，鎮遠艦情況稍好一點，有2枚之多！

北洋海軍威力最大的2艘戰艦僅有3枚305公釐實彈可用，而2艦上的305公釐大炮卻有8門，這就是歷史的真實！

連外國人都說這是腐敗造成的！與中國海軍關係極深的英國人赫德在一封信中透露：「當前的難題是軍火。南洋艦隊每一門炮只有25發炮彈。北洋艦隊呢？克虜伯炮有藥無彈，阿姆斯壯炮有彈無藥！漢納根已受命辦理北洋防務催辦彈藥，天津兵工廠於10日前就已收到他所發的趕造炮彈命令，但迄今一無舉動！他想湊齊夠打幾個鐘頭的炮彈，以備作一次海戰，在海上拼一下，迄今無法到手。最糟的是恐怕他永遠沒有到手的希望了！」

赫德還氣憤地說：「10年以來，每年都有鉅款撥交海軍衙門，現在應當還剩下3600萬兩，但他們卻說連一個製錢也沒有了，都已給太后任意支用去滿足她的那些無謂糜費了！」北洋海軍沒炮彈打仗這個問題，到海戰爆發時仍未解決。

洋員馬吉芬戰後回憶，彈藥供應極為不足。到戰鬥結束前半小時，鎮遠艦305公釐口徑主炮的爆破彈全部打光，僅剩15發實心彈，150公釐口徑炮的148發炮彈也全部打完，定遠的情況亦同。他說：「如果再過30分鐘，我們的彈藥將全部用盡，只好被敵人置於死命。」

而日本艦隊呢？敵方炮彈則綽綽有餘，直到最後還一直猛烈射擊。馬吉芬把彈藥供應的責任歸咎於天津當局者的貪污腐化。外國記者也說：「這是軍需局的壞蛋官吏的罪惡」。

在豐島海戰和黃海海戰中，北洋海軍頻繁出現炮彈擊中日艦不炸的現象，而且彈藥不足。在豐島海戰中，濟遠艦用 150 公釐口徑火炮發射炮彈，擊中日艦速度最快的吉野號右舷，擊毀舢板數隻，穿透鋼甲，擊壞其發電機，墜入機艙的防護鋼板上，然後又轉入機艙裡。可是，由於炮彈的品質差，裡面未裝炸藥，所以擊中而不爆炸，使吉野號僥倖免於沉沒。在黃海海戰中，吉野號又中彈不少，但終未遭到毀滅性打擊。當時在鎮遠艦上協助作戰的美國人馬吉芬認為，吉野號能逃脫，是因為所中炮彈只是穿甲彈，北洋海軍發射的炮彈，有的彈藥中「實有泥沙」，有的引信中「僅實煤灰，故彈中敵船而不能裂」。

不僅艦炮發射的炮彈不炸，海岸炮臺發射的炮彈也不爆炸。據日方記載，清軍旅順口炮臺發射的炮彈「雖其響轟轟，但我兵因之死傷者甚少，之所以如此，無他，海岸諸炮臺發射敵之大口徑炮彈，其彈中大半填裝以大豆或土砂故也」。

這些現象表明，擊中不炸，不外乎兩種原因：一是發射的炮彈本身就是未裝炸藥的實心穿甲彈，只能穿透船體裝甲，不可能爆炸；二是發射的穿甲爆破彈裝藥有問題，裝填煤灰、土沙之類。這樣的炮彈顯然不適宜於與擁有速射炮的日艦激戰，只適於平時演習打靶之用。

所以，劣質炮彈實在是此戰中國軍艦失敗的最關鍵性因素之一。更可怕的事實是，連品質低劣的國產開花彈，北洋艦隊在開戰後都沒有搬運上艦，可見這支艦隊管理鬆懈到了什麼程度！

據一位細心的觀察家統計，在定遠和鎮遠發射的 197 枚 12 英寸

（305 公釐）口徑炮彈中，半數是固體彈，不是爆破彈。戰至最後，定遠、鎮遠彈藥告竭，分別僅餘 12 英寸口徑實心彈 3 發、2 發。

根據中國歷史學者最新發現的數字，參加過黃海大戰的定遠、鎮遠、靖遠、來遠、濟遠、廣丙 7 艦的存艦存庫炮彈，僅開花彈一項即達 3431 枚。其中，供 305 公釐口徑炮使用的炮彈有 403 枚，210 公釐口徑炮彈 952 枚，150 公釐口徑炮彈 1237 枚，120 公釐口徑炮彈 362 枚，6 英寸口徑炮彈 477 枚。黃海海戰後，又撥給北洋海軍 360 枚開花彈，其中 305 公釐口徑炮彈 160 枚，210 公釐、150 公釐口徑炮彈各 100 枚。顯然，在 3431 枚開花彈中，有 3071 枚早在黃海海戰前就已撥給北洋海軍。

至於這批開花彈為什麼沒有用於黃海海戰，惟一的解釋就是它們當時根本不在艦上，而是一直被存放在旅順、威海基地的彈藥庫裡。由此可見，造成北洋海軍在黃海海戰中彈藥不足的責任不在機器局，也不在軍械局，而在北洋海軍提督丁汝昌身上。

在中日雙方開戰後，丁汝昌執行李鴻章「保船制敵」的方針——消極避戰。又因心存僥倖，出海護航時竟然連彈藥都沒有帶足，致使北洋海軍在彈藥不足的情況下與日本艦隊進行了一場長達 5 個小時的海上會戰，結果極大地影響了戰鬥力的發揮，也加重了損失的程度。

此外，北洋海軍各主力艦都設有魚雷管 3 ～ 4 具，但是，在黃海海戰中，並沒有對日艦實施魚雷攻擊。丁汝昌在彙報戰況時，也隻字未提己方發射魚雷，而只說日艦對經遠和致遠發動魚雷攻擊。看起來，正像大批開花彈不在艦上一樣，購艦時就配備好的大批魚雷在戰爭爆發後也一直躺在基地的倉庫裡。

至於彈藥中裝填沙土、煤灰和大豆之類，影響炮彈爆炸，英國人說原因在於天津軍械局的辦事員被日軍收買，充當了日軍的間諜，故意破壞。李鴻章和他的親屬們在日本間諜被抓住後，卻釋放了他們。聯想到豐島海戰，方伯謙逃跑時先打白旗再掛日旗，那他的日本旗是哪裡來的？是否戰前就接受了日本的收買？

所以，英國海戰史學家評價：「大東溝海戰的結果是雙方對海戰理論無知的產物：假如日本多瞭解一些海戰理論，就根本不敢挑戰實力更強、擁有堅不可摧鐵甲艦的北洋艦隊；而假如北洋艦隊多瞭解一下海戰理論，又怎麼可能在擁有大艦巨炮的情況下仍然以此的懸殊比分慘敗呢？」

聽上去非常地荒唐，一個5000年文明古國的50年國運就寄託在幾百枚大口徑炮彈上，但這的確是事實。結果，中國海軍大口徑火炮的優勢全部被稀爛炮彈抵消掉了，西京丸這樣一艘僅臨時加裝了一門120公釐速射炮（日本海軍的研用樣炮）的武裝商船，6分鐘內吃了定遠等4艦11枚大口徑炮彈，其中定遠的2枚練習巨彈將其左右舷對穿出四個窟窿，但它照樣逃掉了！

比睿這樣一艘全木製結構的老艦冒著大火也逃掉了！連赤城這樣一艘622噸的淺水小炮艦，艦長阪元八郎太都給打死了，305公釐巨彈吃了數枚，前炮彈藥斷絕，大檣摧折居然也不沉，照樣逃掉了！來遠艦前去追擊，追至300公尺處還被其赤城尾炮命中起火，只得撤離！

2400噸的中國裝甲巡洋艦打不過日本622噸的小炮艦，為什麼？因為日本軍艦用的是能打死人的真炮彈！此役中，日軍全部使用開花彈，而且日軍開花彈裡不但沒有裝沙子，甚至裝的不是中國炮彈中威力不大的傳統黑火藥，而是日本在全世界率先使用的烈性黃色炸藥，這種炸藥由日本工程師下瀨雅允所發明，這就是世界海戰史上有名的

下瀨炸藥，下瀨炸藥的爆炸威力甚至大過了直到現在還是各國軍隊主要炸藥品種之一的烈性炸藥 TNT ！在很長一段時間裡，下瀨炸藥都是日本海軍，甚至是日本軍隊最高機密之一！

裝填下瀨炸藥的炮彈靈敏度極高，命中繩索都能爆炸，而且威力極大，爆炸後不但衝擊波和破壞力遠勝黑火藥，還會伴隨中心溫度高達上千度的大火，號稱鋼鐵都能點燃，即使落到水裡也能繼續燃燒！就是 10 年後，下瀨火藥在日本海大海戰中，照樣把俄國海軍打得滿地找牙，連俄軍海軍艦隊司令羅日傑斯特文斯基都做了俘虜！

所以，就在中國 305 公釐大炮的稀爛炮彈打不沉日本木製軍艦比睿號時，吉野號等日艦裝填下瀨炸藥的 120 公釐炮彈卻迅速擊沉中國巡洋艦超勇、重傷揚威！

日艦西京丸逃跑時，中國魚雷艇福龍號趕到戰場衝向前連射 3 枚魚雷，最近距離 40 公尺，船上觀戰的日本海軍軍令部長樺山資紀看著衝過來的黑頭魚雷大叫「吾事畢矣」！

豈料，三雷一彈未中！

此役有資料統計，日艦平均中彈 11.17 發，而北洋各艦平均中彈 107.71 發，日艦火炮命中率高於北洋艦隊九倍以上！北洋艦隊自琅威理走後，戰鬥力已每況愈下，訓練更是弄虛作假，欺上瞞下。琅威理在時：「曾於深夜與其中軍官猝鳴警號以試之，諸將聞警，無不披衣而起，各司所事，從容不迫，靜鎮無嘩。」琅威理不乏針對性的結論是：「華人聰穎異常，海軍雖練習未久，然於演放炮位、施放水雷等事，無不異常純熟」；「至其海軍將佐，有曾赴美肄業者，未遜歐西諸將之品學。各戰艦製造亦佳，鐵甲船之堅利更可與英相埒，惟聞有舊式之炮耳。彼誹毀中國海軍之多所廢弛者皆憑空臆說也。」

琅威理走後：「平日操練炮靶、雷靶，惟船動而靶不動」；每次演習打靶，總是「預量碼數，設置浮標，遵標行駛，碼數已知，放固易中」；「在防操練，不過故事虛行」；「徒求演放整齊，所練仍屬皮毛，毫無裨益」。

「琅威理去，操練盡弛。自左右翼總兵以下，爭挈眷陸居，軍士去船以嬉」；提督丁汝昌則在海軍公所所在地劉公島蓋鋪屋，出租給各將領居住，以致「夜間住岸者，一船有半」；「琅君既去，有某西人偶登其船，見海軍提督正與巡兵團同坐鬥竹牌也」。

平時艦隊司令和水兵一起賭博，戰時就只好一起去死了……

排擠賢能，軍風腐敗，訓練時騙上司，上了戰場你能騙敵人嗎？

沒有堅強的戰鬥技術，打仗時不怕死有用嗎？

此時，日軍西京丸、比睿、赤城 3 艦已重傷退出戰場，中國軍隊超勇沉沒，揚威重傷撤退，但平遠、廣丙 2 艘巡洋艦和諸雷艇亦趕來參戰，仍能以 10 艦對日 9 艦放手一搏，而就在這最關鍵的時刻，方伯謙率濟遠艦再次逃跑了！北洋艦隊的水兵戰後形容「方老鼠滿海亂竄」，日艦的記載是 14 時 30 分，戰場上即看不到濟遠艦！而且濟遠艦一逃，動搖了廣甲軍心，廣甲艦也逃掉了！

正在苦戰的日艦頓時士氣大振，衝到前方的第一遊擊艦隊 4 艘新式巡洋艦迅速以 18 節高速回航，與本隊構成對北洋艦隊的夾擊之勢，海戰形勢至此大逆轉！

為什麼日艦能快速機動夾擊北洋艦隊，因為北洋軍艦的鍋爐都是報廢貨！極低的航速使北洋艦隊無法擺脫日艦快速夾擊！

北洋海軍的主力艦中，艦齡最久的超勇、揚威建造於 1880 年、1881 年，服役最晚的一艘平遠也已是 1888 年的產物，到 1894 年時，

少則服役5至6年，多則服役10餘年。即使這些艦船連年用於普通日常航行，它們的鍋爐也已經到了需要更換的時候，更何況北洋海軍的航行活動非常頻繁，幾乎每年都要進行一次巡弋中國南北領海的航行，艦船的使用強度極高。

北洋海軍中的致遠艦曾以超過18節的航速，一度名列世界最快軍艦。而幾年後，日本的吉野號最高航速已經超過了23節，北洋海軍軍艦的航速本就已經落伍，加之鍋爐、蒸汽機的老化，更是無法望新艦項背。戰前2年丁汝昌就要求更換報廢鍋爐——當然是沒有換成！所以，此戰中國軍艦是用報廢的鍋爐燒著劣煤打仗！

此役日軍惟一的失誤就是專為對付鎮遠、定遠兩艘鐵甲艦而建造的三景艦所裝320公釐法造火炮寸功未立，要談造炮，全世界沒人是德國人的對手，何況浪漫的法國情人？而且該級艦設計有嚴重缺陷，以4200噸艦體裝320公釐巨炮，甚至被當時的日本海軍大臣山本權兵衛譏諷為「手持利刃之赤身裸體兵」，結果被日軍寄予厚望的3艘新式戰艦5小時總共射出12發320公釐炮彈！松島3發、橋立4發、嚴島5發，3門大炮平均一小時射出不到一發炮彈，而且一發未中！

但是，日軍的中口徑速射炮優勢完全彌補了大口徑炮不如北洋海軍的弱點。

此前的老式中、大口徑火炮，往往4、5分鐘，甚至10多分鐘才能發射一發炮彈。而當時全新的中口徑火炮，即速射炮，中國稱為快炮，情況則截然不同，由於安裝了反後座裝置，速射炮1分鐘可以發射4至5發炮彈，可以實現密集射擊。

日艦裝備了大量先進的速射炮。如松島、嚴島、橋立各裝有11至12門4.7英寸口徑速射炮，吉野號裝有4門6英寸口徑速射炮、8門

4.7 英寸口徑速射炮，而中國艦隊速射炮卻極少。4.7 英寸口徑速射炮每分鐘發射 8 至 10 發炮彈，6 英寸口徑速射炮每分鐘發射 5 至 6 發炮彈，而同樣口徑的舊式火炮，其發射速度為 50 秒鐘 1 發。這樣，日艦在速射炮上佔有壓倒優勢，它能把炮彈雨點般傾瀉到中國軍艦上來。

與密佈先進速射火炮的日軍新式軍艦相比，北洋海軍那些多年前的世界最新軍艦，已經老態龍鍾。英國著名艦船設計師威廉•懷特 1885 年為中國設計的致遠號巡洋艦，主要武備包括 210 公釐口徑火炮 3 門、150 公釐口徑火炮 2 門，都是老式火炮；而到了 1892 年，仍然是威廉•懷特，他在設計思想進步的影響下，為日本設計的吉野號巡洋艦，主要武備包括有 150 公釐口徑火炮 4 門、120 公釐口徑火炮 8 門，全部是帶有復進機的最新式速射炮。

中日軍艦之間的差距不僅僅局限於火力，在北洋海軍購買艦船的時代，火炮的瞄準方式是採用六分儀，以天體或其他物體作為參照物，分別測量推算出敵我軍艦的經緯度，套用計算公式，求出敵我距離，射擊程式又慢又複雜。而日本 20 世紀 90 年代後購買的吉野艦，已經裝備了專門用於火炮瞄準計算的瞄準儀，這種類似大型望遠鏡的設備，只要在鏡頭中將對方目標焦距調實，就會自動顯示雙方的精確距離。

戰前中國海軍已意識到了與日軍在中口徑射炮火力上的巨大差距。

1894 年 3 月 31 日，甲午戰爭的狼煙尚未燃起，北洋大臣、直隸總督李鴻章上了一份特殊的奏摺。奏摺的主要內容是轉引北洋海軍提督丁汝昌的一份申請，主題是為北洋海軍購買新式裝備，這是自戶部下達海軍軍火禁購令之後，李鴻章首度要求開禁。

竊據北洋海軍提督丁汝昌文稱：「鎮遠、定遠 2 鐵艦原設大小炮位，均系舊式；濟遠鋼快船僅配大炮 3 尊，炮力單薄，經遠、來遠鋼快二船尚缺船尾炮位。鎮、定 2 艦，應各添克鹿蔔新式 12 生特（公分）快炮 6 尊；濟遠、經遠、來遠 3 艦應各添克鹿蔔新式 12 生特快放炮 2 尊；共 18 尊，並子藥器具。又威遠練船前桅後原設阿摩士莊舊式前膛炮，不堪靈動，擬換配克鹿蔔 10 生特半磨盤座新式後膛炮 3 尊，並子藥等件。均系海防必不可少之要需。」

安裝這些速射炮總共需銀 60 萬兩，清廷辦海軍當然是沒錢的，沒錢撥，李鴻章也就算了，答覆丁汝昌「無款」了事。

李鴻章有錢沒？有！

北洋艦隊在黃海海戰中戰敗，李鴻章才上奏前籌海軍鉅款分儲各處情況：「滙豐銀行存銀 107 萬 2900 兩；德華銀行存銀 44 萬兩；怡和洋行存銀 55 萬 9600 兩；開平礦務局領存 52 萬 7500 兩；總計 260 萬兩。」等到艦隊一敗塗地，他這才想起來自己私藏的海軍專款的零頭，都夠給北洋艦隊增裝新式速射炮！結果濟遠、廣甲逃跑後，在日軍裝填下瀨火藥的速射炮彈雨點般火力打擊下，被半包圍的中國艦隊致遠、靖遠、經遠、來遠紛紛重創起火。

日軍第一遊擊隊始終保持建制和高度機動，並不停地射擊。北洋艦隊中航速最高的巡洋艦致遠號此時已受重傷，水線下有 10 英寸和 13 英寸炮彈擊出的大洞。而水密門隔艙的橡皮，因年久破爛，難以起到防堵海水貫通全艦的作用，海水洶湧地灌入，使軍艦隨時有沉沒的危險。管帶鄧世昌知道軍艦已到最後關頭，決心孤注一擲，用艦首衝角向從陣前掠過的吉野號攔擊。他在指揮臺上鎮靜地大聲喝道：「我輩從軍衛國，早置生死於度外。今日之事，不過就是一死，用不著紛紛亂亂！我輩雖死，而海軍聲威不至墜落，這就是報國呀！」

在他的激勵下，全艦官兵同仇敵愾，鼓足馬力，一面用抽水機不停地抽去艙中海水，一面向日艦勇敢地衝擊。日艦見狀，緊急逃避，並向致遠發出雨幕般的炮彈，終於將致遠擊沉。致遠的頭部首先紮入水中，船尾在海面上高高翹起，露出它仍在旋轉的螺旋槳。接著，整個軍艦漸漸在海上消失，留下一個巨大的漩渦。鄧世昌愛犬叼住鄧之髮辮不使其沉海，可惜最後主人與愛犬只能同沉殉艦。

致遠沉沒是北洋海軍的一個重大損失，這是海戰中最無畏的一艘中國戰艦。這時，靖遠、經遠、來遠也負彈累累，火勢蔓延，相繼撤退。4 時 16 分，平遠、廣丙也因負傷，退出戰場，駛往近岸修理。日軍第一遊擊隊 4 艦追擊靖遠、經遠、來遠 3 艦至大鹿島一帶，首先集中攻擊中國經遠艦。

經遠管帶林永升，臨危不懼，以一敵四，從容發炮，忽被彈片擊中頭部，血流滿面，當場犧牲。林永升，字鐘卿，福建侯官人，性情溫和，從不在眾人面前訓斥部下，和部曲感情深厚，戰鬥中表現極為英勇。他死之後，幫帶大副陳榮、二副陳京瑩接替指揮，也先後殉國。日艦向經遠發射魚雷和排炮，使其火勢越燒越大，至 5 時 30 分，經遠艦從左舷翻倒海中，不久沉沒。烈火翻騰的海域上空，頓時被漆黑的濃煙所籠罩。

由於經遠與敵死戰，使得靖遠、來遠得以撲滅火焰，堵塞漏洞，施行各種損管措施。當日艦見經遠即將沉沒，掉頭前來攻擊時，2 艦背倚淺灘，沉著應戰，直到戰鬥尾聲。

堅持在戰場上的中國軍艦，此時只剩定遠、鎮遠 2 艦。日本艦隊本隊有 5 艦環繞著定遠、鎮遠繼續猛攻，此 2 艦巍然屹立在茫茫大海中，鏖戰不息。

從硬體上說，定遠、鎮遠2艘中國鐵甲艦，直到大戰爆發前，仍然是亞洲國家最令人生畏的軍艦，也是當時世界比較先進的鐵甲堡式鐵甲艦，設計時綜合了英國英偉勒息白號和德國薩克森號鐵甲艦的長處，各裝12英寸大炮4門，裝甲厚度達14寸。定、鎮2艦在黃海大戰中「中數百彈，又被松島之13寸大彈擊中數次，而曾無一彈之鑽入，死者亦不見其多」，都證明它們是威力極強的海戰利器。日本視此2艦為最大威脅，歎其為「東洋巨擘」。雖然它加速了造艦計畫，建造出對付定遠、鎮遠2艦所謂的三景艦，但就其海軍整體實力而言，直到戰時也未獲得達到此2艦威力的軍艦。

日本設計的三景艦——松島、嚴島、橋立專為對付定遠、鎮遠。艦上裝備了320公釐口徑巨炮，認為可以貫穿30英寸厚的裝甲。在定遠、鎮遠的裝甲及炮塔護甲上，被日艦炮彈擊出的彈坑密如蜂巢，但深度沒有超過4英寸以上的。日軍聲稱各擊中定、鎮2艦2000餘彈，鎮遠艦上的洋員漢娜根被炮彈震得終生重聽，而2艘中國鐵甲艦依然頑強奮戰，以致日本水兵三浦虎次郎驚歎地叫道：「定遠號怎麼還不沉呢？」

約15時30分許，定遠艦前主炮打出了此戰中國軍艦最具威力的一發炮彈，一發305公釐炮彈命中日旗艦松島號右舷下甲板，引起彈藥爆炸！

日本人川崎三郎編撰的《日清戰史》一書詳細記述了這一情形：「剎時如百雷千雷崩裂，發出淒慘絕寰之巨響。俄爾劇烈震盪，船體傾斜。烈火百道，焰焰燭天；白煙茫茫，籠蔽滄海，死亡達84人。……死屍紛紛，或飛墜海底，或散亂甲板，骨碎血溢，異臭撲鼻，其慘瞻殆不可言狀。」

日方出版的《黃海大海戰》一書更是對此作了細緻的描述：「……頭、手、足、腸等到處散亂著，臉和脊背被砸得難以分辨。負傷者或俯或仰或側臥其間。從他們身上滲出鮮血，黏糊糊地向船體傾斜方向流去。滴著鮮血而微微顫動的肉片，固著在炮身和門上，尚未冷卻，散發著體溫的熱氣……。」

松島號遭此一擊，官兵死傷達113人，各炮多半被毀，艦體損傷嚴重，舵機失靈，喪失了作戰能力。日軍聯合艦隊司令伊東祐亨只得調集軍樂隊員充當炮手並參加滅火，至4時，松島懸起不管旗，命令各艦自由行動，伊東率幕僚將旗艦移至橋立。17時45分，大東溝戰場殘陽如血，暮色將臨。伊東感到單憑嚴島、橋立、千代田及負傷的松島、扶桑，要擊沉定遠、鎮遠幾無可能。於是下令升信號旗召喚第一遊擊隊歸隊，一起駛回臨時錨地。

一直在附近船隻上觀戰的英國遠東艦隊司令裴利曼不禁感歎：「（日軍）不能全掃乎華軍者，則以有巍巍鐵甲船兩大艦也。」

靖遠、來遠見日艦退去，便往定遠、鎮遠2艦方向駛去。靖遠管帶葉祖珪，知道定遠桅樓被毀，主動升旗，召集其他軍艦集中。

戰場上的北洋海軍諸方面如此失序，完全像一支未加訓練的艦隊。6年合操實戰中尚不能成一陣，「旗艦僅於開仗時升一旗令，此後遂無號令」。5個多小時的海戰，中國艦隊第二令就是海戰結束時，葉祖珪發出的「收隊」旗令！

定遠、鎮遠、靖遠、來遠、平遠、廣丙6艦尾隨日本聯合艦隊撤退方向追擊了一陣，便轉舵退回旅順口。而組建時間很短的日本聯合艦隊（作者按：戰前兩個月，1895年7月，日本海軍兩次緊急改編，原警備艦隊改為西海艦隊，原常備艦隊加上西海艦隊的主要軍艦編為

聯合艦隊，伊東祐亨海軍中將任聯合艦隊司令長官。中日戰爭後，聯合艦隊的編制一直沿襲下來，直到1945年日本投降舊帝國海軍的終結），在整個作戰過程中隊形不亂，「始終信號相通，秩序井然，如在操演中」。其中之經驗教訓，決不是海軍操典所能解決的。

慘烈之至，持續了5個小時的黃海大海戰至此結束，此後北洋海軍崩潰的速度超出了所有人的意料。

黃海大海戰慘敗後，李鴻章固然想保存艦隊實力，指示丁汝昌不必與日艦尋戰，但並沒有允許其匿伏軍港，避戰不出，而北洋各艦修好之後，從旅順前往威海，這時距黃海大戰時間，整整已有一個月！

這一個月時間，北洋艦隊官兵在幹什麼呢？在總結海戰經驗教訓，以備東山再起嗎？

據留在定遠艦差遣的盧毓英記載：「北洋海軍諸君皆以虎口餘生，每以公餘馳日逐於酒陣歌場，紅飛綠舞，雖陶情蕩魂，亦觸目驚心。誰無父母，孰無妻子，寄生炮彈之中，判生死於呼吸，人孰無情，何可日困愁城？不得不假借外物，庶有以遏制此方寸也。」

原來借酒消愁去了。一個沒有鋼鐵般信仰和意志的軍隊，是經不起任何一點失敗的。

1895年10月23日，在日本海軍掩護下，日本陸軍之第二軍在大山岩指揮下開始登陸遼東半島花園口，整個登陸行動持續半個月，共運送登陸人員24049名，馬2740匹，半個月時間，已整修完畢的北洋艦隊沒有派出一艦一艇攔截日軍登陸行動，日本聯合艦隊司令官伊東祐亨坦言：「如丁提督親率艦隊前來，遣數隻魚雷艇，對我進行襲擊，我軍焉能安全上陸邪。」

一支沒有戰鬥意志的軍隊不但不能保衛國家，反而是國家最大的災難。英國首相邱吉爾曾說過一句發人深省的話：「在戰爭和恥辱之間選擇恥辱，最終你還得選擇戰爭！」

1895 年 1 月 19 日，日軍開始直接攻擊北洋艦隊大本營威海衛。北洋艦隊瞬間崩潰，逃兵紛起。「當時醫院中人手奇缺，……蓋中國醫生看護，多於戰前離去，自謂文員不屬於提督，依法不必留等語」；「北洋海軍醫務人員，以文官不屬於提督，臨戰先逃，洋員院長，反而服務至最後，相形之下殊為可恥」。

北洋海軍 10 艘魚雷艇及 2 隻小汽船在管帶王平、蔡廷幹率領下結夥逃遁，開足馬力企圖從西口衝出，結果「逃艇同時受我方各艦岸上之火炮，及日軍艦炮之轟擊，一艇跨觸橫檔而碎，餘沿汀西竄，日艦追之。或棄艇登岸，或隨艇擱淺，為日軍所擄。」一支完整無損的魚雷艇支隊，在戰爭中毫無建樹，就這樣丟盡臉面地自我毀滅了。

北洋海軍最後一支建制完整的戰鬥部隊竟這樣在逃跑中完蛋了。最後更發展到集體投降。

「劉公島兵士水手聚黨譟出，鳴槍過市，聲言向提督覓生路」；「水手棄艦上岸，陸兵則擠至岸邊，或登艦船，求載之離島」；「哨兵已不在崗位，弁卒多離營壘」；「營務處道員牛昶炳請降」；「劉公島炮臺守將張文宣被兵士們擁來請降」；「嚴道洪請降」；「各管帶踵至，相對泣」；「眾洋員皆請降」。面對這樣一個全軍崩潰的局面，萬般無奈的丁汝昌「乃令諸將候令，同時沉船，諸將不應，汝昌覆議命諸艦突圍出，亦不奉命。軍士露刃挾汝昌，汝昌入艙仰藥死」。

丁汝昌死前當日做好棺材，賞了六個棺材匠每人 2 元，自己還躺進去試了一下合不合身，然後，這位中國第一位近代化海軍艦隊司令吞服了鴉片……就此與世長辭。

這時清軍官兵已經把亞洲最強大的鐵甲艦當成向日本人投降的資本了，拱手將鎮遠、濟遠、平遠等 10 艘艦船送給日本海軍俘獲，曾排名亞洲第一、世界第六的北洋艦隊就此全軍覆滅。

英國遠東艦隊司令曾評論說，北洋海軍「觀其外貌，大可一決雌雄於海國」，他看到了這支艦隊的外貌，疏不知其實只是徒有其表。

親歷戰鬥全程的洋員泰萊對這支艦隊評論如下：「如大樹然，蟲蛀入根，觀其外特一小孔耳，豈知腹已半腐。」這才是北洋艦隊的真實。

丁汝昌——水師提督（自盡）

劉步蟾——右翼總兵，定遠號管帶（自盡）

林泰曾——左翼總兵，鎮遠號管帶（自盡）

鄧世昌——中軍中副將，致遠號管帶（戰死）

葉祖珪——中軍右副將，靖遠號管帶（革職）

方伯謙——中軍左副將，濟遠號管帶（處死）

林永升——左翼左營副將，經遠號管帶（戰死）

邱寶仁——右翼左營副將，來遠號管帶（革職）

黃建勳——左翼右營副將，超勇號管帶（戰死）

林履中——右翼右營副將，揚威號管帶（戰死）

楊用霖——左翼中營遊擊，原鎮遠號幫帶，林泰曾自盡後接任管帶（自盡）

中國海軍一代精英，如數凋零……

值得一提的是，4 名自盡的中國海軍高級將領中，其中 3 名都選擇服毒自殺，只有楊用霖一人選擇了軍人的方式用槍自殺。

楊用霖是北洋海軍中惟一未經學堂正規培養而從基層水兵奮鬥，靠真材實學、踏實苦幹一步步成長起來的高級軍官。黃海海戰中，為防有人降旗投降，他親自將戰旗釘死在桅杆上，在劉公島一片乞降逃生的淒涼氣氛裡，楊用霖口誦文天祥的詩句：「人生自古誰無死，留取丹青照汗青」，用手槍自戕。

當部下聽到槍聲衝入他的住艙時，只見他端坐椅上，頭垂胸前，鮮血從鼻孔汩汩地流向胸襟，而槍依然握在手中。即使是自殺，他也比選擇服食鴉片的 3 位上級更壯烈、更為軍人化。他發出的，是北洋海軍的最後一槍。

逃將方伯謙此前已被斬首，劊子手恨到極點，斬到第三刀才將其腦袋剁下來。

一位國人在甲午戰敗後回憶起數年前的往事：中國在中法戰爭之後創設海軍衙門，宏辭偉議，綱目條舉，引起日本方面的恐懼，議院中議論紛紛。

這時，日本著名政治家和漢學家副島種臣佝僂而起，微笑陳詞說：「謂中國海軍之可慮，則實不足以知中國也。蓋中國之積習，往往有可行之法，而絕無行法之人；有絕妙之言，而絕無踐言之事。先是以法人之變，水軍一理灰燼，故自視懷慚，以為中國特海戰未如人耳……於是張惶其詞，奏設海軍衙門，脫胎西法，訂立海軍官名及一切章程，條分縷析，無微不至，無善不備。如是，而中國海軍之事亦即畢矣。彼止貪虛有其名，豈必實證其效哉？又何曾有欲與我日本爭衡於東海之志哉？」

赫德則說：「恐怕中國今日離真正的改革還很遠。這個碩大無朋的巨人，有時忽然跳起，呵欠伸腰，我們以為他醒了，準備看他作一番偉大事業。但是過了一陣，卻看見他又坐了下來，喝一口茶，燃起煙袋，打個呵欠，又朦朧地睡著了。」

他們的話，從不同程度涉及國家政治制度對海軍事業的影響。直到今天，中國的有識之士聽到副島種臣和赫德的實言，那是何等的沉痛，又是何等的無地自容！

這些中國軍人真正的死亡原因是腐敗的體制，他們也是犧牲品。

就在成千上萬日本男女揮舞太陽旗，高唱軍國主義歌曲，在無比的亢奮中歡送親人上前線時，中國京都也在緊急備戰。

京師綠營緊急奉調山海關守口，目擊者稱：「有爺娘妻子走相送，哭聲直上幹雲霄之慘。」歷史記載：「調綠營兵日，餘見其人黧黑而瘠，馬瘦而小，未出南城，人馬之汗如雨。有囊洋藥具（鴉片煙槍）於鞍，累累然，有執鳥雀籠於手，嚼粒而飼，怡怡然；有如饑渴蹙額，戚戚然。」

這樣一支軍隊能保家衛國嗎？

是誰讓日軍殺進了中國？

是中國軍隊自己！

天涯何處是神州

中日戰爭至此，中方還有最後一線勝機，那就是抵抗到底，和日本人打持久戰！

史料記載：1895 年春節之後，日軍的攻勢達到了高潮。北洋海軍司令丁汝昌誓死不降，自殺殉國。北洋艦隊全軍覆沒。3 月初，日軍調集 3 個師團，在 6 天時間裡連克數萬清軍防守的牛莊、營口、田莊台三座重鎮，實現了遼河平原作戰計畫，威脅山海關。

但是，日軍看似所向披靡，但疲態已顯，而清軍則是越戰越強。

就和二戰初期德軍進攻蘇聯連連得手，損失慘重的蘇軍反而越戰越強一樣。此時的清軍主力是從南方調來的久經沙場的老湘軍和東三省自己訓練、守土保家的軍隊，他們在遼東半島與日軍苦戰 4 個月，打了不少硬仗，清軍先後 5 次反攻遼寧海城，雖然最終沒能奪回海城，但沉重打擊了日軍，對清廷調兵遣將，穩固遼沈防線發揮了巨大作用。

在遼寧大平山（今稱太平山）持續一整天的血戰中，日方記載：「彼我死屍堆積成山，血流如注。2 月 24 日，炮兵發射炮彈估計多達數千發，這是征清以來最大的炮戰，因而也可能是傷亡最多的一次，日軍指揮官乃木希典少將的戰馬也被清軍炮火擊斃。」清軍雖沒實現收復海城和大平山的戰略目標，但官兵們敢於進攻日軍，步、騎、炮協同作戰，予日軍很大殺傷，延緩了日軍進犯遼河下游的步伐。日本方面的《日清戰爭實記》一書，也稱讚清軍「先攻鳳凰城，後又攻海城……現在採取攻勢，其志甚佳」。

清軍在 1895 年 2 月底至 3 月初還在山東半島連續發動攻勢，接連收復了寧海（今牟平）、文登、榮成等地。這時日軍疲態盡顯，兵力非常單薄，鳳凰城東路日軍防守空虛，張錫鑾率領幾營雜牌軍，就接連收復寬甸、長甸、金廠等地，日軍只能死守九連城和鳳凰城，且日軍由朝鮮到遼東的聯繫通道，十分狹窄，隨時可能被清軍切斷。

戰鬥中清軍宋慶、依克唐阿、聶士成、徐邦道、馬玉崑等諸將皆驍勇善戰。鴉片戰爭中，鎮江之戰英軍死亡 39 人、傷 130 人，就相當於虎門、廈門、定海、鎮海、吳淞諸戰役英軍傷亡的總和。而在遼東之戰中，僅日本第一軍就死亡 387 人，其中包括 14 名軍官；傷 2243 人，包括 84 名軍官。總計減員 4759 人，占日本陸軍第一軍總數的 1/6。可見遼東之戰的激烈。

此時甲午戰爭剛開始八個月，日軍參戰的7個師團，傷亡減員達3萬多人，其中死亡和殘疾就達1.7萬多人，因為戰場上壓力過大而自殺的也不少。甚至連日本外務大臣陸奧宗光也不得不承認：「國內海陸軍備殆已空虛，而去年來繼續長期戰鬥之我軍隊人員，軍需固已告缺乏。」因此，日本希望早日議和，並威逼清朝割地賠款。

中日馬關談判之時，日本佔領的地區，其實極為有限。在交戰9個月後，日軍所佔領的地區，只有遼寧南部（面積約為遼寧省的1/4）、山東威海衛（佔領面積最多時有山東省的1/10）和澎湖列嶼（面積約為臺灣的1/20），並未攻下中國的一個省會。而且，日軍所佔領的多是經濟落後的地區。當時的遼東半島和山東半島，和今天大不相同，還沒什麼工業。日軍的侵略對中國海外貿易的影響也極為有限，在中國數十個通商口岸中，只佔領了遼寧營口一個。

日本想在談判桌上敲詐到更大的利益，就要在戰場上佔領更多的地區，不得不讓有限的兵力更加分散，在更多的戰場上受到更大損失。為了侵佔臺灣，又派遣一個師團南下，進一步分散了兵力，加劇了損失。在日軍侵佔澎湖列嶼後，日軍自稱「我患瘟疫而亡者達980人……癆者（肺結核患者）並不計其數」，死亡和患病的人數高達侵佔澎湖列嶼日軍的20%。

當時日軍還沒有進攻長江中下游，甚至也沒有攻佔北京的實力。在1895年春季的中國戰場上，當時日本的戰爭準備遠未完善到參加二戰時那種程度，即使日軍能傾其全力實施「直隸平原決戰計畫」，也會付出慘重損失。北方清軍主力雲集京津地區，大沽口的防禦設施相當完善，清朝曾多次對其進行修繕，1900年八國聯軍進攻時，炮臺守軍曾擊沉擊傷多艘聯軍軍艦，即使日軍能僥倖打進北京城，只要中國決策者堅持抵抗，日本只會陷得更深，輸得更慘。

在日軍剛剛侵入中國領土的時候，日軍中的「中國通」們，利用中國的民族矛盾，打出「排滿興漢、反清復明」的旗號，迷惑了一部分中國群眾，在遼寧九連城等個別地區曾出現了當地群眾歡迎日軍的情況，但是日軍殘暴的面目很快暴露。

日軍旅順屠城後，各地民眾認清了日軍的野獸嘴臉，對清軍的支持越來越踴躍。遼東清軍在冰天雪地中奮勇作戰，基本沒有後援竟然越打越多，有的部隊士兵竟然增加一倍還多。

各地自發組織的抗日隊伍也很活躍。在甲午戰爭後期，遼東、山東都組建了民團牽制日軍，配合清軍防守和反攻。

臺灣之戰尤其能說明問題，以黑旗軍和臺灣義軍為主的抵抗力量，在沒有獲得援助的情況下，獨立抗擊日軍近半年，連日本皇族近衛師團長北白川宮能久親王也葬身臺灣，日軍將臺灣義軍讚為「中日戰爭以來未曾有的勇兵」。

日本作為小國進攻大國，儘管擁有一定的技術優勢，準備比較充分，但由於缺少本土的資源和人力依託，軍事優勢都是暫時的；為了彌補資源和人力的不足，只能從佔領區強徵兵員和給養，這必然會激起中國人民的反抗，陷入四面楚歌的困境。只要當時中國領導人不被侵略者的囂張氣焰嚇倒，堅決抵抗一段時間，戰局是能扭轉的。後來抗戰時，中國軍民就是靠持久戰，扭轉了遠比甲午時不利的戰局。

把持清末海關的英國人赫德，在中日開戰之前就認為：「日本在這場新戰爭中，料將勇猛進攻，它有成功的可能。中國方面不免又用老戰術，但它只要經得住失敗，就可以慢慢利用其持久力量和人數上的優勢轉移局面，取得最後勝利。」在戰時，他又寫道：「如果戰爭拖

長，中國的資源、人力和它禁得起磨難的本領，也必將勝過日本的勇猛和它的訓練、組織能力。」

英國的《泰晤士報》在 1895 年也認為，日軍在中國已陷入困境，戰爭的轉捩點即將到來。可惜的是，以慈禧太后和李鴻章為代表的清朝最高決策層，已喪失了繼續抵抗的意志，慈禧太后打算簽訂《馬關條約》的消息傳出時，清軍將領幾乎一致反對停戰，中國軍界首腦都看出了日本的疲態，認為持久戰是日本的命門。

統帥山海關外諸軍的劉坤一曾提出與日軍打持久戰的意見：「倭奴遠道來寇，主客之形，彼勞我逸，日軍懸師遠鬥，何能久留，力盡勢窮……持久二字，實為現在制倭要著。」

奮戰前線的老將軍宋慶也反對和約，在致督辦軍務處電中表示「願與天下精兵捨身報國」。

同樣在遼東前線督軍的黑龍江將軍依克唐阿，指出議和之危害和繼續作戰的前景：「（議和）不出一年，我遂不能自立，但與之相持，不過三年，日軍必死傷殆盡。」

此時遼東戰場清軍越戰越強，宋慶的毅軍由參戰時的 9 個營擴充到 39 個營，依克唐阿帶來的參戰隊伍由原來的 10 個營擴充到 14 個營，徐邦道所統軍隊由參戰時的 5 個營擴充到 11 個營。這些愛國將領堅決反對議和，而且提出持久戰、遊擊戰的想法。實際上，日本當時的財力已捉襟見肘，遼東戰場上的多數清軍將領也看出日本顯有外強中乾之態，他們比鴉片戰爭中，中國將領的戰略思維要先進開闊得多。

山東前線的最高軍政長官李秉衡三次上奏摺，指出日本戰時經濟狀況不佳，如果把拱手送給日本的 2 億兩白銀用來養兵，中國肯定可以自強，並表示自己願統軍與日軍血戰到底。清朝當時的 18 省巡撫當中，有10省巡撫公開反對議和，東北的黑龍江、吉林、遼寧3位將軍，也要求繼續作戰。

位高權重的兩江總督張之洞，甚至上折直接警告慈禧太后：「坐視赤縣神州，自我而淪為異域，皇上、皇太后將如後世史書何？」

但是慈禧太后堅決要和，沒人敢再阻攔，於是就這麼和了。

簽訂《馬關條約》的是李鴻章，去了日本還挨了日本民族主義者一槍，這一下連日本人都傻了眼，日本皇太后更親自為李鴻章裹纏藥棉，最後李鴻章依舊負傷簽了《馬關條約》，把臺灣、澎湖、遼寧半島都割了，還實際賠付了3.4億兩銀子，直到1898年才全部交付完畢。《馬關條約》簽訂的消息一經傳出，中國舉國如喪考妣，都知道中國完蛋了。甲午戰爭重創了已經傷痕累累的中華民族的自尊。

海軍出身的思想家嚴復「嘗中夜起而大哭」；譚嗣同更揮筆寫下：「四萬萬人齊下淚，天涯何處是神州？」；就連被後世鞭笞的李鴻章，赴日簽約途中也「秋風寶劍孤臣淚，落日旌旗大將壇」感傷萬分；臺灣民眾「夜以繼日，哭聲達於四野」，軍心悲沉，幾無鬥志。

甲午戰前，中國購兵艦、修軍港、編練新軍，「新軍事變革」看上去很有成效。西方被洋務運動的表像所迷惑，一度將晚清看做遠東的龐然大物，然而甲午一戰一下子暴露了大清帝國的「黔驢」真相。西方列強欣喜若狂，聲稱「第二次發現了中國」。

英國一家報紙評論道：「中國為東方一團大物，勢已動搖……今歐洲之人，雖田夫野老，無不以瓜分中國為言者。凡與中國交涉者，亦為之大變，中國被日本老拳橫擊，使其水陸之師一起放倒，故各國乘此危弱，群向競噬。」

另一家德國報紙鼓吹說：「自中日失和以後，我歐洲之人，皆欲瓜

分中國。」

《俄國新聞報》說：「要緊緊抓住中國甲午戰爭失敗的大好時機、乾淨俐落地解決中國問題，由歐洲有關的幾個主要國家加以瓜分」。

面對帝國主義者的侵略狂潮，中國的士大夫興起了維新運動，僅僅折騰了 100 天就被中國的老太后鎮壓了，之後中國的老百姓自發興起了「義和團」救亡運動，於是八國聯軍 2 萬人馬，如入無人之境，直搗京師，而大清國數 10 萬裝備了和列強一樣洋槍洋炮的大軍，竟望風披靡！

事情發展至此，慈禧太后終於知道了自己的愚蠢，在惱羞成怒之下，竟向列國宣戰！

於是她把珍妃扔井裡，然後挾持著光緒皇帝逃到西安，接著李鴻章又簽訂了《辛丑合約》，中國就此徹底墮入半封建半殖民地的深淵。一世自負的李鴻章終於知道上了當，這個中國歷史上大事最糊塗、小事最聰明又最無能的愛國者簽約回家後幾個月，就在「老來失計親豺虎」的無盡悔恨中辭世。

在中國的這個文明古國，上演了只有非洲大草原上才會出現的群獸爭食的場面。帝國主義由此掀起了瓜分中國的狂潮，餘痛所及，1912 年 12 月，孫中山在悲悼民國初年海軍第一任總司令黃鐘瑛逝世時，還在「傷心問東亞海權」。

「當一個富有生命力的民族受到了外國侵略者壓迫的時候，它就必須把自己的全部力量、自己的全部心血、自己的全部精力用來反對外來的敵人。」——馬克思、恩格斯語。

好在還有中國人民在拼命地奮鬥，人民也在奮鬥中焦急地等待，他們在等待真正屬於人民自己的勝利⋯⋯

那一天終於等到了！

1949 年 10 月 1 日，經歷 28 年的血戰後，中國人民的領袖毛澤東主席和他率領的中國共產黨人士走上了天安門城樓，從那一刻起，已經垂死的中華民族又有了無比旺盛的新生命力！

中國人的風骨

甲午戰爭後，日本從中國掠取了巨額經濟利益：

1. 贖遼費庫平銀 3000 萬兩；

2. 賠款交付完畢前，日佔據威海衛的軍費，每年庫平銀 50 萬兩；

3. 二億兩戰爭賠款分期付清，未交之款按年加每百抽五的利息。

如果按照《馬關條約》規定，中國分 8 次付清，至 1902 年，威海衛軍費為 400 萬兩，再加利息 72 萬兩，共計 5472 萬兩。清政府計算了 8 年付清和 3 年付清的差價，決定 3 年付清，這樣可以節省 2100 萬兩的利息，和 200 萬兩的威海衛駐軍費。理論計算中國總數要付 2.315 億兩庫平銀。但是，在實際付款中日本又節外生枝。庫平銀在清代只是一個計算標準，並無白銀實物，其成色按照康熙時的標準為 93.5374%，而日本卻指定要中國並不存在的 98.889% 成色庫平銀，由此中國多付了 1325 萬兩，但還沒達到 5969 萬兩。

日本的另一招是要求中國在倫敦兌換成英鎊支付。當時西方國家已實行金本位，金價上漲銀價下跌，銀鎊兌換的比率不定，日本提出鎊價低於市場價，中方就要多付庫平銀。儘管市場價有漲有落，中方支付給日本的鎊價卻是死的，這樣，中國不得已用高價購買英鎊，卻要按低價付給日本，日本從中又多得了 1494 萬兩。1325 萬加 1494 萬

為 2819 萬兩，再加 2.315 億兩，總計實付 2.5969 億兩。

日本在賠款之外，還掠奪了中國大量實物和金銀貨幣，總價值達 8000 萬兩。日本通過甲午戰爭從中國得到現金和實物，總計庫平銀 3.4 億兩，這筆鉅款等於日本當時 7 年的財政總收入！日本朝野簡直樂瘋了，外相陸奧宗光喜極而泣：「在這筆賠款之前，根本沒有料到會有幾億，本國全年收入只有 8 千萬日元，一想到現在有 5 億 1000 萬元滾滾而來，無論政府和日本國民都覺得無比的富裕！」

日本人金子道雄說中國的賠款是按照軍事費用 84.7%，皇室費用 5.5%，教育基金 2.8% 及其他部分來分配使用的。

日本拿中國的賠款首先建造了一個亞洲第一、世界水準的八幡鋼鐵廠，這個要算到軍事工業裡去，又用一半的賠款擴充陸海軍軍備，其後的日俄海戰及二戰中日本陸海軍的不凡記錄，與早期爆炸性地吸納甲午賠款，日本軍隊得到空前大發展有極大關係。還有一個極重要的用途，就是日本拿甲午賠款完成了金融改革，用做幣制改革的準備金。甲午戰時，日本仍實行銀本位的貨幣制，謀劃中改為金本位的貨幣變革因資金匱乏無法啟動。明治政府用 7260 餘萬日元的賠款金，作為銀元兌換的準備金，並於 1897 年 10 月始確立金本位的貨幣制度。此次變革成功，使日本迅速融入世界經濟體系。然後設立各種基金補貼國家發展各項事業。計有：軍艦水雷艇補充基金 3000 萬日元，災害準備基金、教育基金各為 1000 萬日元。

甲午賠款所謂「臺灣經營費」，數額 1200 萬日元，於 1898 年度撥出，歸入「臺灣總督」的財政，日本政府欲長期開發和經營臺灣的計畫已初露端倪。最後就是拿中國人民的血汗錢，供日本皇室揮霍和侵略軍大小頭目分贓——獻給日本皇室的費用，數額高達 2000 萬日元之巨，這是當時日本「皇權政治」的一種反映。甲午戰勝，日本舉國若狂，明治天皇大肆封賞有功貴族和重臣，眾多大臣、將軍受獎晉爵，相關支出一時間頗為浩大。故而以高額「獻金」回報皇室，當然帶有追加補償的意味。

靠著朝鮮人民和中國人民的血汗屍骨，日本急劇崛起。侵略戰爭真是一本萬利，日本嘗到了甜頭，從此成為東亞地區的主要戰爭策源地。日本的軍國主義就這樣被中國一點點餵大了，甲午之後，日本連續對華發動了數不清的「事變」、「事件」、「慘案」，繼續瘋狂侵略了中國 30 年。

面對歷史的教訓和百年來民族自信心極度受挫導致的抗戰亡國論，中國軍事戰略家蔣百里在 1937 年寫成的《國防論》裡高喊：「打不了，也要打，打敗了，就退，退了還要打，無論打到什麼田地，窮盡輸光不要緊，勝也罷，敗也罷，就是不要同它（日本人）講和！」

這是中國軍人用 3 億 4 千萬兩銀子，和中國人民根本不可能計數的鮮血，買到的最殘酷的教訓！ 1937 年 7 月 17 日，蔣介石在廬山發表著名抗日宣言《最後關頭》，號召全國人民：「我們知道全國應戰以後之局勢，就只有抗戰到底，無絲毫僥倖求免之理。如果戰端一開，那就是地無分南北，人無分老幼，無論何人，皆有守土抗戰之責，皆應抱定犧牲一切之決心。」

中國人民的抗日救亡戰爭終於開始了！在陝北延安棗園的黑洞裡，毛澤東奮筆疾書《論持久戰》，全面論述了抗日戰爭的戰略戰術，他指出：「中國戰爭不是任何別的戰爭，乃是半殖民地半封建的中國和帝國主義的日本在 20 世紀 30 年代進行的一個決死的戰爭。」；「日本是一個強大的帝國主義國家，但它的侵略戰爭是退步的、野蠻的；中

國的國力雖然比較弱，但它的反侵略戰爭是進步的、正義的，又有了中國共產黨及其領導下的軍隊這種進步因素的代表。

日本戰爭力量雖強，但它是一個小國，軍力、財力都感缺乏，經不起長期的戰爭；而中國是個大國，地大人多，能夠支援長期的戰爭。日本的侵略行為損害並威脅其他國家的利益，因此得不到國際的同情與援助；而中國的反侵略戰爭能獲得世界上廣泛的支持與同情。這些特點顯示著戰爭的持久性和最後勝利屬於中國而不屬於日本。」

最後毛澤東向全國人民指出：中國會亡嗎？不會亡，最後勝利是中國的；中國能夠速勝嗎？不能速勝，抗日戰爭是持久戰。

毛澤東更在這篇以後，令美國國務卿基辛格十分佩服的文章中指出：「兵民是勝利之本，武器是戰爭的重要因素，但不是決定的因素，決定的因素是人不是物。」；「戰爭之偉力最深厚的根源，存在於民眾之中。」

毛澤東認為，只要動員了全國老百姓，就會造成陷敵於滅頂之災的汪洋大海，造成彌補武器等等缺陷的補救條件，造成克服一切戰爭困難的前提。從此，為極度貧弱的中國找到了擊敗日本侵略軍的法寶——人民戰爭和持久抗戰！

大江南北的蒼翠沃野，長城內外的莽莽風沙，白山黑水的雪峰老林，黃河兩岸的古老平原，太行太嶽的雄峰峻嶺，在中國任何一個有日本侵略者存在的地方，到處都閃動著抗日健兒的矯健身影，無數的中國軍民抓起鋼槍，埋下地雷，同野蠻到極點、窮凶極惡的日本侵略軍做最決死的戰鬥。用 3500 萬中國軍民的血肉築起了中華民族新的長城！用 3500 萬中國軍民的血肉捍衛著全人類的尊嚴和正義！

8 年後，日本侵略軍永遠地離開了中國！

這，就是中國人的風骨！

1938 年 5 月 19 日，中國飛行員徐煥升率中國空軍僅剩的兩架馬丁遠程轟炸機跨海轟炸日本長崎等地，撒下 100 多萬份傳單，警告日本侵略者：「爾再不馴，則百萬傳單將一變為千噸炸彈，爾再戒之！」

中國空軍這次對日轟炸，就是世界空軍史上有名的「紙片轟炸」！這是日本本土第一次遭到外國戰機攻擊！

1941 年 12 月 9 日，日本軍隊偷襲美國珍珠港後的第三天，中國對日宣戰！這是歷屆中國政府第一次主動對日宣戰！所謂多行不義必自斃，短短數日內，英國、美國、荷蘭、加拿大、澳大利亞、新西蘭等 20 多個國家，同時向日本法西斯軍國主義政府宣戰！

此後 4 年間，在同盟國軍隊的猛烈轟炸下，日本被炸成一片廢墟，明治維新掠取的一切侵略成果統統化為烏有，還賠上了老本！

1945 年 3 月 9 日至 10 日，美國空軍 334 架 B—29 重型轟炸機一次投下 2000 多噸燃燒彈，東京一夜之間化為一片廢墟，83793 人被燒死，10 萬人被燒傷或嗆傷，上百萬人無家可歸。

在美軍對日本遍及全國的長期轟炸中，日本兩座古城京都和奈良絲毫無損，而為日本人民保住這兩座有著日本無數文化瑰寶古城的恩人，是一位中國文弱書生——梁思成。

1944 年夏天，盟軍準備轟炸中國日軍佔領區，盟軍司令部請中國著名建築家、中國戰區文物保護委員會副主任梁思成劃出文物保護範圍，梁思成當即交給了美國人一張圈了紅圈有明顯標記的圖記，接著梁思成說：「還有兩座城市我也希望保護，但這兩個城市不在中國。」美國人很驚訝，問他是哪裡？梁思成緩緩說道：「日本的古城，京都和奈良。」

日本首都東京在大轟炸中化為廢墟，連明治神宮都被炸毀，甚至天池壕內的日本皇宮都有部分宮殿被燒毀，京都和奈良卻因一位中國人而倖免。

梁思成的弟弟梁思忠，中國軍隊一個清華大學畢業的年輕炮兵軍官，1932 年在淞滬抗戰中殉國，梁思成妻子林徽音三弟林恒，一個年輕的中國飛行員，1941 年於成都雙流機場殉國。

這，就是中國人的風骨！

1945 年 8 月 15 日，中國瘋狂了，全中國所有的鞭炮一銷而空，全中國的鑼鼓都同時被敲響，全中國人民都在歡呼！全中國都在流淚。從甲午戰爭開始，與日本侵略者苦鬥了整整 50 年，今天中國人終於勝利了！

就在這一天，日本裕仁天皇向同盟國表示，願意接受《波茨坦公告》，同意投降！中國人 8 年浴血抗戰，終於打贏了自 1840 年鴉片戰爭開始之後，95 年間第一次反侵略戰爭！

1945 年 9 月 9 日，南京中央軍區大禮堂，日本侵華軍總司令岡村甯次大將向中國國民黨陸軍總司令何應欽一級上將遞交降書，呈獻軍刀，宣佈所有在華日軍向中國軍隊投降。中國各戰區共接受日軍投降官兵 124 萬人，偽軍 95 萬人，從 1945 年冬至 1946 年夏，國民政府將日軍降兵和日僑 213 萬人全部遣送回日本，除了接受軍事法庭審判的戰犯外，中國軍隊沒有殺害一名日軍降卒。

這，就是中國人的風骨！

1948 年 7 月 16 日，徐煥升向前元帥在晉中戰役中，指揮中國人民解放軍華北第 1 兵團全殲了國民黨軍閥閻錫山留用的，由 2600 名日本侵華降兵組成的「元泉兵團」，中國大地上最後一支日軍部隊就此覆滅在人民解放軍猛烈的炮火中，原日本陸軍步兵 14 旅團長元泉馨少將重傷後被部下水野槍殺，他是日本軍隊最後一個在中國的土地上陣亡的將軍。

1956 年 6 月 9 日至 19 日，中華人民共和國最高人民法院特別軍事法庭對犯有嚴重戰爭罪行的、前日本陸軍第 117 師團中將師團長鈴木啟久等 8 名戰犯進行了公審。此前，一部分日本軍人在日本投降後，繼續投靠閻錫山等國民黨部隊，死心塌地與中國人民戰鬥到底，在 1945 年後持續 4 年的中國內戰中，共有 140 名日本戰爭罪犯被中國人民解放軍俘虜，1950 年 7 月，蘇聯政府又將出兵中國東北時逮捕的部分日本戰犯移交中國，至 1964 年，中華人民共和國審判和關押的 1109 名日本戰爭罪犯，除去關押期間病亡和自然死亡 47 人，餘者 1062 人被全部釋放回國。

這，就是中國人的風骨！

1972 年 9 月 29 日，在全世界與中華人民共和國無法阻擋的外交合作大潮中，日本首相田中角榮來到了中國，與中華人民共和國總理簽署了《中日聯合聲明》，中華人民共和國政府與日本國政府正式建立了外交關係，從此恢復了中日兩國人民長達 2000 多年的友好交往史。

為了中日兩國人民長遠的利益和真誠的友好，中華人民共和國政府放棄了對日本國的國家戰爭索賠（不包括民間索賠）。以後，為了幫助中國人民建設，日本國政府從 1979 年至 2008 年 3 月，向中國提供了 2248 億元人民幣政府援助，其中低息貸款 90%，無償援助 10%，涵蓋了基礎建設到農業、環保和人才培養等諸多專案。

日本經濟學家公認，中國的貸款歸還信用，在日本所有援助國中是最好的。中國人民不會忘記，中國改革開放之初，日本第一個對中

國提供了資金支援，1989 年以後，日本政府第一個恢復對華援助！

這，就是中國人的風骨！

歷史的時針靜靜地走到了 2010 年，這一年，中日之間經濟實力對比起了戰略性的變化。據預測，這一年中國的國內生產總值，將以 5.3 萬億美元的規模超越日本的 4.7 萬億美元，位居世界第二。

在歷史的長河中，國與國的競爭勝負其實都是很短暫的事，真正永恆的是人民與人民之間的友誼。這種真摯的情感是超越國界而永存的，也是真正的全人類生命共同價值之所在，就像日本人民永遠都會尊敬中國的鑒真大師，中國人民永遠都會喜歡日本的一休小和尚一樣。

中國當然有沉浸在歷史仇恨中的民族主義者，那樣巨大的血海深仇，這是可以理解的，但這種仇恨也是必然會放下的，中國人從古至今都是一個不願記仇的民族。事實上，如果不是某些人不斷地去揭中日歷史上的傷疤，讓中國人痛徹心扉，中國人從整體上來說並不仇日。

日本也有很多人沉浸在昔日的侵略成果裡不能自拔，日本雖長期佔據於中國，但他們其實並不瞭解真正的中國，也不瞭解真正的中國人，更從來沒有瞭解過中國真正的力量之所在。日本甚至從來沒有真正瞭解過中華文明的精髓。雖然日本人把中國儒家經典倒背如流，在對外侵略戰爭中對別國人民卻何曾講過半點仁義道德？

日本人搬去了中國佛家全部大乘經典，屠殺別國百姓時何曾怕過半點因果報應？「往昔所造諸惡業，皆由無始貪嗔痴，從身語意之所生，一切我今皆懺悔。」

佛家要想入門，最根本的功夫甚至都不是一個最基本的「戒」字，而是一個「懺」，歷史罪惡不懺不悔，又怎能談「戒」之不犯？

從日本人對待前人歷史罪惡怎麼也不肯真誠懺悔這一點看，日本其實也不懂佛家的精義。事實上，中華文明的精義是要「踐行」的，讀破萬卷經典，不如真行一善，日本一直都沒有搞懂這一點，所以日本連真正中華文化精髓的門都還沒摸到。

很多日本民族主義者常因中國洋務運動比明治維新早，最後反而弄得一塌糊塗而瞧不起中國人的智商，其實，這才是一種缺乏歷史智商的看法。

日本船小好調頭，文化上本來就奉行拿來主義，不合用的扔了拿新的就是了，反正不是自己的，扔了沒什麼可惜的。而中國 2000 年來一直是亞洲，甚至是世界的一個主要中心，當時小國寡民的日本孤處四島，理解不了這樣有著自己全套完整的政治哲學、軍事藝術等文明系統的大國，轉型起來有多難。日本可以扔掉從別人那裡拿來的東西不覺得可惜，可是中國扔掉這些東西就是割自己的肉了，這種取捨的心情就不一樣。

日本可以高喊「脫亞入歐」，亞洲照樣還會是亞洲，可是中國如果去喊「脫亞入歐」，亞洲還是亞洲嗎？日本也一直沒有搞懂一個大國必須承擔的責任和義務，所以一旦得勢，日本馬上幾乎殺遍亞洲，殺得亞洲一個朋友都沒有了，不再遵守文明世界的任何行為規範，做出了讓全世界人民都為之瞠目結舌、目瞪口呆的血腥勾當，結果世界人民只好聯合起來請它吃了 2 顆原子彈，當時幾乎是各國聯手把日本侵略軍「請」回了自己那幾個小島，才讓日本清醒過來，最後結果當然是日本瞬間就幾乎丟光了 50 年侵略戰爭的所有成果，甚至還賠了北方四島。

而且，日本到現在也一直沒明白，東亞諸國在當時西方列強眼裡，其實是一體化的侵略對象，大家都是帝國主義強盜眼裡的盤中

飧、俎上肉。中國當時作為東亞之主，首當其衝地承受了帝國主義侵略東亞狂潮的幾乎全部壓力，而日本是一個戰略資源匱乏的小島國，沒資源、沒礦產，大米只夠自己吃，樹也捨不得砍，且還沒東南亞的原始雨林長得好，水產品雖不少，可當時海洋漁業資源還不像今天這樣面臨枯竭，海裡多的是，能到東方來的西方國家，幾乎個個都是海洋大國，不饞日本的魚吃！

所以，在日本維新埋頭建設的時候，中國在新疆跟背後是英國女王和俄國沙皇做老闆的叛亂分子打仗，在東部沿海、中越邊境和法國侵略者打仗，還要對付當年的小夥計日本在臺灣和朝鮮的不斷挑釁，日本就從來沒有明白這一點，是中國替它扛住了西方帝國主義侵略的絕大部分壓力，才讓日本有機會和時間發展起來，包括二戰後中國死死頂住同時來自東西方的壓力，才又給了日本從二戰廢墟中崛起為世界經濟強國的機會！

中國作為亞洲的中心國家，從古到今都在為了亞洲的整體利益和全人類的和平做著默默的犧牲和奉獻，而日本卻總是利用這種機會做帝國主義的幫兇，甚至比西方帝國主義國家更主動地借機宰割中國實現自己的野心，這種行為就是中國人最鄙視的「小人得志」。中國人對此心裡明鏡兒似的，所以中國人最恨日本人的部分，除了日本的野蠻殘忍，就是日本的這種貪婪自私。甲午之後中國一倒，日本崛起，馬上又成為老牌帝國主義者心中的東亞第一打擊對象，日本人對這個，應該比中國人體會更深。它明白過來後，想搞「大東亞共榮圈」一起對付西方帝國主義者們，可誰又敢跟一個滿手血腥的劊子手共榮呢？

最後，日本人也不明白中國一旦覺醒將對人類文明意味著什麼。日本戰後最輝煌的頂峰也就是給世界人民貢獻了一個經濟超級大國而已，而中國的崛起必將帶給世界人民極其巨大的、全新的文化上的貢獻，中國人民對人類文明這種巨大的貢獻從古到今都是一貫性的。

世界人民心裡是有數的。

中日總是要友好的。

在當今世界全球地緣合作異軍突起的狂潮中，中日這兩個亞洲強國相互為敵，只能是各自最大的損失。對日本來說，損失甚至更大，因為 21 世紀的中國早已不是 1895 年的中國，今日的中國軍隊和中國海軍也早已不是滿清的八旗、綠營、勇營、練軍和北洋艦隊。

一個真正世界級的強國已經重新崛起在日本的對面，這就是日本必須面對的現實。

任何一個稍有良知的日本人都會承認，今天中日之間，包括釣魚台和東海油氣田，所有領土領海爭端問題，包括中國自己內部的問題，統統是日本從甲午戰爭開始 50 年血腥侵華史造成的，日本是戰爭的加害者，嚴重地傷害了中國，而中國這個日本文化的啟蒙者從來沒有對不起日本，這是任何人也無法抹殺的真正歷史。中日兩國的政治家們一定會有足夠的智慧和愛心，妥善解決這些由於日本侵略史所造成的中日領土、領海爭端問題，因為這是歷史和時代，這是中日兩國人民共同的福祉對他們共同的要求。

一個太自傲的國家不可能在永恆的歷史中走得太遠。

日本再厭惡中國，也沒辦法把富士山搬到大洋彼岸去。

中國再痛恨日本，也必須接受自己永遠都會有這樣一個國家做鄰居的事實。

中日兩國只有摒棄前嫌，重新真誠友好合作，古老的亞洲才能重新為人類文明、為世界和平作出重大貢獻。

「鷸蚌相爭，漁人翁利」，熟諳中國文化的日本是非常瞭解這句中國成語的含義的。在中日 2000 年交往史中，除了唐朝白江口海戰那一年、元代忽必烈兩次侵日的 2 年、明代因豐臣秀吉侵朝而刀兵相見的 7 年，和從日軍 1874 年入侵臺灣到 1945 年向中國投降的 71 年外，都處於和平狀態。在中日 2000 多年的友好交往史中，只有 81 年處於戰爭狀態，這就是歷史的真實。

 追尋北洋水師最後的蹤跡

「定遠號」軍艦兩塊佈滿彈痕的裝甲板，今天依然保留在日本福岡太宰府的天滿宮。

1895 年 4 月 17 日，中國在甲午戰爭中戰敗，清政府被迫簽訂了中日《馬關條約》，在那場戰爭中，被視為中國近代海軍圖騰的北洋水師全軍覆沒，這支曾經擁有 2 艘裝甲艦、10 餘艘巡洋艦，威震東亞的大艦隊煙消雲散，成為中國海軍歷史上的一大恨事。

威海衛軍港，從此也帶有了土倫或斯卡帕弗洛的意味——那曾經是法國海軍和德國大洋艦隊的全軍葬身之處。由於北洋水師戰敗後，一部分遺物被當時的日本軍人或民間人士作為紀念品帶回本國，至今，仍有不下百件甲午戰爭和北洋水師的遺物，殘留在日本的土地上。

一個世紀的斑駁歷史，給每一件遺物打上時光的烙印，但當我們走到它們面前，百年的歷史，卻彷彿只是一個閃回。

甲午，已經超過 118 年了。北洋水師最大戰艦定遠號裝甲板上赭紅色的鐵銹，依然在日本列島的風雨中漸漸剝蝕。午後的陽光中，前來探訪的列寧把手放在這塊已經被改成別墅大門的鋼板上，試圖測量

它的厚度。忽然發現，它竟然是溫暖的，仿佛一個人的體溫。列寧後來說：「一瞬間，一種難言的情感，酸楚而溫暖，就從心底湧出來。北洋水師官兵們用英語傳遞口令的聲音，依稀在耳邊回蕩。」

那是一種異常蒼涼和悠遠的感受。你觸摸的，仿佛便是百年來封閉在其中定遠號軍艦的魂魄。當然，我們知道，那或許是下午陽光的餘溫，讓百年的遺骸仿佛有了生命的感覺，而一段文字忽然掠過了我的腦海——以色列人過哭牆，匈奴過祁連山，「過之無有不哭也」。

我們去的第一個地點，沒有軍艦上的遺物，而是一處墓地——位於大阪府玉造的真田山舊陸軍墓地。

那裡，6 名在甲午戰爭中被俘的清軍官兵，長眠在這塊土地上已經 100 餘年了。

大阪：尋找清軍戰俘墓地

「把我的官職刻在墓碑上」

——清軍騎兵軍官劉漢中

考察的第一天早晨，忽然發現外面灰濛濛一片。連忙打開窗子，只見雨絲如注，大阪，竟是在一片煙雨之中。陰雨天從來不是攝影師喜歡的，難道這次的行動，一開始就要不順利？

也就在這一瞬間，忽然想起中國海軍史研究會會長陳悅先生的一段話：「我這些年有了經驗，凡是和北洋水師有關的事情，不知道為什麼，總是要下雨或者下雪的。」是因為這支部隊是海軍，對水有著特別的鍾愛？還是因為 1895 年 2 月 7 日，北洋水師，就是在大雪紛飛中，走到了彈盡糧絕的末路？

我們乘日本四通八達的輕軌列車到達玉造車站。從車站向西走不多遠，一個小山上出現了一座神社，裡面供奉著日本戰國時期的將軍

真田幸村。轉過神社，後面草木掩映之下，赫然出現一片墓群，這便是真田山舊陸軍墓地了。

真田山舊陸軍墓地建於1871年，埋葬有1945年之前戰爭中死亡的日軍官兵和民夫5000餘人。2003年，在日的中國留學生楊海嘉最先發現該墓地內葬有清軍戰俘，從而揭開了這段不為人知的歷史。根據日方記載，真田山陸軍墓地內共葬有6名清軍官兵，都是在雙方交換戰俘前，因傷重或傷病而死在日本大阪陸軍臨時醫院的，被就地葬在了這片土地上。最早的一人，埋葬於1894年11月，那時，中日兩軍依然在遼東平原上，為這場戰爭的勝負進行著激烈的較量。

墓園為櫻樹和芙蓉樹環繞，雖然大多數墓碑已經年久失修，但整個真田山墓地仍可稱整潔乾淨，墓地一角安置的地藏王神社中，神前供奉的清水鮮花纖塵不染。

抬眼望去，天，又晴了，墓地中花樹下的落英，竟然片片斑紅，給這片百年陵園帶入了一絲生命的氣息。也許，與北洋水師相關的事情都要下雨，只是冥冥中的一個儀式。

我們首先進入的墓區，是日軍大阪第四師團在甲午戰爭中「戰病死」官兵的葬身之地。當年，筆者第一次來訪問時，就因為無從尋覓而在這裡徘徊。當時恰好遇到一位守墓人推車經過，便上前打探。那守墓人年紀雖然不小，但還沒有老到可能與100多年前的那場戰爭有關。在他的指點下，筆者順利在墓園最北邊找到了被俘清軍的墓地，那裡，正在地藏王神社的旁邊。

這一次，我們按圖索驥，很容易地找到了目標。這是整個墓地最北面的一排，大多埋葬的是甲午戰爭中日軍陣亡病死的輔助人員，如運輸兵、馬夫、護士等。

不多時，我們便在一塊墓碑上面，找到了「故清國」的字樣，證明它是被埋葬在這裡的中國戰俘之一，墓主的名字寫明是「西方診」。

在這塊墓碑的前面，又發現兩塊並排的墓碑。

一塊上面刻的名字是「清國 劉起得」，另一塊則是「清國 呂文鳳」，在他們 2 人的對面，另有一塊，文字已經斑駁，依稀可以辨認刻的是「故清國 楊永寬」，3 個人的墓碑形成了一個品字形，仿佛在談天的樣子。在他們後面側方，則是「清國 劉漢中」的墓。

當年的尋訪中，我們只找到了這五名清軍官兵的墓。

墓碑，都是當地最普通的石灰岩，只有 1 多公尺的高度，有些部分已經酥化，看來從立在那裡，就不曾有過更換。每塊墓碑前都有一個 20 公分高的瓷管，用來插祭祀用的香花。我們在西方診和呂文鳳的墓前，看到有兩束早已枯萎的花束。

在日本，已經發現的清軍戰俘墓地，一共有兩處，另一處在廣島比治山陸軍墓地，不過兩處的墓地形制頗為不同。

廣島墓地位於比治山山巔，安葬著四名中國官兵的遺骨，他們的墓地位於墓園一角，獨立於日軍官兵。那裡，集中埋葬著死於廣島的各國軍人，包括在八國聯軍之役中送到當地醫院後死去的法軍傷患，在第一次世界大戰中被俘病死的德國水兵等，每一國的墓葬都集中在一起。

四名中國士兵的墓環抱在一起，旁有一座鐵塔，後方則豎立著原日本文部大臣瀨尾弘吉所書的「慈恩塔」石碑，給人的感覺，仿佛是墓地中的一塊「唐人街」。且四人的墓碑比周圍日軍官兵相比明顯品質低劣了許多，是用斑駁的粗麻石或花崗岩製成，銘文也刻得非常粗糙，以至於今日已經極難辨認。或許因為這個原因，這個墓地在我們

這次探訪之前，始終不為中國人所知。

而真田山陸軍墓地的清軍官兵墓，採用了與日軍官兵完全相同的方尖碑樣式，這是日本習俗中曾英勇作戰的軍人專用的墓碑形式。他們的墓與日軍官兵的墓相互間雜，幾乎難以分辨。

只是，在他們每個人的墓碑上，都有大約 30 公分長一塊斑白的痕跡，成為辨別他們的最主要特徵。這白色的痕跡，原來是什麼字，後來為何被鑿去了？詢問守墓人，情況似乎是這樣的——碑上被鑿去的是「捕虜」二字。日本戰敗前此墓地歸日本陸軍管轄，裡面除了中國戰俘的墓地以外，還有第一次世界大戰中德國戰俘的墓。

第二次世界大戰前，日德關係日漸融洽，當地的德國領事請求將德國士兵墓碑上「捕虜」樣侮辱性的字樣去掉。日方表示遵照辦理，也考慮將清軍戰俘墓碑同樣處理，但一直沒有提上日程。日本戰敗，據說有一個中國將軍來日本索還甲午戰爭時日軍掠去的物品，因此當時的墓地管理員連忙將清軍官兵墓的情況造冊上報。此時，因為擔心「捕虜」這樣侮辱性的字句會引起中國方面的憤怒，故此火速將其鑿去。不過，中國將軍最終也沒有來。

這件事聽完讓人不勝唏噓。當時中國海軍來日特使並非「將軍」，而是一名叫做鐘漢波的海軍少校，他將日軍掠奪走的定遠、靖遠 2 艦鐵錨和錨鏈，用同樣在戰爭中曾被俘的飛星、隆順 2 輪押送回國，是為中國海軍一大盛舉。值得一提的是，這並非是當時的政府行為，而是鐘漢波自作主張，「利用」其私人身份所為。甚至，運回國內的定遠、靖遠的錨鏈，還被某些貪婪的部員當做廢鐵賣給了鐵匠鋪。至今留在中國人民軍事博物館的定遠鐵錨上仍有一條砸斷的痕跡，就是盜賣者所為。

我們在墓碑間尋覓。一直有記載，這片墓地中埋葬有一名叫做李金福的中國士兵，但幾次來，都沒有找到他的墓。然而，就和前幾次一樣，這名「河盛軍步兵卒李金福」，始終蹤影不見。

其他幾名中國官兵的墓比較集中。這片墓地的分區，在整個墓地的北邊，而他們的墓，又大多是在這片墓區最北面的地方。

為何在最北面呢？我們想起來逃亡北海道數十年的山東勞工劉連仁講的一段話：「我們小時候，一直聽說日本的北面和中國是連著的，所以逃出來就往北面跑。」

也許，這些清軍戰俘在最後的時刻，仍希望離故國近一點吧。

我繼續尋找，在我的視野裡，是一座標有「清國 劉漢中」的墓，其名字旁還刻有「清軍馬隊五品頂戴」的字樣。他也是此地埋葬的清軍官兵中，已知軍職最高的一員。

五品馬隊統帶，大體相當於騎兵營長。據守墓人提供的資料，清軍軍官劉漢中在戰鬥中負傷，為日軍所俘，到大阪後，傷勢加重。臨死前，他似乎已知將不起，口中喃喃，似有所願。日本醫護不明所以，經找來其他懂日語的清軍戰俘，才明白他所說的是一條遺願：「把我的官職刻在墓碑上。」

對於這一行字，我們曾有種種解讀：或認為這名清軍軍官要表達自己盡忠職守、維護軍人尊嚴的決心；或認為他因傷重死去時戰爭並未結束，對戰勝後的榮光仍有期待。然而，一位在日本工作多年的華人老編輯，卻通過對檔案材料的詳細追索，找到了問題真正的答案。

原來，這位名叫劉漢中的清軍軍官，祖籍遼寧，家中世代務農，他是幾代人中第一個擁有「官身」的。所以，他至死要把這份「榮耀」帶入墓中。中國騎兵軍官劉漢中死的時候，只有23歲。

無關國家尊嚴，也無關軍人氣節，就是這樣一個最樸素的願望。就像這些清軍的墓為何在墓地的最北面一樣，也許什麼理由也沒有，在尋訪一場戰爭的遺跡時，我們總是不自覺地去追索那些或英勇或悲壯的元素。但這種最樸素的結果，反而異乎尋常地讓人無語。

就在這時，不經意地回了一下頭，忽然感到左側後方，有淡淡的白光一閃。連忙看去，在一排日本「軍役夫」的墓碑中，有一塊上面，輕輕地現出了一塊白色的斑點——這，正是清軍戰俘墓碑的典型特徵。

走近一看，原來，這正是久久尋覓不獲的李金福的墓碑。因為曾經損傷修補，這塊墓碑因此不易被注意到，只有從某個特定的角度看去，才能在日光下注意到它的特別。

李金福，在日本小說《牙山》中曾經出現的一個清軍號兵，因為落下懸崖昏迷而被日軍俘獲。不知道小說中的李金福，是否真有原型，是否就是這座墓地的主人。

在大阪和廣島墓地中埋葬的清軍，除「朝鮮皇城清國電報局巡查呂文鳳」以外，大多為北洋盛軍官兵。

甲午戰爭爆發，盛軍總兵衛汝貴率六營部隊，乘海定、廣濟、鎮東各輪，在北洋水師定遠、鎮遠、經遠、來遠、致遠、靖遠 6 艦護航掩護下登陸大東溝，馳援平壤。大沽至大東溝航線是中日海軍爭奪黃海制海權的生命線。9 月 17 日，掩護入朝後續部隊登陸的北洋水師與前來尋戰的日本聯合艦隊在大東溝迎頭相撞，水師提督丁汝昌命令運送陸軍的船隻避入鴨綠江，親率定遠、鎮遠等主力戰艦反身迎敵，震驚中外的中日黃海海戰爆發。

在北洋水師掩護下入朝的盛軍部隊，曾在船橋裡等處與日軍迭次血戰，最終在平壤戰敗。關於這些被俘官兵的記載中，找不到戰功和壯烈事蹟的記載，他們所留下的，只是百年不能還鄉的一塊墓碑。

原來，他們都是最普通的中國人。

令人驚異地，就在我想到「中國人」這個詞彙的時候，原已晴了一個下午的天空，忽然又落下一片雨滴來。

這點點雨痕，卻讓我覺得不似天然，而不知是哪裡流下的淚滴。

轉過圍牆，卻發現這墓地的隔壁，居然是一個兒童遊樂園。石凳下，鴿子在悠然覓食，兒童在嬉笑玩鬧。忽然覺得，自己仿佛才剛從百年前的戰場，闖入了和平的現實，一時，不知道哪個更加真實。

看著遊樂場的兒童，竟有莊生蝴蝶之感。

忽然想到一個詞──「生生之謂易也」。

再回首，清軍官兵的墓地，已經掩在綠樹青草之後。

埋葬在大阪真田山舊陸軍墓地的清軍戰俘名單：劉漢中、西方診、呂文鳳、楊永寬、劉起得、李金福；埋葬在廣島比治山陸軍墓地的清軍戰俘名單：王殿清、張文盛、徐萬得、鄭貴。

福岡：探訪定遠館

「讓我給定遠撐一會兒傘」

──中國留學生李紫歡

「最好不要和別人說起這件事，不然我這裡就不會有人來了。」定遠館現在的主人加來先生苦笑道。

定遠館，位於福岡市太宰府二丁目 39 號，是一座帶有庭院的單層別墅，看來已經頗為破敗。它的建築材料大多來源於北洋水師旗艦定遠號裝甲艦。

1895 年 2 月 4 日，定遠艦在威海衛遭日軍魚雷艇偷襲重傷擱淺，

北洋水師戰敗之日，定遠艦管帶劉步蟾下令炸毀已被日軍魚雷擊中擱淺的定遠號戰艦，隨即自盡，實現了「苟喪艦，必自裁」的誓言。一年以後，日本富豪小野隆介出資 2 萬日元（相當於今天的 2000 萬日元），從日本海軍手中購買了定遠艦殘骸，從上面拆卸材料，運到其故鄉福岡太宰府，建造了這座名為定遠館的別墅。曾經在電視臺打了 35 年工的加來先生，最得意的是他收藏的 6000 件日本各時代的玩具，他和妻子從天滿宮神社租下了定遠館，作為這些收藏品的倉庫。加來不是有錢人，每個星期在定遠館門口開跳蚤市場，把定遠館的庭院當停車場賺一些錢是補貼家用和收藏所需的重要來源，如果大家都不來了，對他是一件很嚴重的事情。

加來的擔憂不是沒有道理的，定遠館曾是日本著名的怨靈之館。

定遠館落成之後，由於這座別墅的特殊，有不少日本軍方人物到此訪問過，包括日本海軍大將島田繁太郎等，都曾贈送紀念品。然而，這座別墅，小野居住的時間並不多，他死後其家人也沒怎麼在這裡居住，而是作為客房使用，後來又交給太宰府天滿宮（當地官方神社）進行管理。其原因據說是北洋水師的幽靈常在這裡遊蕩。

根據秋山紅葉（日本艦船模型學會理事）1961 年發表的《定遠館始末記》一文所述，定遠館落成以後，有人到那裡住宿，半夜裡卻隱約看到走動的人影，都穿著中國水兵制服；有盜賊進到這裡面的時候，聽到有聲音威嚴地責問，這個責問，發音是「稅」，恰是中國膠東話裡「誰」的聲音。秋山寫道：「北洋水師的幽靈一直在這裡遊蕩。」

小野隆介的後代在定遠館設立了靈位，稱「為那些儘管是敵人，但是只要不葬身魚腹就開炮不止，對國家忠誠勇武的官兵們的冥福而祈禱」。他們將這座別墅捐贈給了天滿宮神社，認為只有神社才能鎮得住這些怨靈。但是，據說當地的神官夜裡去定遠館中取東西，也曾經與穿中國水兵制服的人相撞，當場嚇得發瘋。

定遠館「鬧鬼」的說法，當地民間一直都在流傳。其中的內容頗為離奇，而且版本很多。

秋山記錄了這些以後感慨道：「定遠艦當初負傷陣亡的官兵就是倒在這些材料上，他們都是死戰到最後的勇士，這樣善戰的定遠艦的後身，有如此怨靈的傳說，不是正常的嗎？」

當我們向加來先生核實這些記載的時候，他不置可否，卻說了開頭的那段話。

說這番話的時候，加來正站在定遠館的門庭之處，頭上的天花板貼滿了昔日影星們的頭像，其中可以看到鄧麗君甜美的笑容。這是他得意的創意之作，極有感染力。但是，就在鄧麗君臉旁裸露出的立柱和橫樑上面，密密麻麻的船釘孔顯示了歷史的真實痕跡——這座建築的主要木質材料來自定遠艦上拆下的艙壁和甲板，經歷了百年的風風雨雨，這些沒有任何漆飾的材料至今大多完好如初，根據定遠艦施工監督李鳳苞的報告，定遠艦所用，都是當時最好的非洲柚木和德國橡木。

定遠艦，1880 年由德國伏爾鏗廠建造，是中國海軍史上第一級近現代意義的主力艦，被稱為當時「亞洲第一巨艦」。根據《失落的輝煌——定遠級鐵甲艦》一文記載，定遠艦長 94.5 公尺，排水量 7400 噸，航速 14.5 節。它是北洋水師的旗艦，也是當時東亞地區最強大的戰艦，其 305 公釐主炮的口徑在中國海軍歷史上空前而且絕後。甲午戰爭前，日本國內流行的兒童遊戲就是「打沉定遠」。

此後將近百年間，中國海軍中再沒擁有過如此噸位的主力戰艦。

在整個甲午戰爭中，定遠艦可謂中國海軍的中流砥柱，大東溝海戰中，一開戰定遠艦的信旗系統即被擊毀，成為北洋水師戰敗的重要原因。但定遠艦上下官兵在海戰中表現了極高的軍人素質，提督丁汝昌裹創喋血，官兵前赴後繼，在己方各艦紛紛負傷沉沒的情況下，與鎮遠艦一起在日艦的圍攻中英勇奮戰，雖中彈 200 餘發，上層建築全毀，幾次燃起大火，但日軍始終無法奈何這 2 艘艨艟巨艦，反而是圍攻中的日艦，接連被定遠、鎮遠的 305 公釐重炮擊中，多艘遭到重創。

由於已經滅火的靖遠、來遠等艦，和支持陸軍登陸的平遠等艦趕回助戰，日軍被迫率先退出戰場，「聚殲清艦於黃海」的作戰目標沒有實現。定遠艦最終毀滅了，但直到第二次世界大戰中，日軍中依然有一首軍歌長期傳唱，其中有句歌詞的意思是「定遠還沒有沉嗎」。

從太宰府旅遊勝地天滿宮的正門牌坊向南轉，其實，只要走幾百步就可以看到這座帶著院子的小房子了。大多數人走過定遠館都會注意到它的大門，那是用定遠號的艙壁裝甲板製成，戰鬥中被炮彈洞穿的地方猙獰依舊。

走進定遠館，幾乎無處不可看到定遠艦的影子，窗框上的支撐梁，赫然是定遠號的兩根桅杆橫桁，頭部還套著軍艦上用的系纜樁作為保護；鋼制的護壁原是定遠艦的船底板，依然帶著斑斑藤壺寄生的痕跡；放置垃圾袋的廊下，外面配著用長艇劃槳製作的護欄。只有極富中國傳統風格的格子窗，顯然不是來自定遠軍艦。經過鑒定，那本是丁公府的遺物。

戰敗時，北洋水師提督丁汝昌就是在這裡飲鴆自盡的。

小野隆介為何要建造這座定遠館，今天已經很難瞭解。定遠館在當地幾乎沒有人知道，也從未被置入日本政府開列的文物（文化保護）

中，即便其主人天滿宮神社，也沒有誰說得清它裡面的部件屬於定遠艦的哪一部分。

因為這個原因，定遠館的維護十分荒疏。這座別墅的浴室和衛生間，本來是從定遠艦上整體移來，浴室使用了定遠艦彈藥庫的大門，堅固無比。但因為年久失修，這部分建築已經在上個世紀末被拆毀重建，拆卸下的部件被作為垃圾處理；空調的纜線，就直接釘在依然帶著黑色彈痕的艦材上面；一件被記為從原定遠艦艦長室取出，很可能屬於定遠管帶劉步蟾所用的辦公桌，被送給了附近的光明禪寺，改製成放置香油錢的供桌。

當年，大約因為對這艘「東亞第一大艦」印象深刻，定遠艦被帶到日本而留下的遺物甚多，並不僅僅是定遠館。在長崎的觀光勝地舊格拉巴宅邸公園中，存放著北洋水師定遠艦的一具舵輪。宅邸當年的主人，英國人格拉巴是一個在明治維新中向日本各藩走私武器的商人，後娶了日本妻子而定居長崎。由於這份因緣，格拉巴與日本海軍過從甚密，甲午戰爭中的日本聯合艦隊司令伊東祐亨因此將一具原屬於定遠艦的舵輪贈送給他作為紀念。格拉巴將這個巨大的舵輪改造為一個大咖啡桌，一直到他的兒子都在使用。

我們在考察中看到，這一舵輪的直徑超過 2 公尺，由優秀的非洲柚木製作，至今依然閃著幽光。平放著的舵輪上下各有一片透明的玻璃板，構成咖啡桌的桌面，一根 1.2 公尺高的獨腳支撐在舵輪的軸心，周圍的舵柄恰好可以隔開不同的客人，體現了一種簡明而優美的設計。在舵輪的輪心，環刻著「鵬程萬里由之安故清國軍艦定遠號舵機」的字樣。

海軍史專家陳悅先生介紹，按照復原，格拉巴園的舵輪，在定

遠艦上共有三具，它們當時被串聯放在甲板後部，被稱為「人力舵輪」或「備用舵輪」，需要每具舵輪兩側各用一條大漢，6 名水兵同心協力，在統一口令下操作，才能將其轉動。但定遠艦平時航行，是用不到這個舵輪的，這艘 7000 餘噸的巨艦，正常是依靠水壓機來操縱舵機。

從現在掌握的情況來看，這三具舵輪，都有去向可查。其中一具，在黃海海戰中被日艦炮彈命中擊毀，已經不復存在；第二具，在定遠艦沉沒後，被日方繳獲送到了靖國神社，如今下落不明；第三具，正存放於格拉巴公園。

舵輪上這一行字，一般被認為是甲午戰爭中日本聯合艦隊總司令伊東祐亨所題，表示日本海軍的騰飛，起於戰勝北洋水師。而據管理員介紹，格拉巴的宅邸更像當時的一個海員俱樂部，很多外國航海人士常在這裡濟濟一堂，在這些經常出沒風波的水手的心中，未必沒有因為這樣巨大的一具舵輪而感到安全的心情——每艘船，不正是因為有一面堅強的舵輪，才能夠「萬里由之安」嗎？

坐在咖啡桌前，定遠艦龐大的舵輪和「鵬程萬里由之安」的銘刻，顯然更被他們視作一種神祇般的寄託，而炫耀戰功的意味，反被無意忽略——在水手們心中，定遠的靈魂，或許永遠是一片令他們心安的托庇。

只是格拉巴的兒子並不是這些水手中的一個，他是一個狂熱的軍國主義者，不但把自己的名字按照日本諧音改作了「倉場」，還在日本戰敗的那一天，吞槍自殺……

令人感到諷刺的是，日本當時因為和英美開戰，故日本政府對這個英裔的「倉場先生」曾百般迫害，包括這座舵輪改建的咖啡桌也被沒收。於是「倉場先生」的狂熱，就帶上了一點斯德哥爾摩情結〔註〕的味道。

在定遠館幽深的迴廊裡，推開一扇用定遠艦水密艙門改建的隔扇，會看到日本影星山口百惠大幅的廣告照片立在一旁，這幅廣告，正被今天定遠館的主人加來先生當做古董收存著。山口百惠那一片迷惘的眼神，彷彿正是對今天定遠館的真實寫照。

無論小野隆介當初建造定遠館出於怎樣的目的，似乎都不重要了。

7 月間，到定遠館考察時，正值雨季。隨定遠艦從德國帶回的海獸雕花木欄，在重修中被拆下，橫釘在門外的立柱上，被雨水打成一片灰黑的顏色。同行的中國留學生李紫歡把傘舉在木欄的上方，久久不肯離去。

她說：「我是大連海邊出生的人，讓我給定遠撐一會兒傘。」

定遠館，在風雨中慢慢剝蝕。

定遠，離開戰爭的年代已經太久了。定遠館老了，老得全是老人眼中的溫潤。離去的時候，回首望去，不知道夕陽來時，定遠的靈魂會是怎樣的寂寥。

異國，百年，被忘卻的定遠。再回頭，依然是愴然欲泣。

岡山：雨中聽鎮遠

下一世我們還是兄弟

——考察平遠炮彈的感言

吉備津小村位於日本本州南部的岡山。這裡的周圍被群山和稻田

〔註〕：斯德哥爾摩情結亦即斯德哥爾摩症候群，又稱為人質情結、人質綜合症，是指犯罪的被害者對於犯罪者產生情感，甚至反過來幫助犯罪者的一種情結。

環繞，從這裡，沿著只能容一輛車通行的公路向山上走，有一條岔道。岔道盡頭，是一座奇特的神社，這座以福田海命名的神社，供奉的並非神或者人，而是被屠宰的牲畜。日本人好吃牛肉，他們希望這裡每年 3 月的祭祀可以讓那些被吃掉的牛的靈魂升上天界，不要怨恨。曾有日本人拍攝了這裡的照片，並好奇地發出了一個質疑——在神社正中央的神台頂部，為何要放一具船錨？

大多數人不明所以，只有很少的「明白人」回答，據說是因為船錨的錨冠從正面看去，渾似牛的挽鼻，所以放在了這座神社之中。神社還給這座錨定了一個極高的神號，叫做「不動尊」，在大錨正面的梵文封記，據說會同時保佑船和牛的靈魂。

這正是我們要尋找的目標——遺存在岡山的北洋水師鎮遠號裝甲艦的鐵錨。

鎮遠艦是定遠艦的姊妹艦。在《失落的輝煌——定遠級鐵甲艦》一文中這樣記載：「1894 年 9 月 17 日，在整個黃海海戰中，定遠、鎮遠二艦結為姊妹，互相支援，不稍退避。多次命中敵艦……3 時 30 分，鎮遠 305 公釐巨炮命中日本旗艦松島，引發大爆炸，日方死傷近百人，松島艦失去戰鬥力。兩艘定遠級鐵甲艦雖樣式落後，艦齡老化，但在抵禦外敵的海戰中起到了砥柱作用。觀戰的英國『中國艦隊』司令評價：『（日方）不能全掃乎華軍者，則以有巍巍鐵甲船兩大艦也』。而鎮遠艦上的外國顧問馬吉芬也回憶道：『我目睹之兩鐵甲艦，雖常為敵彈所掠，但兩艦水兵迄未屈撓，奮鬥到底。』」

遺憾的是，定、鎮 2 艘鐵甲艦的出色表現終究難以抵消中國方面在戰爭準備、戰術指揮等方面的缺陷，黃海海戰以中國失利告終。

黃海海戰後，2 艘鐵甲艦進入旅順船塢緊急修理，很快重新出海。

1894年11月14日淩晨，鎮遠在進入威海灣時不慎觸到水雷浮標，艦體擦傷8處，雖經緊急搶修，但因國內唯一可以執行大型軍艦修復任務的旅順船塢失陷，加之天氣寒冷，鎮遠艦最終無法出海修復。當晚，被日本作家小笠原長生視為「中國海軍中的岳飛」的管帶林泰曾引咎自殺……

甲午戰敗，2艘定遠級鐵甲艦的生命和它們所代表的北洋艦隊一樣走到盡頭…… 2月11日，鎮遠艦代理艦長楊用霖在鎮遠艦艙內吟誦「人生自古誰無死，留取丹心照汗青」的絕命詩，用手槍從口中自殺殉國，他是唯一選擇用火器了結自己生命的北洋軍官。

楊用霖自盡後，鎮遠艦被俘，後為日軍使用並解體，鎮遠的鐵錨，也隨之流落異國。

保留在岡山的鎮遠艦鐵錨長4公尺，寬2公尺，重達4噸，製造於德國伏爾鏗原廠。其中一具在抗日戰爭勝利後，為國民黨海軍少校鐘漢波索還，用飛星號海關緝私艦運送回國，現存中國人民軍事博物館；另一具，至今留存日本，就在岡山。一張鎮遠艦在旅順船塢中修理的老照片上，展示了這具鐵錨在軍艦上的位置——從照片上可以辨別出，在鎮遠艦如同利劍的艦首衝角後方上側有一個平臺，正頭後尾前放置著一具這樣的大錨。今天保留在日本的紀念艦三笠號上，其錨具也採用這樣的放置方法。

尋訪鎮遠艦鐵錨的過程十分艱難，因為我們沒能夠找到任何到過此地的中國人，而當地人已經對本地存有一支巨錨基本上失去了印象——我們在岡山只從一份材料中看到對該錨屬於鎮遠艦有所描述，其他資料中均無相關資訊。甚至，向當地人打聽鎮遠鐵錨，出租司機也無能為力，事後我們才知道，當地的地圖上，居然把鎮遠鐵錨所在

的神社地址標錯了。最終，一個曾在日本驢友照片中出現的路標讓我們找到了目標的方位。

這是一個頗有些與眾不同的神社，大殿前供著烹製牛肉的大釜，社後放置著由600萬頭被屠宰的牛的鼻環建成的「鼻塚」。神社的主神是馬面觀音，猙獰無比。而鎮遠艦的鐵錨，則被高高放置在正對神社大門的神臺上，從正面看來，仿佛一具十字架。

從後方爬上神台，可以走近這具鐵錨，當我們面對它的時候，感覺是一種無形的迫力。錨保存得相當完好，上面的三個錨環都可以活動自如，在大錨的脊部，還可以辨認出當年出廠的銘文和六角星形廠標。但是錨臂上有一道折裂後修復的痕跡依稀可辨，推測這是在威海衛的戰鬥中為炮彈所傷，正是這一損傷使日本海軍沒有繼續使用這支錨，而把它送進了神社。這枚鎮遠艦的鐵錨上，可以辨認出四處被炮彈擊傷的痕跡——錨臂被打斷的裂痕，上部2枚仿佛雙眼的大螺釘側面的撕裂痕，錨脊上一道1多公尺長的擦痕，以及錨正面下部被一發炮彈直接命中後造成的凹陷。在日本尋訪到的北洋水師遺物，幾乎無一不帶有當年戰場的印記，傳遞著當年海戰的激烈。

在尋訪中，我們無意中觸碰了鎮遠大錨的尾部，卻聽到這枚百年鐵錨發出一聲如同晨鐘般清越的聲音，悅耳悠揚。

那種聲音，可以屬於鐘磬，卻讓你無論如何無法想像它會發出於一具重達數噸的巨錨。我們驚異地重複觸動大錨的尾環，每一次，如梵的清音都同樣傳向遠處的群山。幾乎就在同時，天空中飄下了點點雨絲，殘暑的熱氣在一瞬間遠去，歷史，在一瞬間走來。

尋找鎮遠艦鐵錨的過程，有著意外的收穫。就在鎮遠艦大錨所在神台的下方，在兩座佛塔之間，有一枚鏽跡斑斑的大口徑炮彈。根據銘文和文獻記載考證，這枚炮彈是日本海軍西京丸號輔助巡洋艦在黃海海戰後從船艙中找到的，該艦官兵面對這枚重達 215 公斤的未爆巨彈，唯一的感受就是神明在暗中護佑——可以想像，如果這枚炮彈爆炸，由商船改裝的西京丸號必遭滅頂之災。他們決定將其奉獻給神社以示感謝。

福田海神社當時還不是祭祀牛的地方，而西京丸艦長是岡山當地人，於是在他的推動下，將鎮遠號鐵錨和這枚炮彈送到了這裡，供奉至今。

環繞這枚已經鏽跡斑斑的炮彈，依然會讓人產生膽寒的感覺。這枚巨彈的 260 公釐口徑暴露了自己的身份——北洋水師僅裝備有一門這種口徑的大炮，那就是平遠號裝甲巡洋艦的前主炮。

平遠號，是北洋水師中唯一一艘國產裝甲巡洋艦，為福州船政局所造，代表了當時中國造船工業的最高水準。該艦排水量 2067 噸，1889 年 5 月 15 日竣工，同年加入福建船政水師服役，命名為「龍威」，北洋水師總教官琅威理對該艦檢查後甚為滿意，於 1890 年 5 月 16 日建議將其調歸北洋海軍，更名為平遠。該艦在大東溝海戰和威海衛海戰中曾英勇奮戰，於北洋水師戰敗之時落入日軍手中，後在日俄戰爭中沉沒於旅順。

這應該是平遠號在世間唯一的遺物。

根據歷史文獻，黃海海戰中平遠號確曾與西京丸艦發生戰鬥。

海戰開始時，由於北洋水師更信任進口的戰艦，平遠號和廣丙號兩艘國產軍艦被留在鴨綠江口保護運兵船。但是，戰鬥一開始，日艦及利用高航速，橫過北洋水師橫陣之前，繞襲中國海軍右翼超勇、揚威 2 艘弱艦。激戰中超勇沉沒，揚威起火擱淺。平遠號和廣丙號見勢

主動加入戰團，掩護已經中彈起火的定遠、鎮遠 2 大艦。平遠號的 260 公釐主炮命中正在攻擊鎮遠艦的日艦松島，炮彈從松島左舷中部下甲板的醫療室斜穿而入，擊穿 2 英寸厚的鋼鐵牆壁，穿過中央魚雷發射室，擊中松島 320 公釐主炮塔下的機關，引起爆炸，頓時使得 320 公釐火炮炮罩粉碎，火炮無法旋轉。平遠艦在混戰中逐漸偏向戰場右翼，發現日本海軍部長樺山資紀的座艦西京丸號正在攻擊已經擱淺的揚威艦，當即衝上去連連發炮。根據記載，曾有多發副炮炮彈命中西京丸，但未將其擊沉，後因戰場形勢變化而放棄攻擊。

從發現的這發炮彈來看，實際上，平遠號戰艦主炮這發天津機械局生產的 260 公釐巨彈，曾準確地命中了日艦西京丸的船腹，但是，炮彈卻沒有爆炸！

根據當時記載，北洋水師在和日艦的第一戰豐島海戰中，濟遠艦就曾一彈命中日艦吉野的機艙，但沒有爆炸。這樣的例子，在海戰中還有很多次，在日本葉山町新善光寺，也保留著 1 枚擊中日艦扶桑號卻沒有爆炸的大口徑炮彈。

可以想像北洋水師的官兵們，對這樣的炮彈是怎樣的憤恨而又無奈了。

然而，這發炮彈還有更多的資訊要傳達給今天的人們——經過檢查，我們驚異地發現，這是一發罕見的子母彈——它的上面佈滿了用鉛栓封口的子彈槽，裡面可以填充鋼珠，爆炸時四處迸飛，以便更有效地殺傷地面敵軍。這種炮彈用於支援陸軍，並不適於攻擊敵人軍艦，為何卻在西京丸的船腹中發現？

一瞬間，我們就想明白了其中的道理——史書記載，黃海海戰中，北洋水師所帶炮彈不足，大多數軍艦一直打到彈盡力竭。這枚平遠號留下的子母彈正是在告訴我們當時的情景——滿是血火的戰場上，已經沒有彈藥了的中國海軍，依然在英勇奮戰，水兵們把所有能打的炮彈都射向了敵艦。

鎮遠展翅欲飛的鐵錨彷彿一個深沉的長兄，而平遠銹蝕到火紅的炮彈如同一個脾氣暴躁的弟弟，兩者無言地已經在一起對視了百年。

7000 噸的鎮遠艦，對 2000 噸的平遠艦，的確可以稱為兄長了。

忽然想到，當年平遠號就是為了掩護鎮遠號殺入敵陣的。兩者的相守，彷彿帶了一種極特殊的中國傳統意味。

上一世，我們在沙場並肩血戰，這一世，我們在這裡相互守望，下一世，我們還是兄弟。

佐世保的定遠炮彈

「天使我不獲陣殞也！」

「我死不足惜，因為我死他們可以活下去」

——丁汝昌

2010 年 9 月 18 日，從下關春帆樓匆匆趕到位於佐世保，氣氛完全變得不同。

春帆樓，是《馬關條約》簽訂的地方，今天已經成為一家燈紅酒綠的大酒店，所有的歷史遺物都被轉到了門外新建的「日清議和紀念館」。向主人詢問，才知道當年的春帆樓早在 1945 年即在盟軍的轟炸中起火焚毀。新建的春帆樓，是下關最好的吃河豚的地方。春帆樓門前，沿著李鴻章小路走到頭便是接引寺，小路盡頭處，據記載是李鴻章來日談判時遇刺之處，那裡一位日本畫家的紀念館正開得十分熱鬧。甲午的風雲，如果不進入那座紀念館，幾乎已經蕩然無存了。

離開春帆樓的時候，彷彿還帶了它的三分奢靡之氣，而薄暮時

分，當我們進入佐世保海軍墓地，一抬頭，就看到入門處2枚定遠艦的主炮炮彈屹立在鼓形的石墩上，幾乎沒有鏽跡的彈身閃射著點點寒光，令人頓感肅殺。

我們注意到，保留在佐世保的定遠艦主炮炮彈極為完整，連2枚開花彈首部的引信都保留了下來。定遠艦的主炮開花彈還有1枚保存在和歌山縣有田市的須佐神社，但已經銹蝕得頗為厲害。

佐世保海軍墓地，又名東山公園，位於日本最大的軍港之一佐世保市郊，走不多遠，既可遠眺軍艦停泊的碼頭。在這塊巨大的墓園之中，隨處可見軍艦上拆下來的鐵錨、舷窗、彈丸、彈殼，讓人在靜寂中彷彿聽到戰場的喧囂。今天，在這裡共保存著定遠艦305公釐主炮的開花彈、實心彈各2枚，此外還有《馬關條約》割讓臺灣後，日軍與臺灣軍民作戰中繳獲的大炮6門。其中，定遠艦開花彈上均刻有甲午戰爭史日本聯合艦隊司令伊東祐亨的題字，大意為以這些炮彈來慰祭日本海軍的亡靈。這4枚炮彈，至今仍然默默站立在日本海軍墓地的墓道入口處。

為何要將定遠號的炮彈置於這個墓地呢？

問題很快就有了答案——有幾層墓臺上的日本海軍軍官和士兵，都死於同一天，即1894年9月17日。細思，忽而恍然——那不正是黃海大東溝海戰的那一天嗎？

原來，黃海大戰中的日軍陣亡者，包括日本軍歌《勇敢的水兵》的主角，松島艦三等水兵三浦虎次郎等都葬在這裡！

在那場大戰中，定遠艦的305公釐主炮成為所有日艦最為畏懼的武器，基本上只要有一發開花彈命中爆炸，就有一艘日艦需要退出戰場。日本海軍因此對定遠艦恨之入骨，威海衛之戰中，日軍第六號魚雷艇在偷襲定遠艦時，因為魚雷管蓋板被冰雪凍住無法發射，艇上的魚雷主任上琦竟引咎自殺。其墓地和那枚沒有發射出去的魚雷，至今保留在橫須賀海自二術科學校參考資料館。也許，這就是把定遠艦主炮炮彈放置於此的原因。

在密密麻麻的日軍陣亡官兵中，最明顯的，是赤城號艦長阪元八郎太的墓。他的墓圍有鐵欄，前方還有兩具日式長明燈。通過閱讀長明燈上的銘文，我們發現，阪元竟然還是日本海軍當時最精銳的軍艦——英國製造的吉野號巡洋艦完工時的返航主任。

2 天以後，當我們站在橫須賀軍港的三笠艦公園，面對三笠號紀念艦側方放置的致遠號 11 公釐格林炮，忽然回想到了阪元的墓地。

阪元八郎太和鄧世昌指揮的中國海軍致遠號巡洋艦，似乎有著不解之緣。

致遠號巡洋艦和它的管帶鄧世昌，因在軍艦重傷後仍然奮勇衝向敵陣，試圖撞擊敵艦而被人們銘記。鄧世昌試圖衝撞的日本軍艦，正是阪元八郎太擔任返航主任的吉野艦，在調到赤城擔任艦長之前，他的前一個職務是吉野艦的副艦長。

而黃海海戰中，日方記錄曾有多艘中國軍艦圍攻赤城號，令日軍印象深刻的是中國巡洋艦靖遠號駛過赤城的時候，其炮手用桅盤中的格林炮猛烈掃射赤城的上層建築，給日軍帶來重大殺傷。在混戰中，阪元八郎太頭部被一門大口徑炮的彈片擊中而死，腦血噴濺到地圖上。

實際上，根據中方記載，靖遠艦並不在圍攻赤城的中國軍艦之中，這艘用格林炮橫掃赤城艙面的戰艦，應該是靖遠號的姊妹艦——致遠號。中方文獻記載鄧世昌指揮致遠艦衝鋒在前，勇不可擋。他命令官兵，開放艦首尾主炮，同時又發射機器格林炮，「先後共百餘處，

擊中日艦甚多」。而在攻擊赤城艦中立下戰功的格林炮，很可能就是保留在橫須賀三笠艦公園的這一門。

這是因為，這門格林炮正是來自於致遠艦的桅盤之上。

格林炮又譯作加特林機關槍，用手把搖動十個槍管圍繞軸心轉動輪番射擊，在當時可稱火力十分猛烈。在橫須賀保留的這門格林炮側面，還可看到可以扳起的缺口——準星式瞄準裝置。它是世界上第一種正式裝備軍隊的機關槍，北洋水師有多艘軍艦裝備了這種武器。致遠艦的後部桅盤中就安裝有 2 門這種小口徑速射武器。

根據歷史記載，致遠艦最後的航程在世界海軍史上堪稱經典。當時，已經重傷而且彈藥垂盡的致遠艦，在管帶鄧世昌帶領下，試圖採取利薩海戰中決定性的衝撞戰術撞擊日艦吉野，並破壞日本海軍的編隊隊形。當戰艦衝向日軍軍陣的時候，按照英國海軍傳統身著上藍下白軍官制服的鄧世昌登上飛橋，冒著炮火，手持軍刀，向官兵們大聲呼喊：「吾輩從軍衛國，早置生死於度外，今日之事有死而已！然雖死，而海軍聲威弗替，是即所以報國也！」但是，隨著與日本艦隊的距離逐漸縮短，致遠中彈也越來越多，「艦體之傾斜益甚」，最終一聲大巨響使得整個戰場都沉寂下來，致遠號的舷側發生劇烈爆炸，軍艦的艦首先行下沉，艦尾高高豎立到空中，螺旋槳仍然在不停地旋轉……不到 10 分鐘，這艘英國阿姆斯壯船廠建造的穹甲巡洋艦就永遠地消失了。

據推測，是日艦的一發炮彈引爆了致遠艦上的魚雷，造成了致遠艦最後的沉沒。

但是，致遠艦沉沒的海區水深不足 20 公尺，在退潮時，其桅杆和桅盤依然露在水面之上。因此，其桅盤中的這門格林炮為日軍所拆卸，並放置在了三笠艦的公園裡，與不遠處鎮遠艦的兩枚炮彈相守。致遠號軍艦留在這個世界上的遺物，僅有這門格林炮，和旅順萬忠墓內所存的一隻救生圈而已。

在致遠艦沉沒的時刻，艦長鄧世昌選擇了與艦同沉的命運。事實上，在大東溝海戰被擊沉的 4 艘軍艦上，所有的中國艦長都遵循格林威治海軍學校的訓導，作出了以身殉艦的悲壯舉動。

有著這樣優秀的海軍軍官，北洋水師何以戰敗呢？

也許，在靖國神社所存的一門大炮上，可以看出幾分端倪。

安放在靖國神社遊就館中的這門 120 公釐克虜伯大炮，被作為在甲午戰爭中的日軍戰利品展出。日方的標注說明，它是作為一門要塞炮，在旅順炮臺中被日軍俘獲的。但是，經過國內海軍史專家辨識，發現這門所謂的「要塞炮」，其下炮架雖然已經遺失，但仍可斷定其並非陸炮，而是軍艦上的艦炮！這是怎麼回事兒呢？

根據其造型和生產廠商，可以猜出其中的端倪——此炮是 1886 年從德國克虜伯廠進口的一門安式架退式後膛炮，很可能屬於中國軍艦廣乙號。該艦在 1887 年竣工時安裝有 2 門這種型號的 120 公釐主炮。

廣乙原屬廣東水師，1894 年 5 月，清廷第二次校閱水師，廣東水師記名總兵余雄飛帶廣甲、廣乙、廣丙 3 艦往北洋會操，演習時「廣東三船沿途行駛操演船陣，整齊變化，雁行魚貫，操縱自如」、「中靶亦在七成以上」。

會操結束後，朝鮮局勢漸趨緊張，程璧光上書李鴻章，請求留北洋備戰。李鴻章採納此議，廣乙、廣丙 2 艦因留北洋，後均調入北洋水師。由於兩艦的 120 公釐主炮屬於舊式架退炮，甲午戰爭開戰前，北洋水師用江南製造局生產的 120 公釐管退炮（速射炮）為他們實現

了換裝。此後，替換下來的火炮被放在旅順炮臺，成為岸防武器。由於旅順炮臺未查到其他任何購買、安裝、使用同一型號火炮的記錄，而廣丙艦的完工時間較晚，因此基本可以肯定其曾經是廣乙號軍艦上使用的火炮之一。

為廣乙艦更換新式速射炮果然大有成效。1894 年 7 月 25 日，牙山海戰爆發，廣乙號連續攻擊 3 艘日艦，新換的速射炮威力強勁，高升號英國船長高惠悌登上浪速艦的時候就曾注意到其尾部被廣乙艦擊中的彈洞。

但廣乙艦終因噸位小、火力弱，在日軍集中攻擊下重傷擱淺於十八島，管帶林國祥焚毀殘艦，乘英國船退回威海。廣乙艦成為北洋水師麾下殉國的第一艘軍艦。然而，廣乙艦瞬間閃光表現背後，卻是更深的無奈。

廣乙號和廣丙號上裝備的五門 120 公釐管退炮，是北洋水師僅有的 5 門速射炮，而日本海軍在甲午戰前，已經裝備速射炮 150 門。所謂速射炮，即採用複進裝置的管退式火炮，也是 19 世紀後期火炮技術進步的一大標誌，其射速超過舊式火炮 5 ～ 10 倍。當日本海軍大量購置這種新型火炮的時候，中國海軍卻恰恰是停止了購買任何軍艦和火炮的停滯時期，絕大部分艦隻依然在使用架退式的舊式火炮，僅在開戰之前匆忙從江南製造局調來這 5 門速射炮，但已無補於事。

當大東溝海戰打響之後，科技落後的惡果立即顯示出來，儘管北洋水師的火炮命中率高於日艦，但因射速低，黃海海戰中，中國各艦平均中彈 107.71 發，而日艦平均每艦中彈僅 11.17 發，北洋艦隊所中炮彈總數高出日艦九倍以上。

而旅順輕易失陷，包括廣乙號拆卸下的 120 公釐火炮等大批武器裝備未經力戰就被日軍繳獲，則體現了那個時代中國整個軍政體制的落後腐朽。中日之間的爭鬥，已經不是「文官不愛錢，武將不怕死」就可以輕易解決的問題。

在福岡元寇博物館中，陳列有一座從中國海軍靖遠號巡洋艦上打撈上來的神龕。威海衛之戰中，丁汝昌乘靖遠號巡洋艦督戰，戰艦中彈沉沒之際被搶救上岸後，流淚歎曰：「天使我不獲陣歿也！」這大約便是那種無力回天的感歎。

建設一個從科技到體制都現代化，從而不讓悲劇重演的國家，顯然比一死更加艱難。

在日本尋訪甲午遺物之餘，中國海軍史研究會會長陳悅在日本找到一份新的資料，或許可算是北洋水師提督丁汝昌最後的遺言。

丁汝昌自盡之時，已經喝了鴉片水，卻始終死不了，在床上輾轉反側，在那裡喃喃自語，他的僕人便把他的話記了下來，由於這個僕人在（劉公島）上被俘了，所以這段話便在日本的資料中被反映出來。其實丁汝昌臨終前反覆說的話不過兩點而已，第一個是說，我們這麼大一支艦隊，這麼大一支海軍怎麼就這麼完了，就算輸了嗎？似乎心有不甘；第二個，他說我死不足惜，因為我死他們可以活下去。

他說的「我死他們可以活下來」，說的應該是他的部下們，丁汝昌說：「他們都是朝廷多年栽培的人才」，顯然，他希望通過自己的死承擔戰敗的責任，使這批人才能保留下來，能夠成為中國海軍未來的種子。

事實上他真的做到了。北洋水師殘存的官兵，由於丁汝昌的死而避開了懲處。這批具有近代化知識和意識的中國人，此後有很多繼續為這個國家作出了卓越的貢獻。例如前面提到的廣乙艦管帶林國祥，1907 年曾率艦巡視西沙群島，開中國海軍戍守巡防南海諸島之先河。

在日本探訪北洋水師遺物的意義何在？

133年前，曾有一批年輕的中國人前往格林威治海軍學院。他們在臨別詞中寫道：「此去西洋，深知中國自強之計，舍此無所他求。背負國家之未來，取盡洋人之科學。赴7萬里長途。別祖國父母之邦，奮然無悔！」

當考察的最後一天，站在小田原市高等學校的草坪上，仰望懸掛在那裡的鎮遠艦船鐘，這段水師學員在赴英留學前吟誦的誓詞，仿佛依然在隨著鐘聲回蕩。

按照船鐘前的記載，當中日討論建交的時候，周恩來總理就和日方代表談起過這口鐘。歷史和現實，在這一瞬間獲得了一個介面。

我們追尋的是流落在日本的北洋遺物，更是那個時代為國家進步富強而努力的中國人的靈魂。北洋水師不僅僅是一支艦隊，它的建立，代而言之中國近代海軍的興起。由於是一個新的機構，沒有歷史包袱，終於可以按照近代化的模式對西洋科學和制度進行較為順暢的引進，包括教育、架構、規章，開中國引進現代文明並切實使用的先河。北洋水師為中國培養了一批近代人才，使近代化制度和科學發展在中國開始佔有一席之地，促進了這個國家的進步，後來很長時間，中國的人才體系中，海軍出身的人，包括詹天佑、嚴復、黎元洪、蔡廷乾等，都起到了重要作用。

那一代人雖然未能成功，但在復興這個國度的浪潮中，一次退潮，永遠為下一次漲潮打下了基礎。

這個東方古國的復興，沒有一個救世主可以依賴。一次一次的失敗，一次一次的苦難，如同一節節階梯，終於鑄就這個堅強民族的今日。故國的人們，不應該忘記先人為了富國強兵所做的每一次努力。

第八章

民國初年海軍的奮鬥

滿清覆亡後，孫中山建立民國。民國初年，軍閥擁兵自重，割據稱雄。國家之軍隊被軍閥瓜分利用，互相敵對釁戰。民國 17 年，北伐成功，國民黨從名義上統一了中國，但海軍仍各校分治，成為幾支地區性海軍，艦隊仍分立。幾支地方海軍時南時北，在國民黨新舊軍閥的拉攏利用下，互相叛逃攻戰不止，淪為內戰的工具。由於連年內戰，國力困窘，本來就已非常落後的中國海軍與世界海軍的水準差距拉得更大，不要說沒有當時作為海戰主力的航空母艦、戰列艦，甚至連重巡洋艦和潛艇都沒有一艘。主力還是滿清那個爛攤子留下的幾艘老式巡洋艦，而且海軍內部派系之爭極為激烈。

當時中國海軍分為閩（馬尾）系、粵（黃埔）系、青島（東北）系、電雷系等四大派系。

1937 年，中國全面抗戰爆發，中國海軍以極度劣勢的力量拼死抗敵。面對實力世界第二的日本海軍，中國海軍退守長江，以長江為主戰場堅持抗敵。在淞滬戰場，中國海軍數次拼死攻擊日軍出雲號重巡洋艦；在長江保衛戰中，中國海軍艦隊與日本航空兵誓死血戰，損失極重；為阻止日本海軍溯水攻擊長江中上游，中國海軍集中最後的力量自沉於江陰，佈成阻塞線，為抗日戰爭的勝利犧牲自我。

在中國人民解放戰爭的勝利炮聲中，大批國民黨艦艇起義投誠，成為新中國「人民海軍」組建時的基本骨幹力量之一，餘部退守東南沿海和臺灣。隨著人民海軍的日益強大，在東南沿海的一系列慘敗後，舊海軍退守臺灣，並與大陸隔海相望到今天。時代和歷史正呼喚著失落的遊子與人民海軍共建中華民族未來強大的海防。

在這裡，我們擷取中國海軍的一些輝煌片段和歷史軼事以饗讀者。

民國時期的海軍陸戰隊

民國時期的中國海軍曾擁有一支頗為正規的海軍陸戰隊，這支部隊甚至參加過孫中山的葬禮，而它的歷史卻有些錯綜複雜。

當時的海軍陸戰隊來頭很不起眼，本是清朝海軍部（原來的總理海軍事務衙門）的衛隊，指揮官為參加過辛亥革命的衛隊長楊砥中。1911 年清朝滅亡，北洋政府仿效外國建立陸戰隊，就是以海軍部衛隊為基礎的，可以想像，這只是一支很小的部隊，但它卻是北洋系陸戰隊的起源。

海軍陸戰隊成為一支真正能打仗的部隊，是杜錫圭擔任海軍總長的時候，此人對岸上的事情頗為上心，有政治野心。海軍是技術軍種，人才眾多，不過軍閥時代，實力最為重要，海軍如果沒有地盤，早晚只能給他人作嫁衣裳。因此，杜錫圭看中了自己的老家福建，1923 年派楊砥中擴編海軍陸戰隊，由楊樹莊率艦隊掩護，南下搶地盤。

楊砥中這個人，今天少有人知，但海軍中給他的評價很有意思，是「鷹視狼顧」，意思是此人反覆無常，善於鑽營，屬於奸詐小人一流。實際上，楊砥中的能力相當出色，而且勇敢善戰，完全以負面看之也不正確。

因為有這份能力，楊砥中很快拉起了一支隊伍，人員包括海軍裡面看倉庫的、守碼頭的、儀仗隊等等，一共五個連，隨海軍艦隊南下，攻打福建。令人想不到的是這樣一支烏合之眾，居然在楊砥中手下訓練成了精兵。在海軍重炮的掩護下，海軍陸戰隊先敗後勝，取金門，奪廈門，佔領福建的幾個重鎮，部隊也逐步擴編成了一個旅。這就可以說是北洋系海軍陸戰旅的起源吧。

這次小規模的軍閥之戰，在歷史上卻有一定影響。當時孫中山先生在廣州正和陳炯明叛軍對峙，叛軍攻佔東江，對孫中山政府威脅甚大。孫中山兵力不足，只能繼續等待援軍，他等待的援軍，就是原來割據福建的藏致平。結果，藏致平自己後院起火，和海軍打成一鍋粥，自然也就不能救援孫中山了。據某種科學理論說，亞洲的蝴蝶扇動一下翅膀，美洲就颳起了龍捲風。楊砥中就是扮演了這個蝴蝶翅膀的角色。

平定福建為海軍打開了財源，杜錫圭因此在政界發展蒸蒸日上，人稱「海杜」。1926 年甚至當上了國務總理代行總統職，是中國海軍裡面爬得最高的。可是，當上國務總理的杜錫圭才明白北洋中央政府要錢沒錢、要權沒權，最後，在被討餉的大兵用槍頂著腦袋，從辦公室一直拖到門口以後，杜長官才算如夢方醒，知道自己無法勝任這個職務，為了保命，於是一溜煙捲舖蓋走了。

後來的海軍部長陳紹寬尊老愛幼，因為海軍將領劉冠雄晚景淒涼而大發感慨，想設法資助海軍老人，於是請杜錫圭擔任海軍學校校長。以國務總理身份退休當校長，他也算是第一人了。

這時南方有沒有海軍陸戰隊呢？確切地說是沒有的。辛亥革命期間，南軍曾經由沈從文的老鄉王時澤建立了一支約一個營的海軍陸戰隊。但由於袁世凱竊據政權，南方軍隊的整編復員非常潦草，這支部隊後來都被遣散，部屬淪落到在公路旁砸石子過活的淒慘狀況。王時澤也轉投張作霖，後來做到東北海船學校校長。

海軍陸戰隊經過楊砥中在福建擴編部隊以後，兵員增加，戰鬥力提高。楊砥中的野心膨脹，開始排擠海軍艦隊將領，販賣鴉片，坐地稱王。此舉引發了海軍內部的矛盾，大多數海軍將領不能接受楊砥中這個陸戰隊司令稱王、稱霸的想法——你不過是我們的一個糧草官罷了，還想反客為主不成？

這種情緒加上杜錫圭失勢後，海軍中傾向孫中山、抵觸北洋的力量逐漸取得上風，導致了楊砥中的死。楊砥中的死一半是自己不夠安分，一半是觸了海軍老將林建章的霉頭。

海軍老將林建章 1923 年在上海策動「滬隊獨立」，響應孫中山，楊砥中則獨霸閩中，試圖背叛海軍團體，投靠北洋軍閥。1926 年 10 月 9 日，楊砥中微服前往上海北洋軍五省督軍孫傳芳處密談，消息為海軍團體所知。

楊砥中來上海的消息被林建章將軍得知後，他視楊砥中為海軍叛徒，遂下令給海軍第二艦隊司令曾以鼎（最後職務為中國人民解放軍海軍研究委員會主任），令其制裁楊砥中。

楊砥中到上海的途中警戒森嚴，無法下手，但他離開上海卻是搭乘一艘招商局的金星號小客輪，可能是為了掩人耳目，楊砥中孤身乘船，行動低調，但仍被曾以鼎派出的殺手在客輪中發現，當即出槍射擊，雙方從船艙打到船尾，結果楊砥中腹部中彈重傷，殺手則被楊砥中的垂死反擊所擊斃。

船到碼頭，楊砥中被匆忙送院（有說楊當場斃命，那是不符合事實的）。此時，海軍內部有人見其慘狀，畢竟袍澤一場，乃懇求林建章饒其一命，林將軍也有些猶豫。不料北洋方面也派人試圖接觸楊砥中，於是林建章最終認為楊砥中不能留下。

當天，只見一路海軍人馬殺奔醫院，將楊砥中的病房控制，按照林建章的吩咐，既不許治療，也不許止血，活活將楊砥中晾在病床上。第二天，楊砥中「傷重不治」而死。

楊砥中的殘餘部隊，即當時海軍所說的陸戰隊第一混成旅。

海軍陸戰隊的第二旅，成立於北伐戰爭期間。福建海軍方面與廣州屬於互通款曲的關係，艦隊都反水了，輕易放北伐軍過境。福建境內原屬於北洋軍閥系統的小軍閥，張毅成了夾縫中的蛤蟆，殘軍被海軍方面吃掉，編成了陸戰第二、第三旅（1928 年合編成第二旅），這是海軍陸戰隊發展的鼎盛時期。這個陸戰第二旅，就是南洋系陸戰隊吧。這兩個旅的陸戰隊，總兵力二旅四團，相當於一個陸軍師，後來基本上都在抗戰中消耗殆盡。

抗日軍興，海軍陸戰第一旅，隨艦隊主力行動提供支援，歷經江陰、馬當各次戰鬥，艦隊消耗殆盡，陸戰隊乃轉用擔任要地防守和鐵路護路任務，損失很大，又因為海軍部不同意將其配屬陸軍中而缺乏補充。第一旅最後任務是在四川守衛各個機場。

海軍陸戰第二旅，一個團在浙東警衛海岸，一個團在廈門防守，指揮官是曾被指責於一二八事變中通日的李世甲。李世甲憑藉三艘軍艦、一個團的薄弱兵力，在廈門屢次挫敗日軍進攻，浙東守軍也曾炮中日軍裝甲巡洋艦出雲號，將其船舷打開一個大洞。抗戰中這個旅可算打得不錯。

1945 年 6 月，國民政府取消海軍陸戰隊編制，將其全部編入陸軍，可以視為是蔣介石戰後壓制閩系、建立嫡系海軍之前奏。

民國時期的海軍陸戰隊，還包括其他幾支旁系部隊：

一、東北海軍陸戰隊

這個是沈鴻烈的隊伍，東北海軍本來就有一支陸戰隊，但抗戰開始後這支部隊得到擴編。這是因為抗戰開始後，第三艦隊在青島被日軍包圍，因為眾寡懸殊，被迫沉艦撤退。第三艦隊官兵拆卸艦上火炮，隨沈和謝剛哲後撤，全部成為海軍陸戰隊。這個部隊抗戰中在臨沂、湖口打過幾次硬仗，特別是堅守馬當長山要塞，堪稱海軍的經典之戰。

二、黑龍江海軍炮隊

九一八事變以後，馬占山在齊齊哈爾起兵抗日，與日軍激戰於江橋。此時，黑龍江省境內有一支海軍艦隊，就是黑龍江江防艦隊。這支艦隊在前一年中東路戰爭中和蘇軍打了一場惡戰，傷亡很大，只剩5艘炮艦（江清、江平、江通、利濟、利綏），一個大隊的陸戰隊也損失殆盡。此時軍艦因為冰凍封江無法出動，但海軍部隊依然有抗日勇氣，遂組建炮隊先隨馬占山，後隨李杜抗戰。江防艦隊後被日軍收編，但1932年又發生利濟號炮艦起義，利濟號官兵殺死日本指導官和電臺人員，投入「抗日救國軍」，成為抗戰中東北海軍的最後一支力量。這支部隊的殘餘人員最後退入蘇聯。

三、廣東艦隊海軍陸戰隊

即原海軍第四艦隊司令官陳策指揮的陸戰隊，他的陸戰隊戰鬥力強，兵力雄厚，來頭也大，居然是孫中山當年留下來的孫祥夫的部隊改編的。因為有這個老資格和本錢，陳策的陸戰隊曾經拿下過海南島，抗戰中也曾依託虎門要塞死戰，是海軍中最能打的部隊之一。值得一提的是陳策的海軍陸戰隊還曾死守東沙島，依託氣象大樓和既設陣地給日軍造成相當大的傷亡，這是中國海軍保衛南海諸島的第一次戰鬥。

四、海軍炮隊和各地要塞炮臺

抗戰開始後，中央海軍逐步向上游退去，戰艦損失慘重，還有若干老舊艦艇被充作阻塞線，艦上官兵攜帶拆卸下來的火炮，組成了海軍炮隊繼續抗戰，這些部隊和沿海沿江各地要塞炮臺的官兵，雖然不屬於海軍陸戰隊的正式編制，但其作戰性質，與海軍陸戰隊是比較相似的。

所有這些雜牌海軍陸戰隊，都在抗戰後國民黨整軍的過程中消亡。整軍的結果，使控制了中國海軍數十年的「閩系」勢力消亡，但也使大量有經驗和威望的海軍將領產生不滿，在 1949 年選擇了留在大陸。比如，原國民黨海軍部部長陳紹寬就對蔣介石派來勸他去臺灣的使者說：「如鈞座必要紹寬去臺灣，紹寬必要從飛機上跳下。」這其中，也包括了曾率海軍陸戰隊奮起作戰的李世甲等人。

在美國閱兵的中國海軍

清末民初的海軍名將程璧光，廣東香山人，是福州船政學堂後堂的駕駛班畢業生，畢業後調廣東水師，任廣丙號魚雷快艦管帶。

廣丙號和廣乙號是當時廣東水師最好的鋼制國產戰艦，我國一般稱其為巡洋艦，但它速度快，以魚雷和快炮為主要兵器，艦型帶有驅逐艦的特徵，可說是這一艦種的鼻祖之一。中日開戰，程璧光正率廣甲艦到天津送貢品荔枝，當即請求參戰，受到嘉獎。這一點被很多有關人士責難，認為他的請戰造成 3 艘廣東軍艦參加海戰，結果兩沉一俘全部損失。

在甲午海戰中，這 2 艘小軍艦表現都不錯，程璧光在大東溝海戰中指揮廣丙於下午加入戰鬥，對迫使日軍先走起到了重要作用，自己也在戰鬥中負傷。

威海衛之戰，北洋水師全軍覆沒，程璧光奉丁汝昌最後命令用 2

枚魚雷擊沉了擱淺的靖遠號。在丁汝昌死後，北洋殘軍議降，程璧光因不是北洋所部，身份特殊，被推舉為赴日艦的使者。擊沉自己軍艦和擔任降使讓程璧光深感恥辱。1895 年，到廣東閒居的程璧光在弟弟程奎光的介紹下見到孫中山，並參加了興中會，是參加革命黨最早的海軍高級將領。就在這一年，因興中會謀劃起義失敗，當時擔任鎮濤號炮艦的程奎光被捕殺，程璧光倉促逃往海外。

不過清廷似乎並不想追究他的「謀反」，第二年，李鴻章出訪途中，在檳榔嶼會見程璧光，不但允其免罪，而且請他回國重新組建海軍。滿清末年，對於人才一度頗為重視，並不是一味以殺戮維持統治。汪精衛刺殺攝政王，居然把他放過了；秋瑾起義失敗被捕，清廷內多有為其鳴冤者，甚至給秋瑾上了刑具的官員還受到彈劾；對程璧光似乎也是這樣，明知其有謀反問題，還是「憐其才而用之」，程璧光也算對得起李鴻章，後來工作上還是忠於職守。

甲午戰後，清朝重建海軍，分為巡洋、長江 2 艦隊，程璧光擔任了巡洋艦隊的司令官。他在此後最有名的舉動，是指揮了中國海軍第一次跨洋航行。

這次航行是 1911 年，程璧光率領海圻號巡洋艦赴英國參加英皇喬治五世加冕儀式時完成的，從上海起航，途經印度洋、紅海、地中海到達英國。參加完加冕儀式後，又經過美國、古巴而返回中國。

當時，古巴和墨西哥都發生了大規模的排華事件。考慮到這兩個國家海軍都沒有足夠能力抵擋 4000 餘噸的海圻艦。程璧光遂率艦訪問古巴，當地華人熱烈歡迎，而古巴總統懾於海圻艦軍威，只得向程璧光表示：「古巴軍民決不會歧視華僑。」海圻號在古巴停泊，計畫休整後訪問墨西哥，墨西哥政府不等海圻艦造訪，便就排華事件向清政府

賠禮道歉，償付受害僑民生命財產損失，中國軍艦才取消了訪問。程璧光在航行中，履行了作為一名中國海軍將領的職責。

這次航行中有很多比較有趣的事情，特別是途中得知清朝已經滅亡，官兵們紛紛請求程璧光宣佈易幟。程璧光的做法非常「民主」，他下令全艦官兵在艦上集合，然後下令「擁護滿清的站左舷，擁護共和的站右舷」。這個類似內伊元帥率軍面對拿破崙時的做法，引來了全體的歡聲雷動，所有的人都站到了右舷，連艦上的吉祥物——波斯貓都不例外。

程璧光陪同紐約市長蓋諾爾和格蘭特的兒子小格蘭特將軍檢閱中國海軍儀仗隊，這時中國水兵都剪了辮子。這大約是中國海軍第一次在美國進行閱兵。

回國後的程璧光擔任了北洋政府的海軍總長，他擁護臨時約法，反對袁世凱稱帝，雖然在監視下不得不「陽為柔謹，日以糧鳥灌園自晦」，但在給友人的信中常說「自恨不速死」。1917 年，應孫中山之邀，程璧光率領海軍第一艦隊主力海圻、海琛、肇和等 11 艘軍艦南下廣州，參加護法戰爭，艦隊亦被稱為護法艦隊。

時人對程璧光評價頗高，稱其「性簡易，居恒侍從極稀。每見官僚習慣，儀衛森嚴，騶從煊赫，不謂然也。故入粵以來，雖以一身系天下之安危，仍多徒行。間或乘輿，僅一僕從」。

不幸，這種生活習慣給他帶來了危險，1918 年 2 月 26 日，程璧光在一次赴宴歸來時，被兇手槍擊，刺殺於廣州長堤。程璧光身中兩彈，猶用香山口音指著兇手大喊——「捉住渠（即他）。」終因傷勢過重而逝，時年 59 歲。

程璧光的死，曾經有觀點認為是桂系幹的，這符合他們土匪起家的習慣，然而近年考證，多認為是孫中山親信元老朱執信，因為程璧光在「炮擊觀音山」事件中立場傾向桂系力量，懷疑他背叛孫中山先生，而貿然採取的行動。程璧光的死，最終導致了護法運動的瓦解，這卻是當時諸多人都沒有想到的。的確是「以一身繫天下之安危」啊。

用軍艦威脅墨西哥

談到伍廷芳這個名字，可能記憶力好的朋友會記起中學歷史教科書中提到過他。伍廷芳博士，中國第一任駐美大使。在辛亥革命中，孫中山領導的南方臨時政府與袁世凱為首的北洋軍閥進行談判，北方代表是唐紹儀，南方代表就是這位伍廷芳。

其實，真實的伍廷芳，是中國清末民初的著名外交家。那個時代的中國對外交往充滿屈辱，唯有伍廷芳曾經為中國做過一次揚眉吐氣的外交。

伍廷芳在 1905 年，曾用炮艦政策威脅過外國人，迫使其放棄迫害華人的法令，被威脅的居然是遠隔萬里的墨西哥。

光緒年間中國居然敢用炮艦政策威脅墨西哥？這可能嗎？

事情是這樣的，那年墨西哥合眾國的議院提出一條法令，禁止華工入境。清政府下令曾任駐美公使的伍廷芳就近交涉，和墨西哥政府談判，伍廷芳於是就去了。

說來這時候伍廷芳一定憋了一肚子火。因為在這一年美國政府已經公佈了禁止華工的法令，那一次，清政府的交涉以屈辱失敗告終。英國博士伍廷芳雖然在美國國會痛斥議員們違背華盛頓的平等精神，無奈美國議員雖然明知理虧，卻擋不住白人工會的壓力，最終強行通

過這一法令。

看到中國拿美國沒辦法，墨西哥的腰杆也硬了，外交部對伍博士十分強硬。但墨西哥人沒想到的是，這個姓伍的中國人卻在談判桌上拍案而起，毅然喝道：「下旗！回國！電中國政府派兵船來，再和你們周旋！」

根據當時美國報紙的報導，伍博士此言一出，墨西哥官員目瞪口呆，周圍採訪的記者蜂擁而出都搶著跑去發稿了。第二天的各報上這條消息紛紛上了頭條，有的還配了中國海軍巡洋艦破浪行駛的照片。

墨西哥怎麼辦？

墨西哥趕緊請美國政府調停，請伍博士留步，這場外交戰以墨西哥廢除禁止華工入境法令而告終。有趣的是，墨西哥排華似乎也是週期性的，廢除這條法令以後 4、5 年，墨西哥再次爆發排華事件。令墨西哥人想不到的是，中國當即宣佈一艘巡洋艦將前去訪問。嚇了一大跳的墨西哥人趕緊道歉賠款，事情才算取消。

其實這是湊巧，當時程璧光正好率海圻號巡洋艦赴英國參加英皇加冕儀式，返航經過這裡，得知華人受了欺負，當即通知前去訪問。古巴也同時發生排華風波，海圻開到後，一看船上那麼大的炮，古巴人嚇了一跳，態度 180 度大轉向。古巴總統緊急接見程璧光時，特意表示：「古巴軍民決不會歧視華僑。」

事實上，中國海軍經過甲午戰爭以後，已經沒有力量出遠海作戰了。且海軍最大的巡洋艦海天號前一年不幸觸礁沉沒，實力受到很大影響——原因竟然是因為艦長劉冠雄趕著回上海給姨太太過生日而超速行駛。

這件事自始至終伍廷芳都沒有向清政府請示過。

他 1899 年和墨西哥談判過，對其國情瞭解甚多，同時也很清楚墨西哥在德克薩斯讓美國人打怕了，聽見兵字就哆嗦，所以一句「電中國政府派兵船來」肯定吃不消。可這事兒要弄到滿大人那兒，鬧不好就是一個「擅開邊釁」，說不定還把出鷹洋的墨西哥當成世界第幾大強國呢，那接著來的又會是一個不平等條約。

因此，伍廷芳說弱國無外交，但可以有外交家。不過，想想中華人民共和國外交部長陳毅說的話：「我們等候美帝國主義打進來，已經等了 16 年。我的頭髮都等白了！」

不禁一聲歎息，為伍廷芳先生。

三擊出雲艦

作為中國人，對於「撞沉吉野」多半頗為熟悉，但抗戰中，有另一艘軍艦也讓中國軍人恨得咬牙切齒，那就是日本海軍出雲號裝甲巡洋艦。作為在華日本海軍的旗艦，出雲艦既是日軍的海陸通信中心，也是一個極為醒目的象徵。

出雲艦排水量 9903 噸，裝備 203 公釐炮 4 門，152 公釐炮 14 門，在日本海軍中，出雲號裝甲巡洋艦的經歷可謂傳奇，曾參加日俄戰爭和兩次世界大戰，並擔任過日本天皇的座艦。在對華戰爭中，停泊在上海外灘的出雲艦被日軍指定為駐華艦隊旗艦，長期在黃浦江、長江活動，以其重炮掩護日軍對中國軍隊的進攻，無論是從實戰還是象徵意義上說，中國軍人把它恨之入骨一點都不奇怪。

中日開戰以後，這艘萬噸巨艦靠泊於日本領事館門外碼頭，不斷用其 203 公釐主炮和 152 公釐副炮轟擊中國軍隊陣地，為其陸軍提供

火力支援。遼沈戰役期間，國民黨海軍重慶號巡洋艦曾用炮火支援塔山登陸作戰。張正隆在紀實文學作品《血紅雪白》中的描述：「從重慶號上發射的大口徑炮彈，一發就打掉一個排」;「152 公釐口徑大炮炮口火光一閃，頃刻間塔山地動山搖」。雖然解放軍頑強地頂住了國民黨軍的攻擊，但依然可見大口徑艦炮在對岸射擊中的威力。重慶號的主炮口徑不過 152 公釐，出雲艦的 203 公釐主炮威力更大。因此，出雲艦的火力支援，對在上海據壘死守的中國陸軍來說威脅極大。

然而，這艘出雲艦卻出了名的運氣好。淞滬戰役中，中國軍隊為了擊沉出雲可謂不遺餘力，海陸空全線出動——空軍，九大隊謝莽等部轟炸出雲艦，甚至出動了蔣介石的座機駕駛員衣復恩參加攻擊；海軍，電雷學校的史可法中隊悄悄進入黃浦江發動雷擊，其勇敢果決被日方歷史學家瀨名堯彥寫入了自己的作品《揚子江上的戰鬥》；陸軍，雖然缺乏能夠得著的武器，也曾用山炮奇襲出雲，希望僥倖成功。甚至青紅幫都曾幫助中國軍隊物色了一個「能潛水三天三夜」的水鬼（即潛水夫），帶著定時水雷爆破出雲艦。

不幸，儘管使用了各種攻擊手段，直到淞滬戰役打完，出雲艦還是長命百歲地活著，這艘老艦的運氣讓中國軍人七竅生煙，幾乎懷疑它練過金鐘罩或是紅燈照，要不怎麼刀槍不入？

事實上，出雲艦在中國軍隊猛烈的攻擊下確曾多次被擊傷，但是都能仗著結構堅固而很快修復。該艦頑強的生命力，可說是英國艦船設計和鋼鐵工業的驕傲——出雲艦是 1898 年由英國阿姆斯壯公司建造的，這家公司也為中國建造過軍艦，鄧世昌指揮的致遠號巡洋艦，就是它的早期傑作。

根據中國方面記載，在淞滬戰役中，中國海軍曾經派遣水鬼，試圖用水雷對出雲艦進行攻擊。這也是中國海軍潛水夫在海軍歷史上有記載的第一次實戰。

根據《抗戰時期的長江水雷破襲戰》記錄，這次攻擊發動於 9 月 28 日，一群海軍特工隊員越過了多道警戒，推著水雷進入了港區。他們進攻的矛頭直指出雲號。出雲號巡洋艦是日本海軍淞滬指揮中心，排水量為 9180 噸，只要炸沉它，就能使侵華海軍艦隊群龍無首。夜色中，出雲號近在跟前，但要炸毀它可是難上加難。

出雲號四周圍了一圈鐵駁船，且駁船與駁船之間的空隙佈設了防雷網，要炸沉出雲號，只有讓水雷貼近。一個特工隊員拿出早已備好的鐵鉗，準備剪破防雷網後鑽進去。但不小心弄出點聲響，一下子就被敵艇上的哨兵發覺了。頓時，探照燈隨聲而至，密集的子彈如暴風雨傾斜而下。敵方汽艇也聞聲圍了過來。在迫不得已的情況下，特工隊員引爆了水雷，遺憾的是這次行動雖然炸沉 4 艘駁船和 1 艘貨輪，出雲號卻只受了輕傷。

這次襲擊，在中國海軍的其他文獻中也有記錄。根據中方史料，海軍之所以進行這次攻擊，是因為預先獲得情報，得知在華日本海陸軍和外交首腦將在出雲號上召開軍事會議，日軍酋松井石根大將和一批軍政高官當晚可能住在出雲號上。中國海軍試圖借此發動一次「斬首行動」。

儘管中方不同文獻都提到這次行動，但日方史料中卻一直找不到這次襲擊的影子。日本海軍檔案中記錄，中國海軍確曾在 8 月 16 日以魚雷快艇襲擊出雲艦，由於日艦的防衛炮火熾烈，加上岸邊燈光眩目難以瞄準，僅擊毀出雲艦所在的英美煙草公司碼頭和岸壁一部。日本歷史學家瀨名堯彥曾在《世界的艦船》1982 年第 2 期發表了題為《揚

子江上的戰鬥》的歷史回憶文章，提到此次戰鬥和中國飛行員梁鴻雲炸沉一艘日本驅逐艦的戰例，但也強調在日本海軍的官方記錄中，找不到這兩次戰鬥的記載（《中國の天空》的作者——中山雅洋認為梁擊沉的可能是一艘日軍徵用改裝的運輸艦，而不是驅逐艦）。

那麼，中國海軍是不是真的出動過水鬼襲擊出雲號呢？從中方的文獻來看，的確有一些令人覺得可疑之處。

根據中方記錄實施這次攻擊的是海軍兩名佈雷兵，分別叫做王宜升（生）、陳蘭藩，他們 2 人攜帶 3 枚水雷對出雲艦進行了攻擊。依《中國水雷發展簡史》記載，王宜升、陳蘭藩 2 人攜帶的，是海軍上海新艦監造室製造的海丙式電發水雷。這種水雷自重 300 磅，由 2 名水兵拖帶 3 枚這樣的水雷進行攻擊，幾乎是不可能的事情。

而且，中方報刊在 1932 年淞滬事變 19 路軍抗日時期，也有胡厥文（後來的人大常委會副委員長）、中國暗殺大王——斧頭幫幫主王亞樵，組織水鬼用水雷攻擊出雲艦的報導。會不會是這次襲擊被誤記為發生在 1937 年了？

經過核對，發現國民黨時期軍政部檔案中，確有 1937 年淞滬會戰期間動用潛水夫襲擊出雲艦的資料，並稱實際上曾對出雲艦進行過兩次水雷攻擊，最早提出這一建議的是與海軍無關的民族資本家劉鴻生和宋子文的弟弟宋子良。

劉鴻生和宋子良只是憑直覺提出海軍可以用水雷襲擊出雲艦，結果卻引起了海軍電雷學校的重視，真的以此為基礎，做出了水鬼襲巨艦的計畫。

要說世界上玩這種水鬼襲巨艦的手藝誰玩得最好，答案是義大利人。採用水雷襲擊駐泊艦艇是義大利海軍的拿手戰術，而且戰績不壞。

第一次世界大戰中，義大利海軍潛水夫就曾乘坐「蟋蟀式」潛水具潛入奧匈帝國軍港，炸沉戰列艦「森特伊斯特萬號」。義大利海軍在使用這一戰術方面頗有建樹，第二次世界大戰中再次以潛水夫攜帶水雷，奇襲了英國在埃及的亞歷山大軍港，炸沉「伊莉莎白女王號」和「剛勇號」2 艘戰列艦。

偏巧，上海開戰時海軍電雷學校恰有義大利教官在教授水雷課程，這毫不奇怪，蔣介石當時提倡法西斯主義，和墨索里尼關係很不錯。故此，8 月 24 日，海軍即在其指導下用義製水雷對出雲艦進行了襲擊。結果，第一次襲擊因義大利水雷品質不佳未果。9 月 28 日，復遣王宜升、陳蘭藩等 6 名水兵，攜帶三具威力較大的自製水雷對出雲艦進行攻擊。由於夜間行動，在水中尋找目標困難，最後，只有王宜升、陳蘭藩 2 人到達陣位。已經加強警戒的出雲艦在其泊位外側設置了防雷網、電網和小火輪，駁船進行防衛。結果，王宜升、陳蘭藩 2 人在試圖沿棧橋突破防雷網時被發現，被迫撤離。在撤離時 2 人引爆了水雷，炸壞出雲艦尾部和周圍的火輪，駁船數艘。

這一記載，說明當時參加攻擊的中國海軍潛水夫共 6 人。以此，2 人攜帶 1 枚 300 磅水雷進行襲擊，由於可以借用江水的浮力，是比較合理的，也說明了使用這種大型水雷的原因，是因為第一次襲擊時水雷的威力不夠。

由於日本海軍官方史料中，一直沒有找到這次戰鬥的記錄。中國潛水夫襲擊出雲艦，只見於中方史料，成為考證這一戰例最大的不足之處，甚至有人懷疑這根本就是一個臆造的事件。

在對華戰爭中，日軍對新聞報導進行了嚴格的管制，大量新聞報導圖片因被裁定「不許可」而不能在報刊上登載，日本戰敗時又曾大

量銷毀檔案資料。因此，中日雙方的戰鬥常常出現彼此記載時程不同的現象，成為史學界的一大困擾。中國海軍潛水夫襲擊出雲號的事件就是如此。不料二年後，日本一間照相館館主出版的照片集，暴露了這次戰鬥的實際情況。其中的一張照片拍下了中國水雷炸傷了日軍擔任出雲號警戒的火輪船，無意中證實了中國海軍確實曾用水雷襲擊出雲艦的史實。

在中國海陸空軍立體化的打擊下，雖然出雲艦一直未被擊沉，但也無法承受這樣的連續攻擊，故此一度被迫撤離上海，返回日本進行修理，中方的目的部分達到。因為出雲艦離開泊位，中國方面的報刊誤以為其已被擊沉，曾出現過「擊沉出雲艦」的報導，引發極大反響。

忽然想起了古人讀張良刺秦，誤中副車時的慨歎——「惜乎不中秦皇帝！」

中國海軍電雷學校，安其邦大隊長還曾率魚雷艇「史 102 號」、「史 171 號」利用偽裝接近出雲號發動攻擊，在日本《世界的艦船》雜誌中，日方確證了關於中國海軍突襲出雲號的記錄，除了提到淞滬戰役中遭中國水兵攜帶水雷進行襲擊，周圍的駁船和小火輪都被炸毀外，還提到魚雷艇的攻擊。這一點，中方的資料反而沒有描述。對魚雷艇的攻擊，曾經有照片顯示出雲艦停泊的英美煙草公司碼頭被炸掉了一大截，這也從另一個角度說明魚雷兵沒有能夠直接命中出雲。但中國海軍魚雷艇的勇猛攻擊，卻得到了當時上海各界和外國僑民的好評，美國記者還以《揚子江上的戰鬥》為標題，描述了這次激烈的襲擊戰。

根據現存資料考證，出雲艦實際上沒有在上海被擊沉，而是在 1945 年 7 月 24 日被擊沉於廣島近海，但它在中國也遭到另外的懲罰。

1939年，出雲艦參加對浙東沿海的炮擊，被胡里山炮台的重炮命中，如果不是搶救及時，那一次就見閻王了。曾見到一張出雲沉沒的照片是1945年8月6日拍攝的，出雲艦的官兵倖存者被運到廣島，目睹了原子彈爆炸的過程。現在廣島還有出雲艦和與它一起被擊沉的臻名艦的紀念碑（死亡日本海軍官兵親友捐贈，稱為鎮魂碑），圍欄用出雲主炮的炮彈組成。

中國海軍對出雲艦的攻擊雖沒有命中要害，但卻被中國空軍擊中負傷。中國空軍對於出雲艦的攻擊十分兇狠，第二大隊孫桐崗、第八大隊謝莽所部駕諾斯洛普E2轟炸機輪流出擊，不惜代價以全隊猛攻出雲，是抗戰早期中國空軍對日軍艦艇進行轟炸的經典戰例，此戰，中國空軍也損失很大。根據日軍記載，先後有五架中國空軍戰機在戰鬥中被擊落。出雲艦後部中彈起火。後來擔任蔣介石座機駕駛員的著名飛行員衣復恩也參加了此戰，褲腿被出雲艦的高射炮擊穿。中國空軍出擊時，宋美齡親自到機場送行助威，一架負傷的戰機返回時因為傷勢太重著陸失敗機毀人亡，宋美齡與等在機場的人員無不為之流淚。

關於出雲號被中國方面擊沉，日軍採用其姊妹艦代替的說法出自陳香梅女士，估計來源是陳納德，當時陳納德為中國空軍顧問（作者按：顧問效果當時並不太好，他曾經讓空軍雪萊克攻擊機用機關槍掃射日軍艦艇，結果由於日軍高射炮火力遠勝於機關槍，給攻擊機部隊帶來很大損失），推究起來，這個說法並不十分嚴謹，出雲艦根據記錄，只有一艘姊妹艦磐手號，此艦於1945年7月26日被重傷於江田島後擱淺。

戰爭結束時磐手號在江田島負傷，水下穿洞，被繫泊後，因為日本海軍已經崩潰，也沒有人管理，就這樣慢慢傾斜著沉沒了。後盟軍

將其打撈解體。

根據日本記載，在對華戰爭中，運氣極好的出雲艦還有一次遭到中國海岸炮兵的重創，不但被擊穿了一個透明大窟窿，而且不得不撤回日本大修。這次戰績甚至連中國都沒有記錄。

日本軍事雜誌《丸》2005年第三期（總第707期）登載了一篇追憶出雲艦的文章，名為《雄壯，老艦出雲桅頂軍艦旗飄揚》，根據日方描述，這次戰鬥並非發生在淞滬戰役期間，而是淞滬戰役結束後一年多的事情。

昭和14年（1939年）一月，旗艦出雲曾經為了配合對杭州灣周邊地區進行掃蕩，出動執行對岸炮擊任務。

當時，出雲艦長為原田清一大佐，出擊時的僚艦是「妙高號」洋艦，還有1艘驅逐艦跟隨。中國軍隊在山腹建築有炮臺，3艦使用200公釐、250公釐的主炮對中國軍隊的炮臺進行炮擊，敵方炮臺同時開炮還擊。壓制炮戰持續了幾個小時，結果不幸的情況發生了，「敵方一發重炮炮彈擊中出雲。炮彈從後甲板右舷、艦長升降口附近穿入艦體，這顆200公釐重炮炮彈的爆炸竟然貫穿到反方向的左舷，在左舷吃水線上1公尺處的裝甲板炸開一個直徑半公尺的大窟窿……」

此戰後，出雲艦帶著傷亡人員撤回上海，由停泊在黃浦江的朝日號修理艦進行緊急搶修。因受傷過重，被迫返回日本佐世保軍港進行大修。

後來，臺灣還拍了一部描寫攻擊出雲艦的電影《海軍突擊隊》中，用咸陽號退役軍艦改裝的出雲號，在電影裡被中國飛機撞沉（作者按：估計是借用了沈崇海的事蹟，實際上沈撞的並不是出雲號）。從這部電影可以看出導演對海軍比較外行，海軍突擊隊員活像精武門弟子，而出雲號修了一座炮樓式的炮塔，一部戰爭片拍成了武俠片，就更是天下無二了。

題外話：一位朋友的祖父參加了淞滬抗戰，他形容當時的戰鬥：「那一戰，敗了，敗得很慘，可是敗得有尊嚴。後期的傾軋推諉是看不到的，看到的是從校尉官佐直到普通士兵義無反顧、英勇赴死的慷慨豪情。可以說，淞滬的戰士，甚至不是為了勝利而去的，而是去拼命的。他們圍攻日本海軍司令部，圍攻愛國女學，沒有掩體，就趴在空曠的操場上，不斷地射擊，打不死我就跟你拼。要在戰爭後期，這種魯莽的拼命行為，從帶兵官到士兵都會抗拒的。可是，淞滬戰線上，可以說士兵是熱愛這種純粹的血勇行為的。應該說，淞滬一戰，是百年積弱備受欺淩的中國第一次總爆發。攻擊的時候，連司務長都拎著菜刀跟著一窩蜂往上衝，白天抗不過炮擊，夜裡突上去，真拼命啊。一個連 138 人，打了 8、9 天剩下 38 個活人，個個帶傷。青幫紅幫的弟兄送情報，後方慰問送飯，應該說，是全民族的總爆發了。」

海軍也有窩裡鬥

國民黨早期的海軍，雖然軍艦比較差，但服裝的花樣卻可以稱得上威嚴精美，這是因為中國海軍當時繼承的是英國海軍傳統，極講氣派，這樣的制服，國民黨海軍上將陳紹寬也穿過。但是，就是這樣的服裝，在海軍中只能叫做「常禮服」，因為還有更高規格的「大禮服」。

常禮服已經這樣了，大禮服又該是個什麼樣子呢？不免讓人憧憬。

不過，當時中國海軍的經費奇缺，所以很多服裝只能是在規格裡面列出，而沒有真正做過，在大陸時期海軍上將有好幾位，像沈鴻

烈、杜錫圭，按說都是有資格穿大禮服的，但一生也沒有留下一張大禮服的照片，估計是沒真正穿過。

直到 1954 年，才終於有一位海軍司令穿上大禮服給我們亮相了。這就是當時的國民黨海軍司令梁序昭。

大禮服是什麼樣的呢？原來是戴著拿破崙式的元帥帽，毛刷子一樣的肩章，整個一個北洋軍閥的模樣，怎麼覺得有點兒像華盛頓時代的形象？一點兒也不錯，梁序昭在國民黨海軍中就是這樣一位傳統老派海軍軍官，所以才留下這張空前絕後的照片。此後，這種大禮服在國民黨海軍中就無疾而終，再看，只能到博物館去。梁序昭亦是國民黨海軍傳統的正宗——閩系到臺灣後的掌門人。

梁序昭在國民黨海軍中本來並不太吃香，在他做司令之前，只是海軍少將，一跳三級變成司令很有些令人驚訝。

國民黨海軍的派系〔註〕十分鮮明：傳統最大的閩系，從北洋水師傳承下來，以福建人為主，懂軍艦的人才多在其中，蔣介石對這個說福建話的小圈子很反感卻又不能不用，最終在抗戰後把閩系首腦陳紹寬拿下，閩系就此星散，其主要人員多半留在了大陸，倒是給人民海軍建設出了不少力氣（作者按：閩系的老大陳紹寬脾氣很倔，蔣介石把他換下來，又覺得有些後悔，因為自己夾袋裡海軍人才實在不足，要

〔註〕：當時中國海軍分為閩（馬尾）系、粵（黃埔）系、青島（東北）系、電雷系等四大派系。一般的評價是閩系軍官是英國式訓練，學識最佳，但戰術訓練不落實，怯懦膽小，閩人又好結黨營私排擠外人，是造成海軍地方軍閥化的罪魁禍首。廣東黃埔系的地方色彩太濃，訓練也很不扎實，因靠近香港商業頭腦比較靈活，但不是很好的軍人。青島系是日本式訓練，加上北方人的質樸剛毅，雖然學識基礎不如馬尾，但卻是很好的軍人。電雷系訓練時間短且不夠專精，程度較差，有人譏稱就像在黃埔軍校學一下立正稍息就可以當官了，但因自認是天子門生，總覺得只有他們才是領袖最忠貞的追隨者。

找他談談，他不見。去臺的時候叫人請陳紹寬一起走，陳說：「總統若執意派飛機來接紹寬，紹寬即決計從飛機上跳下。」)；第二是青島系，就是奉軍系統；第三是廣東系，就是陳策的袖珍艦隊；最後是蔣介石親手扶植的電雷系。這四大系統直到國民黨軍逃臺灣以後，才最終融合到統一的海軍官校系統。

不過，梁序昭是在 1954 年擔任海軍總司令的，這時候閩系還沒有完全消失，似乎有一種老樹新花的感覺，難道閩系又要東山再起了？畢竟他們的技術是最好的。

其實，最後看來，這實在是機緣巧合而已。

梁序昭被提升為國民黨海軍總司令，其原因有四：第一，梁序昭會打仗，人稱「海上小諸葛」，後來指揮大陳撤退作戰、金門作戰都有建樹，如果不會打仗，是當不了這個總司令的；第二，蔣介石抗戰後把閩系換下來，造成海軍軍心動搖，連重慶號都投了共，他試圖安撫一下閩系殘餘人馬，總不能把人家都送到對岸去；第三，梁序昭原來是指揮登陸艦隊的，20 世紀 50 年代中期，國民黨軍隊不是忙著從某些島嶼撤退，就是想辦法騷擾大陸，登陸艦隊的作用很大，用梁序昭做總司令，符合戰略意圖。

最重要的一點，梁序昭試圖復興閩系走對了門路，閩系本來都是英國佬的門徒，要不英國人也不會送巡洋艦給中國，但是梁序昭看出來這個靠山已經不行了，而且國民黨軍撤退臺灣後，和英國遠東艦隊還有過兵戎相見，早已沒了香火情，梁序昭頭腦靈活，改換門庭，和美國人打得火熱，成了美國人的寵兒。

蔣介石和美國的關係很有趣，他有他的原則。20 世紀 50 年代初期，剛逃到臺灣，不得不全力依靠美國的時候，親美的軍官都大受重

用，然而一旦他站穩腳跟，就要保持自己的獨立性。這時候，原來親美派將領的代表孫立人就該倒楣了，1954 年蔣介石將他調任有職無權的參謀長，1955 年乾脆鬧出了「孫立人兵變」。

可是你真要把老美一腳踢開那還了得？那蔣老先生就沒法玩了。

所以蔣介石在此同時伸手拉了梁序昭一把，把這位美國人眼中的明星送上了海軍總司令的寶座，讓美國人明白「我雖然收拾了孫立人，但那是他的問題，我並不反美，你看，梁總司令不就是你們美國人喜歡的嗎？」

這一手玩得相當漂亮，美國人放心了，本來國民黨的海軍力量，特別是大型艦艇，美國人是有限制意圖的，但這一次慷慨解囊，為了祝賀梁序昭擔任總司令，贈送了 2 艘大型軍艦給蔣介石，就是「漢陽號驅逐艦」和「洛陽號驅逐艦」，這 2 艘艦都是 2500 噸級的本森級戰艦，且長期被當做國民黨海軍的主力核心戰艦。

美國人不明白的是中國軍隊的核心是陸軍，海軍總司令梁序昭和陸軍總司令孫立人，對蔣介石的威脅，那是絕對不可同日而語的。

1959 年，蔣介石以自己的得意門生，電雷系名將黎玉璽代替梁序昭，擔任了海軍總司令。閩系的復辟，被證明不過是明日黃花。

無獨有偶，在大陸對岸，也有一個波瀾不驚的「閩系復辟」運動。這個運動的領袖，就是率領第二艦隊起義的林遵少將。

大陸人民海軍的成立，是以白馬廟華東海軍建立為標誌的。海軍初期，真正財大氣粗的，也正是華東海軍艦隊，它的骨幹就是林遵率領起義的國民黨海防第二艦隊，這是一支從人員到裝備都比較完備的海軍力量。

也許就是因為有了這個資本，林遵不免有些傲慢，艦隊成立的時候，以張愛萍為總司令，以他為副司令，林遵頗有不滿，實際上他的看法在國民黨海軍起義人員中有些代表性，「蔣介石和陳誠老欺負我們海軍，好不容易把他們趕走了，我們也該揚眉吐氣了吧。」

所以，他對張愛萍就有些敬而遠之，調陸軍官兵上軍艦受訓，「不行，你們文化太低，調林遵部下的艦長去接收新的軍艦」；「不行，沒我的同意，二艦隊你一個人也調不動。」

張愛萍實在是好脾氣，不急不惱，反而帶林遵去見一個人，他覺得這個人國共兩軍無人不服，肯定治得住林遵。

誰？獨眼大帥劉伯承。

不料，這林遵也真是一顆銅豌豆，在劉帥面前亦毫不鬆口：「第一，你共軍中沒有海軍人才可用；第二，我的人你不能調出。」

骨頭夠硬，林遵肯定是想恢復陳紹寬時代海軍的那種獨立格局。待林遵走後，劉伯承對張愛萍說：「這個林遵啊，是要當共產黨的海軍司令啊。」

張愛萍很有氣派：「那就讓他當嘛。」

劉伯承一拍桌子：「那就不是人民的海軍了。」

我曾經覺得劉帥這種做法有些門戶之見，林遵的確有才，留英出身、技術出眾，抗戰中率領佈雷隊活躍在長江上下，日軍懸賞擊破「林遵佈雷隊」；抗戰後赴美接艦，曾經指揮艦隊收復南沙西沙，又率艦隊起義，如何當不了總司令呢？

不料在青島遇到一位海軍耆宿，當時張愛萍身邊的參謀，說起林遵，講不怪劉帥反對，除了「黨指揮槍」的原則以外，林遵當不成艦隊司令，還有一個原因，就是對林遵的指揮才能頗有微詞：他率領海防艦隊起義的時候，一下子過來了 9 艘戰艦，看來數量不少，但是卻

跑了 13 艘（其中 2 艘被解放軍在下游炮火攔截擊毀），原因不是這 13 艘艦都不想起義，而是林遵的臨陣慌亂。

當時各艦艦長投票，大多數艦長都贊成起義，情況十分樂觀，這時林遵犯了一個大錯誤，他本來的旗艦是永嘉艦，而永嘉艦艦長陳慶堃比較頑固，為了避免他從中搗鬼，林遵換到了另一艘艦上。但是他離開的時候，卻忘了降下司令旗，也沒有通知其他各艦。

這樣，林遵走後，陳慶堃最終決定當「忠臣」，不參加起義，而向下游突圍，一邊起錨，一邊還發出了信號：「跟我來。」意思是不願意參加起義的弟兄們，跟我往下衝啊。

但是不要忘了，他還掛著司令旗呢！

所以，很多艦艇就開始跟著走，其中一些是與陳慶堃預先串聯過的，但大多數艦長以為是林遵改變主意所發出的命令，雖然不明白緣由，但還是按照命令跟隨下駛，結果大多數衝破解放軍的阻擊，開到了上海，重歸國民黨海軍。

林遵一個疏忽，送給了陳慶堃一枚青天白日勳章。

所以，對林遵的能力，無論他是不是共產黨員，因為這件事，軍內本來就頗有懷疑，及至他試圖坐大，為林遵說話的人就更少了。

不過，林遵所恃的共產黨不懂海軍的確是一個大問題。但共產黨是何許人也，比軍艦複雜的飛機都能玩轉，何況手裡還有一張王牌呢。

這張王牌就是大多數閩系的元老耆宿當時都留在了大陸，而且樂於出山為海軍事業的建設出力。林遵有兩個很不利的把柄在他們手中，第一他的輩分低，在陳紹寬、曾以鼎等人面前抬不起頭來；第二在戰後國民黨清洗閩系海軍的時候，他屬於反戈一擊的叛將，也因此受到重用，在閩系元老眼中他的形象不太好。

共產黨自己也不是好糊弄的。林遵一直認為共產黨是莊稼漢大老粗，沒有文化，這個思路根深蒂固，結果張愛萍這個好脾氣的給了他一個改變印象的機會。

有一天林遵和張愛萍去上海，不料中間汽車拋錨，司機解決不了，四下無人可以求助。這時候張愛萍說：「我來吧。」就拿起扳手修起車來，竟然修好了。然後張愛萍說：「來癮頭了，我來開吧。」於是司令開車，把目瞪口呆的副司令送到了上海。

其實張愛萍是上海工運學運出身，對機械頗有造詣。林遵後來改在海軍學校任職，據說他在那裡的工作，贏得了很高的威望。

蔣介石大戰「八國聯軍」

1900 年，大清朝慈禧老佛爺曾經有一個讓世界瞠目結舌的舉動：「向列國宣戰。」向來打仗都是指定對手的，如老佛爺這樣大手筆的做法不但空前，恐怕也將絕後。

很少有人知道的是，國民黨海軍，也曾經有過這樣一個「向列國宣戰」的時代。和它刀兵相見的對手包括英國、波蘭、蘇聯、捷克、大陸，甚至臺灣本身。

這就是國民黨海軍在 1949 年到 1955 年之間，對大陸海岸進行的封鎖作戰。

要是 1945 年說國民黨海軍要封鎖大陸海岸，簡直是天方夜譚，因為所有港口都在他自己手中，但是，隨著國民黨陸軍節節敗退，國民黨的海軍不得不宣佈對一個接一個的港口實行封鎖和禁運。這個範圍越來越大，最後連上海、廣州也列入封鎖的範圍了。

這樣的封鎖，土八路雖然著急，但因自己的海軍裝備還不行，不敢到大海上和國民黨軍對抗，但也沒辦法，只能約束自己的商船少到外海去，免得被國民黨軍拖了走。實際上國民黨海軍封鎖大陸數年，能夠稱得上戰績的攔截作戰，只有一次，那就是 1950 年 6 月 22 日國民黨海軍太倉艦，在廣州海口外截住了原屬民生公司的美製太湖號客貨船。太湖號排水量 1700 噸，當時已經服役 27 年，因為速度只有不到 10 節，才被太倉號跳幫抓住。

國民黨政府為了炫耀戰果，花重金改造這艘老船為臺灣海軍的運輸艦，艦名南湖，服役到 60 年代中期。因為艦體太老，這種改造得不償失，海軍方面頗有怨言，不過出於政治目的也沒有辦法。除此之外，臺灣海軍一直沒有機會抓到大陸的大中型船隻，能做的頂多是把漁民的小船抓了串一串，在海上給船老大們開辦「反共救國學校」，不過效果好像也不佳。

臺灣自己的船隻也曾經被攔截過，因為臺灣人經商頭腦很好，為賺錢從來不怕戴紅帽子，即便兩岸炮火連天，也擋不住臺灣的船老大走私。臺灣海軍就抓到過自己人的船。1950 年 4 月，500 噸的臺灣貨船海鴻號在和大陸漁船進行交易的時候，被海軍抓了「現行犯」，當場船員被抓，船沒收後入海軍改為紫荊號補給艦。可是海鴻號的船主政治上勢力強大，上下活動一番後一樁大案竟被他擺平，還將此船發還船主，弄了個竹籃打水一場空。

所謂吃不著黃狼吃雞，國民黨既然沒機會抓大陸的船，就看上掛外國旗的船了。首先倒楣的就是英國人，國民黨海軍在大陸沿海，到處找英國商船的麻煩。

按照社會主義和資本主義兩大陣營來說，應該是針鋒相對、各為其主，而英國人和國民黨應該算盟友才對，怎麼反而抓英國人的船呢？

因為英國是最早承認中華人民共和國的西方國家，1950 年元旦剛過，英國就迫不及待地承認了北京政府，讓國民黨政府十分惱火。其實英國人也沒辦法，有個香港含在北京的嘴裡，不想失去東方的明珠，那就只好戴戴紅帽子了。

同時，英國人唯利是圖的本性，讓他很容易忘記敵人朋友這些概念，英國人控制的香港，公開賣軍艦，包括開封號、臨沂號等大中型艦艇源源不斷地送給大陸海軍。1954 年在浙東海戰中用 130 公釐主炮擊傷國民黨海軍太和艦的廣州號護衛艦，就是英國設計、加拿大製造的（作者按：其實廣州號不是建國後英國賣給大陸的，而是大陸從招商局接收的，但是國民黨政府並不知道，因此對英國人十分怨恨）。甚至，英國人還在和北京談判出售 2 艘巡洋艦的事宜，如果不是朝鮮戰爭爆發，人民海軍的序列裡很可能會出現英國巡洋艦的身影。

而國民黨海軍和英國人的關係，這時候可是糟透了。

英國和中國海軍的關係源遠流長，可以追溯到清朝去，鄧世昌駕駛的致遠艦，就是英國亞羅廠建造的優秀快速巡洋艦。北洋水師的主要將領，都是留學英國培養的，甚至北洋水師的操典號令，都是英語。因為中國海軍始終是這一派「閩系」軍官控制，這個影響一直持續到二戰結束，雙方關係極為融洽友好。當時的中國海軍部長陳紹寬，更是一個英國紳士派頭十足的海軍將領。

抗戰勝利後，英國贈送 1 艘巡洋艦重慶號和 8 艘巡邏艇給國民黨海軍，並租借靈甫、伏波 2 艦，甚至有消息說英國曾提出贈送一條航空母艦給中國，為了能夠在中國海軍中保持影響，可謂用心良苦。

由於陳紹寬始終堅持海軍的獨立性而且拒絕調長治艦打內戰，使蔣介石十分惱怒，下定了整肅海軍的決心。蔣介石打「共匪」不靈，但是對付其他派系那就得心應手，他快刀斬亂馬，取消海軍部，勒令陳紹寬退役，改任陸軍出身的親信桂永清為海軍總司令，並大量清洗閩系軍官，換上青島海訓團出身的親美派軍官。

從英國人的角度，一方面出於對陳紹寬這樣的職業海軍軍官感到惺惺相惜，另一方面出於對美國人擠佔自己影響的醋意，對中國海軍的援助也就不那樣積極了。

而國民黨海軍方面也太不爭氣，英國援助的 3 艘大艦重慶、靈甫、伏波相繼出事。伏波號一接回國，原艦長柳鶴圖中校就因為屬於閩系而被清洗，新艦長從來沒開過這樣大的船，結果在 1947 年 3 月去臺灣途中，半夜裡，撞上了招商局的海閩輪、伏波號沉沒，全艦官兵除一人外全部餵魚（作者按：這件事後來法庭認定責任完全在伏波，但當兵的就是蠻橫，硬逼著招商局賠了一條昆侖號運輸艦）。

1949 年 2 月，重慶號在艦長鄧兆祥率領下起義，開往解放軍控制的葫蘆島，因為重慶號噸位大、火力強，國民黨海軍各艦艦長開會，無一人敢追擊言打。

接著靈甫號發生起義未遂。

英國人鬱悶啊，如果給你的軍艦你都是送給共產黨，那還不如我直接送呢。所以，英國人乾脆利用靈甫號在香港檢修的時機，把這艘護衛艦強行截奪，開回英國去了。同時，原訂贈送國民黨海軍的 2 艘 T 型潛艇也被取消。

國民黨方面自然是惱羞成怒，所以對英國人也就越來越不友好。不過，在封鎖大陸的行動中，國民黨海軍專找英國船的麻煩，而且非常沒有香火情，讓英國人十分驚訝，因為中英海軍的關係好歹還是有歷史的。但英國人不知道，這些國民黨海軍的軍官，很多原來是蔣介石嫡系的電雷學校出身，當時閩系陳紹寬把持海軍，對他們極為歧視，藉口電雷學校沒有在海軍備案，不承認學歷，更不承認他們軍官的身份。這些雷電學校出生的海軍，被親英的閩系欺壓多年後終於翻身，因此非但不理會過去 70 多年中英的友好關係，反而還處處刁難英國人，也算是報一箭之仇吧。

這時，又發生了伏虎號事件。

伏虎號是英國商輪，掛巴拿馬旗，國民黨海軍為了封鎖大陸，在長江口佈雷，接連炸沉炸傷英、美、加拿大、香港等各地開來的商輪多艘。當時其他國家的船隻皆錨泊不敢開動，伏虎號卻強行進港而被水雷炸沉。這個時候大陸人民海軍正派出陳集、衛崗、古田等艦（都是原國民黨星字型大小緝私艇改裝）組成的掃雷大隊，由大隊長孫公飛率領在長江口掃雷，當即派人前去營救，獲得英方極大好感。此後，孫公飛大隊順利完成掃雷任務，在國際間留下了相當好的信譽。英方感謝中方的努力，並決定派出遠東艦隊的艦隻，為去大陸的商船護航。

這個消息對臺灣來說簡直是災難。經過研究，國民黨方面認為，對這種情況，必須堅決頂住，否則後果不堪設想。可是，誰敢去挑戰在大洋上耀武揚威了幾百年的大英帝國皇家海軍呢？

蔣介石思索良久，挑中了一個人選，這就是國民黨海軍少將——黎玉璽。

黎玉璽，是蔣介石手中的一張海軍王牌，也是未來的國民黨海軍總司令、四星上將。黎玉璽精明幹練、風流倜儻，有「小周郎」之

稱，畢業於蔣介石兼任校長的海軍電雷學校第一期，可稱天子門生。這個出身難能可貴，海軍對當時連年軍閥混戰的中國來說，不是奪取中央權力的焦點，所以蔣介石對它插手較晚，而不得不容忍獨立性很強的陳紹寬把持這一技術兵種。不過，蔣介石對於派系鬥爭很有心得，未雨綢繆，北伐成功後就委派自己的拜弟歐陽格組建電雷學校，希望培養自己的海軍人才。

歐陽格自己是海軍中將，但電雷學校的幹部多來自陸軍，於是鬧了不少笑話。一次，英國海軍的炮艦在長江中與電雷學校的練習艦同心號相遇。英國人喜歡搞些虛套子、花架子禮節，於是按照國際慣例鳴炮敬禮，而同心號毫無反應。英國艦長奇怪之下，前往同心號拜訪，又發現該艦艦長還在高臥，根本沒有意識到要接待客人。這英國佬憤憤地離開同心艦後，還是按照規矩，在自己的汽艇尾部一個立正，抽出戰刀，用標準的海軍動作向同心艦行「撇刀禮」。但他看到的不是還禮，而是一群水手如同看猴子一樣地瞅著自己，把英國人氣得半死。官司打到蔣介石面前，海軍部長陳紹寬上將痛斥歐陽格這幫手下連起碼的海軍禮節都不懂，不許他們穿海軍軍服，免得有辱海軍名聲。

蔣老先生有個特點，用人特別重視服飾是否整潔，禮儀是否端正，問答是否俐落這套表面功夫，所以同心號事件正是犯了他的大忌。他表面上壓住了陳紹寬，心裡對歐陽格卻不由得失望，不知道是不是這個原因，直到抗戰之前，電雷系都是半死不活，沒有像其他嫡系那樣得到充分的支援。

其實蔣介石有些冤枉了歐陽格，歐陽格是個相當有能力，而且勇敢善戰的將領，當年孫中山乘永豐艦突圍的時候，就是歐陽格指揮豫章號驅逐艦當先開道，和陳炯明部拼死炮戰。海軍是個複雜的技術兵種，電雷學校的教官們是一幫陸軍凱子，就歐陽格一個明白人挑大樑，從訓練到軍紀都要一步一步的教，他根本忙不過來，哪裡來得及教這些軍人所謂的海軍禮儀呢？

從實戰看，電雷學校的訓練水準還是不錯的，抗戰開始，陳紹寬的中央海軍主力只會在長江上修封鎖線打防禦，電雷學校卻敢於用僅有的幾艘魚雷艇主動出擊，奇襲日軍侵華旗艦出雲號，打得有聲有色（作者按：這一仗電雷學校的魚雷艇指揮官是一期高材生胡敬瑞，此人後來當了艦長，在長治號起義中試圖反抗，被起義水兵殺死，電影《海魂》中那個倒楣的鼓浪號艦長的原型就是他），連留守人員都用做教具的高射機關槍打下了日軍的轟炸機，很給海軍增光。

可惜，抗戰時期歐陽格中將神秘地被作為「貪污犯」處決，這件案子至今不明不白，因為蔣介石盟兄弟遍天下，其中彼此拆臺並不少見，送對方花生米卻極為稀奇。電雷系成了沒娘的孩子，差一點兒餓死在繈褓裡。

電雷系是在抗戰後蔣介石清洗陳紹寬閩系之後，才佔據了海軍的領導地位。

得，一不留神又離題了，回到黎玉璽。

黎玉璽個人能力很出眾，歐陽格當年就十分器重他，黎玉璽成親時歐陽格就是證婚人，抗戰中黎玉璽在廣東指揮佈雷作戰，也著實讓鬼子吃了些苦頭。不過人要發跡，能幹是一個方面，機會也決不可少，黎玉璽能夠當上海軍總司令，很多人說他的運氣實在是很好。

1949 年，蔣介石從大陸乘坐太康艦黯然撤退臺灣，當時的太康艦艦長，就是黎玉璽。據說，蔣撤退的時候舉目四顧，只見蒼茫大海，

淒涼中問道：「艦長呢？」黎朗聲應道：「玉璽在。」蔣介石聞言感到十分吉利「龍心大悅」，從此對這個青年軍官特別器重。而選擇派他率艦迎擊英國護航艦隊，也是蔣介石在巨大壓力之下的決定。

實際上，當時不但英國對國民黨政府早已放棄，連美國對蔣介石都愛理不理，美國總統杜魯門深恨蔣介石在選舉中支持自己的對手杜威，對他和他的政府深惡痛絕。而蔣介石的個性頑固倔強，打定主意就絕不回頭。從戰略上，他努力爭取美國的援助，具體到封鎖大陸這件事上，他對美國、英國都是頑固到底，甚至不惜爆發兵戎相見的激烈衝突。

應該說蔣介石對英、美的態度是逐漸升級的，他也委實不願意和這兩國，特別是美國翻臉。但是他沒辦法，這兩國都太「無恥」了，昨天還是盟友，今天就為了白花花的銀子和共產黨眉來眼去，特別是英國控制下的香港，簡直成了北京的補給基地。僅僅 1949 年 7、8、9 三個月，英國商人就有 30 艘船、13 萬噸貨物從香港輸往共產黨控制的各個港口。美國資本家也利用共產黨急需物資的機會，頻頻從香港和大陸展開貿易。

英國人、美國人只顧自己賺錢，全然不顧這些給共產黨的機件、棉布、油料對他蔣介石意味著什麼。

要是別的時候也許他就忍了，但這時候他已經沒路可退，蔣介石到 1949 年已經輸紅了眼，就只有打了。

1949 年 6 月 23 日，國民黨海軍封鎖大陸港口，第一次對外國輪船開火，永字型大小炮艦在天津口外炮擊英屬埃及貨輪，頗有打狗給主人看的意思，結果英國對此強烈抗議。

7 月 7 日，英國要求道歉，但被國民黨海軍代總司令桂永清強硬拒絕，一週後，英國扣留國民黨從香港進口的新式機關槍 1600 挺作為報復。

8 月 29 日，國民黨海軍在長江口攔截英輪莫拉號。

9 月 27 日，國民黨海軍艦艇在上海海口外，炮擊並扣留 3 艘美國商輪。

11 月 14 日，國民黨海軍在長江口炮擊美輪飛雲號，16 日，美國強烈抗議並拒絕承認國民黨的封鎖線。

要說現在臺灣的朋友有必要重新看看這段歷史，蔣介石當時是什麼處境？火氣上來，美國佬的船照打不誤，這就叫做「骨氣」。蔣老先生有種種毛病，但絕境中還真不乏寧波硬漢那種拗強。

12 月 3 日，美國國務卿艾奇遜發表公開講話，不承認國民黨對大陸的封鎖，並且質疑國民黨海軍是海軍還是海盜。

英國更加堅決，10 月 31 日，乾脆派出太平洋遠東艦隊的艦隻，宣佈為與中國大陸貿易的英輪護航。其實，英國的護航早就開始，7 月間，就有 4 艘英輪在英國軍艦的護航下開進了天津港。

此風不可長。蔣介石咬定牙根，從這場角逐一開始，他就不惜一戰。雖然最好是不打，但要強硬就要有打的準備。

當然，打的對象要仔細考慮。蔣介石選擇的對手，是英國人。這是因為米字旗的軍艦已經在封鎖線上出沒了，而美國人只不過是叫喊幾聲。大不列顛在遠東的實力畢竟有限，共產黨的土炮兵在長江上把英國人的倫敦號和紫石英號打得滿地找牙，無疑也給了國民黨軍一些鼓勵：「那不都是咱們跑過去的人幹的？大英帝國好像並不像看起來那樣硬氣嗎。」真要和美國翻臉，蔣介石縱然不怕，他的手下恐怕難免惴惴不安，何況，骨子裡國民黨上下都指望著依靠美國保住一塊存身之

地呢。

但英國人也不是那樣好打的，瘦死的駱駝比馬大，和國民黨比，英國的遠東艦隊那還是霸王龍級別的。蔣介石環顧左右：「穿海軍服的不少，誰敢為我挑這副擔子呢？」

桂永清？肯定是不靈。這位海軍司令自己一直沒解決暈船問題，他本來有個外號叫做「睡虎」，現在上船就得趴著，改「臥虎」了。桂永清是陸軍出身，對於蔣介石忠誠有加，但是打海戰屬於外行。

梁序昭這樣的閩系宿將？論技術沒得說，但這夥海上的紳士們根本就是英國人培養出來的，香火情滿盛的，如果和英國人碰上，多半是：「你好」；「您過來喝茶嗎？」；「好的，我們有地道的印度紅茶。」指望他和英國人拼命？

至於青島海訓團美國人剛訓練出來的毛頭小夥子，那就更不用考慮了，這幫人出了海連船頭朝哪邊還搞不明白呢。

蔣介石一點也不傻，他派出和英國人較量的前線指揮官，是海防第一艦隊司令劉廣凱。

劉廣凱屬於青島系，就是張學良東北海軍的餘脈，從系統上說，青島系是日本方式訓練出來的，和英國素無關係，技術雖然稍遜，但海上作戰能力強，早在北伐戰爭期間，就有過水上飛機母艦長途奔襲，轟炸江南造船廠的精彩戰例。劉本人屬於典型的北方漢子，性格堅定果決，既不會怕英國人，更不會和英國人拉關係。

不過，劉廣凱其人有個毛病，就是運氣不太好。蔣介石將他視為愛將，後來提升為海軍總司令，但劉廣凱上任沒幾天，就發生了崇武以東海戰，解放軍人民海軍痛打國民黨軍巡艦編隊，擊沉先導艦永昌，指揮艦永泰負傷後臨陣脫逃。劉廣凱因此受到牽連，迅速離開了這個「炙手可熱」的職位。

這次他奉命攔截英國護航編隊，運氣依然不大妙，連續幾個月，也沒能正面給英國人碰上釘子，大陸海岸線太漫長，國民黨的幾條軍艦根本封鎖不過來，雙方幾次失之交臂。蔣介石調黎玉璽去和劉廣凱搭檔，恐怕大有倚重黎玉璽的運氣之想法。

黎玉璽的運氣的確令人驚訝。他當時的職務是第二海防艦隊司令，奉命封鎖閩浙粵西沿海，1950 年，他手下的一艘永豐號炮艦（不是那條孫中山先生蒙難的永豐艦，是戰後從美國得到的掃雷艦）前往汕頭港佈雷，因為潮汐計算錯誤，一下子開進了死胡同，前面是海灘，側面是解放軍的炮兵陣地，後面呢？是自己佈設的水雷！解放軍雖然沒有發現它，但是隨著退潮這條船就要擱在岸上了。

怎麼辦？投降？這也太窩囊了。

黎玉璽下令該艦全速倒車，冒險從自己佈下的水雷中撤退，當然運氣不好的話就大家炸上天了。結果永豐號居然就這樣平安撤了出來，事後艦上官兵才醒悟過來，水雷佈設後到開始進入戰鬥狀態，有一個保險解除時間，永豐號無意中利用了這個時機逃出生天，再晚，就真的「自殺」了，可見黎玉璽運氣的確不錯。

用黎玉璽和劉廣凱搭檔，私心揣測，會不會還有蔣介石習慣性的派系搭配心理呢？黎玉璽是電雷系，劉廣凱是青島系，多少可以互相牽制和監視。

真是吃虧吃不夠，大陸都丟了還不忘鼓勵窩裡鬥。好在黎玉璽和劉廣凱私人關係不錯，電雷系和青島系在抗戰期間合校，彼此關係比較融洽，蔣介石的這個安排才沒弄出亂子來。

6 月，黎玉璽率艦增援劉廣凱，運氣果然來了。不幾天，封鎖線上

的永泰號炮艦就在長江口外發現英國護航隊！劉廣凱和黎玉璽立即率太和、太平、太康 3 艘主力戰艦迎頭攔截。這一次行動十分漂亮，國民黨海軍各艦排成戰鬥隊形，將英國護航隊阻截在長江口外。

國民黨海軍當時還沒有今天的闊綽，主力戰艦就是 6 艘太字型大小驅逐艦加上一艘日本海軍賠償的丹陽艦——就是日軍中久負盛名的不死鳥「雪風號驅逐艦」。

其實，英國人的護航編隊實力更為雄厚，它的主力包括 4 艘驅逐艦，而且噸位較大，如果真打，就動了半份家當，劉廣凱和黎玉璽只怕還要吃虧。

但是英國人沒有動手。因為英國政府的政策當時比較曖昧，它也是希望能夠通過護航嚇住國民黨，並不想真的動武，特別是「紫石英號事件」後，英國人對自己在遠東的作戰能力，多少產生了一點疑慮。於是，英國人一面交涉，一面在議會辯論，一面急調牙買加號巡洋艦率領一艘護衛艦趕去增援。同時，中英海軍就在長江口外的海面上對峙著。一對就對了 4 天，時稱「長江口封鎖危機」。

如果牙買加號真的開過來，一艘的噸位可以頂上國民黨 4 艘，英國人氣焰必然驟然囂張，而國民黨方面也是吃秤砣鐵了心，就算魚死網破，也不讓你開到上海去。

從當時的情況看，這一仗恐怕不打起來都不容易，然而……4 天以後，英國人拍拍屁股，走人了！

原因？朝鮮戰爭爆發了。英國和美國需要重新衡量在遠東的戰略佈局，國民黨一下子從棄兒又上升到好朋友的地位來。黎玉璽的運氣真是好的不得了。

朝鮮戰爭爆發給了國民黨一個黃金的生存空間，國民黨海軍對大陸的封鎖，在一定程度上得到了美國的支持，其對抗的對象，也逐漸從唯利是圖的資本主義商人，轉向了社會主義國家集團的船隻。臺灣有一種叫做「眷村」的地方，說白了，它就是國軍的「部隊大院」。解放軍部隊大院一直在看，加勒比超人寫的回憶精彩紛呈，國軍子弟裡面也不乏這樣的筆桿子，無獨有偶，在他們的回憶裡，共同感興趣的好像就是食品，經常有國軍子弟回憶老爹總帶給自己沒捨得吃的美國巧克力等之類的東西。可見那個時代海峽兩岸的生活同樣不富裕。

但是也有例外，在一些國軍子弟的回憶裡，50年代他們曾用過一些獨特的「商品」，比如子彈殼製成的鉛筆刀。另外，還有兩樣與大陸有關的「商品」：

第一樣，就是金門菜刀。

這東西來歷十分古怪，原來材料是解放軍打來的炮彈片！因為金門炮戰後期，國共從血拼金門，變成了無言默契，以獨特的象徵性戰鬥避免臺灣被託管，形成戰爭史上奇特的一幕。於是，解放軍和金門守軍約定，守軍活動時不打、吃飯時不打、補給時不打。目標，則指向無人的沙灘、荒地。

國民黨軍還擊，也基本遵循同一原則，因而形成了只見炮響，不見人亡的場面。長此以往，落在金門的炮彈破片也就越來越多。金門人把這炮彈皮弄回去開始當作廢品賣，後來發現炮彈皮鋼口極好，於是有聰明人將其回爐，打成菜刀，鋒利無比，在臺灣各地頗為暢銷。眷村自然近水樓臺先得月了。許多國軍子弟對於老爹扛的什麼槍沒有印象，反而對「金門菜刀」念念不忘。

不幸的是，大陸大概發現了這一問題，於是改打無引信炮彈、宣傳彈等等，無引信炮彈裡面有炸藥，宣傳彈被老百姓弄去會赤化，影

響不好，臺灣軍方對這些落地的炮彈採取新的措施，嚴格控制，統一銷毀。自此，金門菜刀沒了原料，菜刀販子紛紛大叫世道不公。

第二樣，就是「德國裝甲車」自行車。

「德國裝甲車」其實不是一個標準的稱呼，這是國軍子弟中曾有一批人騎過的一種極結實的重型山地自行車，這種車的造型獨特，大樑為方形鋁合金材料製作，粗獷堅固，並帶有一排厚重感極強的鉚釘，前後都有寬闊的擋泥板，騎這種車，大概和現在飛車黨騎著大摩托招搖過市一樣精彩。

可是這批自行車的產地，是社會主義國家東德。臺灣怎麼會有東德製造的自行車呢？

實際上，這批自行車是被國民黨海軍從海上搶來的。它們原來的目的地是上海，因為這是中華人民共和國郵電部為郵遞員定購的工作用自行車。不幸的是它們永遠未能到貨。

1950 年朝鮮戰爭爆發以後，西方國家在 3000 里江山和志願軍苦鬥，或多或少對「聯合國軍」持同情態度，對國民黨海軍的「海盜」行徑雖然不好意思名言支持，至少是採取了睜一隻眼、閉一隻眼的態度；同時，他們在對大陸貿易上的地位，也逐漸被蘇聯東歐社會主義集團所代替；軍事上，大陸的戰略重點北移，對臺灣方面的壓力相對減輕。這三個因素使國民黨海軍對大陸的封鎖行動變得大為活躍。

他們攔截的對象，也主要轉向了社會主義國家集團的船隻。

1954 年 5 月 11 日，波蘭籍貨船格達德總統號載運包括這批自行車在內的貨物開往上海，在公海上被國民黨海軍太湖號驅逐艦截住俘獲，船員 45 人（含中國船員 10 餘人）皆被扣留。經過波蘭的抗議和交涉，國民黨方面最後不得不釋放波蘭籍船員，而這條滿載排水量 1.3

萬噸的大型運輸船，則毫不客氣地沒收，改造成了國民黨海軍天竺號補給艦。這條船可謂命運坎坷，因為它本來是德國1936年建造的客貨兩用船，因為德國戰敗，賠償給蘇聯，不久又被蘇聯「支援」給波蘭使用，而最後卻是掛青天白日旗在1968年退役，一生換了四個主人。至於船上的自行車，乾脆分配給了中尉以上的部分軍官眷屬。

國民黨海軍對社會主義集團的船隻的攔截戰績不錯，波蘭因為率先和中國合作組建中波遠洋運輸公司，成為攻擊的重要目標。1953年，還有一艘波蘭大型運輸船普拉卡號也被攔截俘獲，改造為臺灣海軍賀蘭號運輸艦。

但也有碰上燙手山芋的時候。

1954年6月，蘇聯油輪陶普斯號在開往天津途中，遭到國民黨兩棲巡邏機的攔截和攻擊，被迫停船。接著，國民黨海軍總司令馬紀壯上將親自指揮丹陽號驅逐艦逼近該船，登船破壞通信設備，迫使其跟隨前往臺灣。

陶普斯號是1953年下水的新船，滿載排水量居然達到1.8萬噸，是國民黨海軍抓到的最大的「大魚」，而且該船滿載海峽兩岸都極缺的航空汽油（作者按：美國人為了避免臺灣以卵擊石的反攻大陸，不但不肯提供進攻兵器，油料供給也控制很嚴），所以國軍上下當時歡欣鼓舞，興高采烈，並迫不及待地把這條船改名為會稽艦，編入國民黨海軍序列。

同時，為了進一步「擴大戰果」，臺美合作，共同對蘇聯船員進行了全力的策反活動。經過專家們精心的心理分析和策劃，雙方共同認為，從白公館和渣滓洞的經驗看，對於中國共產黨人，嚴刑拷打作用不大，蘇聯的共產黨資格更老，這種招數恐怕更沒用，不如來個以柔

克剛，用「腐朽的資本主義生活方式」打垮他們。

不知道誰出了個主意，叫做「美人計」，竟然頗受支持。

於是乎，蘇聯船員忽然發現自己的生活條件大大改善，而且半夜居然有漂亮的女郎來共度春宵！為了達到目的，美國人下了血本，把美軍俱樂部的菲律賓女郎都重金請出來了。

然後呢，就是臺灣懂得俄語的政戰軍官，帶著一大疊兒童不宜的照片去和蘇聯船員談：「老兄，看看你幹的好事，看看咱的證據啊，你還想做布爾什維克（多數派）嗎？」

好像很多反特電影中，共軍的動搖分子都是這時候就崩潰了。不幸，蘇聯人的道德觀念好像完全不同。他們看到這些照片的反應，居然是一張張津津有味地翻看過來，然後問：「可不可以多給我洗幾張？我要寄回家去，讓老朋友們看看咱的豔福！」

想起來中國人開玩笑說的了：敵人嚴刑拷打，我威武不屈，敵人用美人計，我……我將計就計！

敢情這是有歷史實例的啊。

無獨有偶，記得蘇聯人也曾經對蘇加諾施展過這個招數，蘇加諾也是津津有味：「這張給我洗多少多少張，那個我要多少多少張……」蘇聯人厲害，蘇聯人能玩出大號原子彈，能拿皮鞋砸聯合國講壇，碰上這號流氓還真沒轍。

策反的事情就此擱淺，大部分蘇聯船員分三批回蘇聯去了，只有3、4個人留了下來，而且這幫傢伙根本就是一幫無賴，後來只有讓臺美方面更加頭疼（作者按：其實真正的歷史並非完全是這種浪漫，因為孫立人兵變被扣留的國民黨軍官，曾聽到這些蘇聯人晚上唱很淒婉的俄羅斯歌，更有人自殺）。

但是，這一攔截帶來的麻煩大了。

蘇聯在聯合國大鬧一場，因為美國庇護，所以無法對國民黨進行懲處，惱羞成怒的蘇聯人宣佈，派出海軍艦艇在臺灣海域巡邏，見到陶普斯號就拖回去，有敢攔截的格殺勿論。

這下子熱鬧了，會稽艦好好一艘船成了燙手山芋，誰也不敢把它開出去，只好在碼頭耗著了。最後，直耗到 1965 年，該艦退役前，基本上沒有再出過海。

更麻煩的是，這時候朝鮮戰場高潮已過，共產黨騰出手來，中華人民共和國國防部部長彭德懷宣佈，從 1954 年 7 月起，為進出中國水域的外國商船護航。

這不僅僅是一個聲明，它也標誌著大陸方面重新將臺灣納入戰略重點，從此以後，面對越來越強大的大陸軍事力量，國民黨海軍逐漸失去了在大陸沿海主動出擊的能力。它不得不把艦艇集中於捉襟見肘的臺海防衛。1958 年，解放軍炮擊金門，前面提到運氣極佳的黎玉璽將軍險些把他的運氣用盡，身為臺灣海軍副司令的黎玉璽率領六二艦隊在美艦掩護下強行補給金門，解放軍開炮時，美艦立即退出，使國民黨海軍運輸隊獨自挨打，黎玉璽因為座艦中彈落海，只得鳧水求生。

1955 年以後，臺灣實際放棄了對大陸口岸的封鎖，從 1949 年到 1955 年，先後有 16 個國家的 200 多艘商船遭到國民黨海軍海盜式的攔截，這個國民黨海軍挑戰「八國聯軍」的時代，就此落下帷幕。

為太平號復仇雪恥

國民黨海軍敗退臺灣後新造的兩艘魚雷艇是「復仇號」和「雪

恥號」。

話說上個世紀 50 年代，國民黨大軍兵敗如山倒，敗退到了臺灣，將軍們一邊忙著在從大到小的島子上挖戰壕，一邊咒罵老共人海戰術霹靂炮打仗不依常法。

只有兩個兵種看著國軍大兵們忙活心裡好笑，一身輕鬆，這就是海軍和空軍。空軍長著翅膀，海軍長著螺旋槳，土八路雖然能趕上汽車輪子，但畢竟不會駕雲登萍渡水，看著國軍的鐵甲船洋鐵皮飛機只好乾瞪眼。

其實，空軍也就罷了，國軍海軍也不過剛剛開始風光。

抗戰的時候，海軍是中國三軍裡邊打得最慘的兵種，只剩下了 6 艘不足千噸的小兵艦藏在長江上游。但是，抗戰結束之後，又是日本賠償，又是美英贈送——老美二戰的時候船造多了，鏽著也是鏽著，轉眼間國民黨海軍又如同吹氣球一樣迅速膨脹起來。

人忽胖忽瘦還吃不消呢，一個軍種更是這樣。國軍海軍人員太少，接來這麼多的船，一方面連開船的都湊不起，一方面也頓時有了窮人暴富的底氣，加上臺灣是個島，防禦起來要靠軍艦攔擊共軍於海上，於是海軍的地位驟然提高，國軍海軍到了臺灣，那感覺就是老鼠踩電門——抖起來了。

正抖呢，霹靂震天一聲響，1954 年浙東列島，人民海軍悍將朱洪熹率領 4 艘魚雷艇奇襲了國民黨海軍太平號驅逐艦，一聲巨響，太平號驅逐艦被命中後掙扎良久，終於沉沒在東海之中。

太平號驅逐艦在國民黨海軍中排行老七，曾經參加過收復南沙之役，南沙主島太平島就是用它命名的。

聽說太平老七被共軍擊沉，國軍上下大驚，太平艦艦長趙資棟上校從水裡爬上來就被拉去審問了，可憐的趙資棟直到此時還堅持是共軍飛機炸沉了太平艦。

等事情弄清楚，國軍的臉上可都掛不住了，原來以為對共軍陸地打不贏，但海上還打不贏嗎？

太平號多少噸？ 1430 噸；4 艘共軍魚雷艇多少噸？總共 88 噸。這樣玩法，國軍還能打嗎？

蔣介石是個要臉面的人，當時就把海軍的人叫去訓了，海軍的人當然不服氣：「您老先生是陸軍，不懂啊，我得教您，這魚雷艇啊，可厲害啦！……。」反正說明不是我們太笨，而是共軍的裝備太好。末了，蔣介石忽然想明白了：「哦，魚雷艇這可是好東西啊，不怪我們海軍不行啊，好，共軍能用魚雷艇打我們，我們為什麼不能用魚雷艇打老共呢？」

主意不壞，可真讓海軍眾位將領如坐針氈，要說不去吧，蔣介石興致勃勃的給他添堵，那不是找死嗎？要說去吧，共軍是那麼好惹的嗎？也是找死！

此時，就有聰明的出來說了：「委座，不是我們不敢打啊，我們沒有魚雷艇啊。」

這還真是個理由，國民黨海軍當時確實沒有魚雷艇。

其實國民黨海軍一向還是很重視魚雷戰的，也有這方面的人才。抗戰前的時候國民黨有一個電雷學校，那是蔣介石的「黃埔軍校」，使用英國和德國魚雷艇，曾經在長江上和日軍拼死惡戰，有奇襲出雲號等精彩戰例，電雷學校出來的人物裡，有四位號稱「四大金剛」，就是黎玉璽、胡敬瑞、齊鴻章和胡嘉恒。其中黎玉璽正是當時國民黨的海軍司令。

可問題是沒有魚雷艇……因為當時美國送來的艦艇，大家都是挑大的，什麼驅逐艦、護衛艦、坦克登陸艦，誰看得上小小的魚雷艇啊！另外，魚雷艇都是敢死隊，共軍那麼跩，誰沒事撐的。

蔣介石火了：「沒魚雷艇我們不會造嗎？」

海軍說：「我們沒錢啊，算一下，一條 30 萬美金啊。」

獅子大張口，蔣介石可能也有點心疼，這時候身邊有人獻計——沒錢不要緊，我們可以募捐啊！來個為太平號復仇雪恥的募捐怎麼樣？

這還真行，國軍調動了不少人，走街串巷，比如站在電影院門口，攔著看電影的人講太平號怎麼被共匪擊沉，我們要報仇啊……等，要求大家捐款。

蔣介石問：「捐了多少？」

下邊報：「不少啊，20 萬美金啦。」

好了，費這麼半天勁，還不夠買一條的呢！蔣介石是個強頭，面子上抹不下來了，一咬牙，國防部再給加 40 萬，怎麼也得弄 2 條艇吧？打沉太平號，共軍還出動了 4 條呢。不過，蔣介石也明白海軍這幫海水油條的把戲了：「我讓總統府派號稱鬼見愁的李姓少校盯著給海軍解決問題，就算有千般理由，也要造出魚雷艇來派你玩命去。」

有了錢，海軍還是來找：「不行啊，沒人賣給我們啊，美國人說這是進攻性武器，不賣。」不賣你不早說？現在錢也下來了，怎麼辦？有人出主意，美國人不賣，找日本人買啊。那位說了：「日本不是和平憲法嗎，怎麼能賣給臺灣魚雷艇呢？」嘿，鬼子那還不是見錢眼開的主兒？看見白花花的銀子黑眼珠都要蕩出來了還顧什麼憲法？雙方一商量就有了辦法，日本造艇體，讓臺灣自己裝武器。

過了兩天，海軍的代表把魚雷艇的設計呈上來了，挺漂亮的，問題是航速只有 25 節。共軍的魚雷艇能跑 40 節，25 節？逃都逃不掉，何況高速奔襲呢？

日本人說我沒辦法，沒有這樣大馬力的發動機，就這水準，你愛要不要。

李少校可不好糊弄，冷笑一聲：「發動機我們給你。」

但臺灣也造不出這樣的發動機，李少校有辦法，變魔術般弄來 6 台美製大馬力發動機——從哪兒來呢？那是國民黨空軍報廢的 P—51 野馬戰鬥機上汰換來的。（作者按：海軍大概要忍不住大罵—竟拿報廢的發動機給我們，要是開到共軍面前忽然停車了……）

別說，這樣一改造，2 艘魚雷艇居然跑出了 40 節的高速！

好了，真的可以奇襲共軍去了！

海軍說慢，這魚雷艇它沒有魚雷啊，沒有魚雷要怎麼出擊啊？

美國人不賣，日本人說我們賣，可是，這是二戰時候的東西了，飛機上往下扔的航空魚雷，要嗎？

捏著鼻子，國軍說：「能響就要。」

終於在 1957 年，2 艘魚雷艇建成，分別命名為復仇號、雪恥號，排水量 42 噸，航速 40 節，裝備滾落發射式魚雷 2 枚（作者按：因為魚雷本來不是船上用的，無法用發射管發射，只好弄成滾落式發射，這個命中率可就差點）。

好了，可以出擊了吧？海軍再說慢：「試車的時候雪恥號不小心撞礁石了，車葉受損，要修理。」修好了，1958 年，2 艘魚雷艇正式服役，以後，又陸續加上另外 4 艘，共同組成了國府海軍魚雷艇大隊。

對於這種新式武器，國軍海軍似乎過於重視，總是訓練訓練，再

訓練，再強化訓練，再戰前訓練……可是怎麼就是不見出擊呢？

海軍的說法是這屬於高技術武器，當然訓練時間比較長啦！

國軍在認真訓練，共軍呢？

1955 年，人民海軍魚雷艇單艇獨雷擊沉國民黨海軍戰艦洞庭號。

1965 年，崇武以東海戰，人民海軍魚雷艇圍攻擊沉國民黨海軍戰艦臨淮號。

1965 年 8 月 6 日，八六海戰爆發，人民海軍魚雷艇接近到八鏈，三雷同時命中國民黨海軍戰艦劍門號，國民黨電雷學校四大金剛之一胡嘉恒少將陣亡。

好像從那以後，蔣介石就失去了對復仇號和雪恥號的興趣。使得 2 艘本來寄予厚望預定用於奇襲的魚雷艇，在做了一段輸送特務的任務，以及一段導彈的試驗艇，就無聲無息的退役了。

艦在曹營心在漢

在《到抗日老戰士湯老先生家去打岔》一文中，提到了一個名字，就是原國民黨海軍美頌號登陸艦艦長毛卻非。文章中對於毛卻非的回憶是這樣的：在紀念冊上，我看到了一個熟悉的名字——毛卻非。就說，這個人後來帶著軍艦要投降共產黨，結果被殺掉了。湯老先生說：「是的，他是四川人，他被殺掉後，我還給他家裡寄過錢。」

儘管短短的幾句話，卻隱含著一段相當值得回憶的歷史。

毛卻非，四川資陽人，原名毛富儒，電雷學校第三期航海班學生，比湯先生大 4 歲，因此應該是湯先生的學長，他在 1949 年擔任艦長期間，試圖率美頌號起義投共，不幸事泄被捕，1950 年 2 月，被槍

殺於臺灣左營，其事蹟與商略文中所提大體吻合。

首先說湯先生為何會清楚地記得毛卻非的名字，其原因大約是因為他們在電雷學校曾共同參加了 1937 年 8 月 23 日對日軍飛機的防空作戰，是生死戰友。那一戰商略在採訪手記中曾經提到，湯先生的鋼盔被日軍的彈片打穿了一個洞，而毛卻非也是當時的高射機關槍射手。作戰中毛卻非的機關槍出現故障，排除故障的時候右手負傷。此戰，電雷學校教育長歐陽格贈送給這些擊落日軍轟炸機的官兵「鉛刀小試」題詞。

毛卻非領導的起義，可算美頌艦艦史上一個重大事件。

美頌艦，屬美國海軍 LSM—1 級中型坦克登陸艦，輕載排水量 560 噸，滿載排水量 1020 噸，在美國海軍中編號 LSM—457。1946 年在青島移交中國，當時美字型大小的登陸艦中國接收了 11 艘，並有多艘交給招商局作為民用船隻使用。

美頌艦的前身 LSM—457 是 1945 年服役的新艦，在美國海軍中履歷平平，始終追著美軍的戰線跑，直到日本戰敗也沒有追到最前線，不過它加入國民黨海軍後，卻長期被視為重要骨幹艦艇，一直活躍在臺灣海峽和大陸沿海，達 5、60 年之久。

這種美字型大小登陸艦，對國民黨海軍來說，實在不可多得。國民黨海軍在 1945 年後，最大的敵人就是共產黨領導的人民解放軍，雙方作戰特點決定了國民黨軍經常需要海軍協助陸軍進行部隊調動，特別是撤離的情況。而解放軍海軍又擅長小快靈的海上機動作戰，經常痛擊國民黨海軍防衛薄弱的運輸艦艇。美字型大小是登陸艦，可以裝載大量人員和裝備，同時，相對於大而笨拙的 LST 中字型大小，它的噸位和吃水又使它適合各種條件下的作戰。尤其是這種軍艦的武備十

分優秀，一般都擁有40公釐雙管機炮一座、20公釐單管機炮六座及數挺12.7公釐機關槍。部分美字型大小艦如美平號甚至曾在艦首裝置一門3英寸炮，亦有裝置5英寸火箭發射架來提高其作戰火力的。簡直是一隻淺水中的刺蝟。

這種密集的小口徑槍炮火力，對於噸位較小的解放軍小型炮艇、魚雷艇來說，威脅甚大。而它適中的噸位，又使它較為靈活，不容易被解放軍的魚雷艇命中。

美頌艦剛接收的時候，造型頗為獨特，它的艦橋偏在一側，活像縮小了的航空母艦。這是因為它的中艙是前後連通的一個大艙，可以裝載5輛水陸兩用戰車，而中艙頂部設有承重鋼板，以避免出現頭重腳輕的問題。無可奈何之下，艦橋只好被擠到了一邊，如同一個圓形的鋼筒。其首部有高昂的炮臺，可以對後方敞開的大艙起到保護遮蔽作用。

美頌艦因為沒有重火力，速度又不快，因此在美軍中是被視作消耗品的軍艦，但其在臺灣海峽卻有特殊的價值，屬於既能運輸又能打仗的多面手，很受國民黨海軍的喜愛。美頌艦1975年接受了「新美計畫」的改裝，一直使用到2005年才退役，可見其在國民黨海軍人員眼中的價值。

所以，毛卻非的這次起義，確實讓國民黨方面十分惱火。儘管毛卻非屬於蔣介石在海軍中的嫡系電雷學校出身，而且在抗戰中頗有戰功，但依然被判處了死刑。

對自己的死，毛卻非泰然自若，只是請求允許其妻返回大陸，代其向父母盡孝。國民黨海軍當時骨幹多來自電雷系，看在同學情分上幫助疏通關係，毛卻非這個要求最後得到了滿足，倒也有些出乎意料。與毛卻非同案的助手馬健英逃脫一死，後輾轉返回大陸。而受他牽連，同被視為叛亂嫌疑的帆纜軍士王東川、陳伯秋等，被審查後送國民黨軍陸戰二旅集訓隊進行懲罰性管制。近年，王東川的兒子在臺北提起訴訟，為當年這些受害者索取到了一定金額的賠償。

對這次起義，有一個爭論點，臺灣方面有人記錄美頌艦起義時雙方各據首尾，激戰多時，最後毛卻非部下不敵，起義才歸於失敗。然而，大陸方面的有關文獻表明，這次起義，是由於參加起義的部分人員動搖舉報，國民黨方面迅速派出部隊，於預定起義日 1949 年 10 月 19 日淩晨包圍了美頌艦，逮捕了毛卻非、馬健英等十多名起義官兵，起義還沒有開始就宣告失敗。

當時美頌艦在香港水面，不久被國民黨方面押往澳門，一周後駛向臺灣。毛卻非等隨即被關押海軍鳳山招待所，在這個過程中，沒有明顯的戰鬥發生。

從其他史料分析，可能是臺灣方面的研究者，將美頌艦起義和永興艦起義搞混了。永興艦起義時確實發生過類似的槍戰，但最終國民黨一方的官兵控制了軍艦。

毛卻非起義失敗後，美頌號撤退到臺灣，在臺灣海峽十分活躍。八二三炮戰期間，它曾拖帶被魚雷擊中的中海號登陸艦逃出戰場，因而獲得頒發陸海空軍褒揚狀。當時的艦長為熊秉誠少校。但是，以皮實、火力強著稱的美字型大小，在這次戰鬥中也有多艘被擊沉擊傷。在此後的東山島登陸與反登陸作戰中，美字型大小也頗有損失，這都是由於解放軍炮兵火力急劇發展，這種軍艦的活動餘地逐漸被壓縮。

此後的美字型大小，主要充當武裝運輸艦使用，漸漸脫離了一線。

解放軍方面，也對這種軍艦印象深刻。在某部電影中，曾有奇襲

擊中美獅號炮輪的情節，美獅號並不存在，但顯然影射的是這種美字型大小登陸艦。

2005 年，服役幾近 60 年的美頌艦終於退役，結束了平淡而又值得回味的一生。真的結束了嗎？也未必，因為聽說臺灣方面正在與某國討論，考慮將這種依然有使用價值的軍艦贈送給他們。假如這樣，搞不好美頌號會有機會衝擊世界服役時間最長軍艦的金榜了。

第九章

人民海軍向前進

1949 年 4 月 23 日，剛剛傷癒歸國的中國人民解放軍第三野戰軍前委委員張愛萍上將，在江蘇泰州白馬廟成立了華東軍區海軍領導機構，張愛萍上將任司令員兼政委，人民海軍從此誕生。當時，人民海軍的全部家底是 13 個人，外加三輛繳獲的吉普車。

1950 年 4 月 14 日，海軍領導機關在北京成立，這是中共中央軍事委員會領導和指揮的海軍部隊最高領導機關，肖勁光大將任司令員，後相繼組建了東海艦隊、南海艦隊和北海艦隊，從此建立起了中國近海完整的防禦體系。同年 5 月 25 日，人民海軍 16 艘艦艇向萬山群島守敵發起攻擊。在歷時 71 天的作戰中，戰勝了總噸位超過自己數十倍的敵艦艇部隊，一舉解放了萬山群島和廣東沿海的全部島嶼。捷報傳來，毛澤東主席興奮題字：「這是人民海軍首次英勇戰例，應予表揚。」

60 年來，人民海軍不斷發展壯大，陸續組建了海軍水面艦艇部隊、海軍潛艇部隊、海軍航空兵、海軍岸防部隊和海軍陸戰隊等五大兵種體系。隨著新中國工業化的飛速發展，人民海軍的裝備也從引進仿製為主進步到自研自造為主。

隨著實力的壯大，人民海軍的防衛戰略，從上世紀 5、60 年代以國民黨海軍為主要作戰對象的近岸防禦，進步到上世紀 7、80 年代的近海防禦。至今，中國海軍友好出訪的航線更是早已遍佈世界各大洲各大洋。

一支強大的中國海軍，將是世界和平的有力保衛者，將會如 600 年前天下無敵的鄭和艦隊一樣，帶給世界各國中國人民的真誠、友誼與和平，共同合作發展美好的未來。

紅色海軍第一艦

如果追溯人民海軍的建立，大多數老海軍都會提到江蘇白馬廟張愛萍將軍授旗建立華東海軍，那是中國人民解放軍海軍正規軍部隊建立的肇始。

其實，在這之前，非正規的海軍部隊在「共產黨的軍隊」中也曾組建過。當然，我們所說非正規的海軍部隊，談的艦隻還是蒸汽鐵甲的輪船，而不是雁翎隊的小船或者帆船了。

土八路還有輪船？

目前記載「人民解放軍」獲得最早的現代化正規作戰艦艇，是1947年阜鹽大隊繳獲國民黨海軍的合永艦，這是一艘美製501型步兵登陸艇，裝備20公釐炮2門，12.7公釐機關槍兩挺。合永號是1946年國民黨海軍青島海訓團接收的8艘艇之一。1947年秋，在蘇北因不熟悉海道而擱淺，被解放軍阜鹽大隊智取繳械，成為紅色海軍的一員。

該艦僅僅為紅色海軍服務不到一年，就在1948年4月於鬥龍港被國民黨空軍發現擊沉，當時艦長是吳淞水產科學校畢業的韓忠，此戰艦上3人陣亡。儘管時光短暫，但該艦這幾個月裡卻頗有故事可講，粉碎一次國民黨海軍留用人員暴動，剿滅一支海匪，培訓了不少人員，也算可圈可點。

但是，還有比這更早的紅色海軍記錄。那就是神秘的「紅海軍」——列寧號淺水炮艦。

列寧號淺水炮艦，排水量約150噸，木質船殼，要害部位敷設裝甲，武器為可拆卸的機關槍，因為紅軍當時極端缺乏這種重武器，必須隨時準備用於陸戰。艦橋兩側有反白的「列寧」字樣。

最早看到有關列寧號的記錄，是在路易•艾黎有關湖北救災的資料中，他提到 1932 年自己前往洪湖地區參加救災時，聽到關於紅軍擁有炮艇的傳說，這個大膽的美國人當時居然敢於深入蘇區，和紅軍並肩搶險護堤，實在是一段傳奇經歷。這位培黎大學的創始人，讓我們知道紅軍也不單單是使用大刀長矛的。

此後，就是在《西行漫記》中，斯諾採訪賀龍的時候，曾經提到這位紅軍將領是「紅海軍」的創始人。按照斯諾的說法，賀龍把長江中的火輪加以改裝，加上裝甲和機關槍，來封鎖國民黨的航運，一度截斷長江！

據此，我們有理由相信，在紅軍時代，確曾有過使用輪船作戰的歷史，而這種風格，的確很像賀龍的作風。

1927 年南昌起義失敗，賀龍率部退到潮汕，就曾經和國民黨海軍飛鷹號驅逐艦交手，飛鷹艦的陸戰隊被賀龍殲滅殆盡，但該艦卻仗著一水相隔逃走，令眼饞的賀龍望海興歎。賀龍外號「水龍」，他的兒子賀鵬飛後來做到海軍副司令員，這一家子和海軍是很有緣分的。

但是，真正有史料價值的，並且證明這艘軍艦的名字是列寧號的，還是沙汀的《隨軍散記》，他對賀龍的採訪中，曾經有這樣一段：賀龍當時談到自己的一個勇猛的部下：「勇敢得很！」他一面平靜地繼續說：「聽到哪裡要作戰呀，不管有沒有他，自己一聽到就溜去了，他還攻下過一次黃石港呢。那時候我們有 2 艘軍艦，一艘叫列寧號，還開去打過新堤。就是長江裡面那種大鐵殼船呀！走得很快，上面可以架機關槍，迫擊炮……」

新堤，就是現在的湖北洪湖，清末全國十六大稅關之一，也列入湖北八鎮，屬於當時長江上的重要碼頭。列寧號參加的新堤戰鬥，是洪湖紅軍與國民黨軍徐源泉部的作戰，可以想像國民黨官兵看到蒸汽鐵甲的紅色炮艦，感覺是怎樣的震驚了。

後與臺灣的姚開陽先生聯繫，才得知國民黨方面也知道這艘列寧號，它是為了紀念早些時候逝世的列寧而命名的，這是紅軍當時的習慣。紅軍的第一架飛機也叫做列寧號，國民黨並把它作為對湘鄂西紅軍清剿時一個重要目標來對付。這艘紅色炮艦當時不但為紅軍提供火力支援，而且可作為拖帶船隻和運輸之用，該船在紅軍撤離根據地時被迫自沉，姚開陽提供的列寧號照片，據說就是打撈以後拍攝的。

但是，該艦的出身，則不得而知。從我的推測，它和另一艘沒有留下名字的炮艦，大概是賀龍攻佔長江哪個碼頭時繳獲的。還有一種可能，就是賀龍和周逸群在南昌起義失敗後，前往洪湖建立蘇區，乘了一艘汽船，莫不是賀龍乾脆連船也扣了參加紅軍？

因為年代久遠，這些猜測已經無法證實了。同時，那位指揮列寧號的紅軍猛將，賀龍提到他姓肖，曾經指揮過攻打黃石的戰鬥，這個紅色海軍最早的指揮官，又是誰呢？有沒有知情的朋友可以告知？

列寧號雖然作為一艘海軍艦艇比較勉強，但是考慮到它的歷史地位，稱它為「紅色海軍的第一艘艦艇」，或許並不算過分吧。

毛澤東的首艘「禦艦」

海軍艦艇中，能夠被作為紀念艦保存，是一種特別的榮耀。比如美國海軍密蘇裡號戰列艦，英國海軍勝利號戰列艦，都代表著其海軍史上重要的一頁。

中國海軍，也有多艘艦艇被作為紀念艦保存下來，比如「四大金

剛」中的鞍山號驅逐艦，八一四海戰大戰越寇的英雄艦湘潭號護衛艦等等，曾經擁有過的艦艇中，最早被當做紀念艦保留的是哪一艘呢？可能海軍愛好者腦海中首先閃過的就是中山艦。這艘歷經孫中山蒙難、中山艦事件、金口江防抗戰的名艦，日前已經被打撈出水，將作為紀念艦保存。

然而，這個答案是不正確的，因為還有比它更早的紀念艦。

在上海吳淞口東海艦隊基地，上個世紀 60 年代建立了一個特殊的展館——長江艦紀念館，專門陳列中國海軍的第一艘紀念艦——長江號淺水炮艦。這個時候，中山艦還在金口的江底安眠呢。

長江號得到這個榮譽，從海軍的歷史上說屬於史無前例，清代和民國時期的海軍中不乏名艦，但由於中國海軍力量薄弱，戰艦真正「物盡其用」，這些戰艦或戰沉，或被俘，沒有機會成為供人瞻仰的紀念艦，而且即便到了 60 年代，對於海軍歷史文物的價值，社會上仍無多少認識，清代訂造的戰艦退役後被拉出去打靶是很平常的事情。長江艦在中國海軍的眾多戰艦中脫穎而出，實在是很幸運的一件事情。

以中國第一大水系長江命名的長江號淺水炮艦其實並不太起眼，它屬於中型炮艦，標準排水量 460 噸，滿載排水量 540 噸，長 52 公尺，寬 9 公尺，吃水 2.2 公尺，航速 17 節，適合在長江水域活動，最後的武備為 76 公釐單裝火炮 2 門，40 公釐速射炮 4 門，25 公釐高平兩用炮 4 門。說起來，其噸位只有中山艦的一半，鄧世昌的致遠艦的 1/5，相當不起眼。

那麼，這樣一條不起眼的戰艦，怎麼會成為中國海軍的第一艘紀念艦呢？

因為它曾經是當時的國家主席毛澤東的座艦，毛澤東 1953 年巡行長江，就是乘坐這艘炮艦縱觀揚子江的。此後，也曾經多次擔任過「禦艦」的責任，上行三峽川江等地。在這艘炮艦上，誕生了兩個著名的產物：第一個，是毛澤東在長江艦上的題詞「為了反對帝國主義的侵略，我們一定要建立強大的海軍」，標誌著以毛澤東為首的中國政府，下定決心建設一支強大的海軍；第二個，就是毛澤東在長江艦上接見林一山等水利界人士，提出了建設三峽大水庫的構想。

這兩件事，對中國此後幾十年的發展，都有著重要的意義，特別是第一件事，成為海軍發展建設的「尚方寶劍」。因此，海軍東海艦隊在長江艦於 60 年代即將退役的時候，一反普通軍艦退役即拆毀或打靶的決定，將其保留在吳淞基地，建立了一個專門的紀念館。長江艦，就這樣成了中國海軍第一艘紀念艦。

按照長江艦老兵袁水清先生的回憶，毛澤東第一次乘艦，是 1953 年 2 月 19 日在武漢登上長江艦，當時的艦長為王立修。行前，羅瑞卿和艦隊司令員饒守坤曾親自到艦視察，洛陽艦擔任護航。毛澤東在艦上顯得十分好奇，對海軍艦炮等武器很感興趣，並曾經到伙房看海軍伙食。當時海軍的伙食標準很高，一日伙食費 2 元多，可稱豪華。毛澤東看罷，感慨自己的伙食標準是 8 角。

2 月 22 日到達南京後，毛澤東和官兵合影。袁世凱當時的位置在第三排右數第二個，而毛澤東身邊，一邊是輪機兵蕭越，一邊是長江艦退役時的艦長林平漢。林平漢後來回憶毛澤東在長江艦上睡的是硬板鋪，現在有說法毛澤東隨時帶著一張大床，當時即便帶了，從尺寸上也是不可能上長江艦的，而看起來毛主席休息得很好。

毛澤東從軍事角度，對陸軍最為熟悉與關心，對海軍可謂最不熟悉，海軍司令員肖勁光的地位在全軍中並不太高。他這一次航行，本

來是為了視察中下游四省，準備第一個5年計劃的方案報告。但長江艦的航行對他的影響很大，大大激發了他對海軍的興趣。毛澤東一到南京，就要求海軍調艦到南京校閱，華東海軍抽調精銳廣州、南昌、黃河3艦和101、104等2艘魚雷艇，充分展示了海軍的威風。但其中最刺激毛澤東的恐怕是他發現自己乘坐的戰艦噸位，4艘還頂不上清朝一艘巡洋艦。這可是用中國第一大江長江命名的戰艦呢。相信這一點讓一生不肯服輸的毛澤東印象深刻。幾天裡，毛澤東先後5次題寫要建立強大海軍的題詞。此後不久，中國海軍從蘇聯大規模購買戰艦的計畫就得到了批准。購買回的戰艦中，最有名的就是中國海軍驅逐艦的開山四祖——「四大金剛」。

由於長江艦的這一段特殊歷史，和它對海軍發展的重大意義，被定為中國海軍第一艘紀念艦，並不奇怪。但假如長江艦隻有這樣一段歷史，我大概不會專門為它來寫這篇文章。它的經歷之傳奇，在中國海軍的艦艇中可謂頗為罕見，從某種程度上說，這是一艘象徵了中國海軍不屈精神的戰艦。

假如把歷史的鏡頭重播，就會發現噸位不大的長江艦，從一誕生，就有不凡的意義。

1930年5月，一艘造型優美的淺水炮艦在江南造船廠順利下水，設計師馬德樹等喜悅無比，周圍鞭炮齊鳴，這艘國民政府海軍排水量460噸的民權號炮艦，就是後來的長江艦。

為何一艘460噸的中型艦艇下水，會讓海軍界人士如此激動呢？因為當時的中國海軍經過20年停滯後，終於開始看到了復甦的希望。

清朝滅亡以後，歐美各國因為中國內戰對中國實行海軍禁售政策，加上內戰連綿，中國海軍建設基本停頓，船廠功能退化，設備殘損，更給中國海軍雪上加霜。不要說增加艦艇，連清朝已經購買的飛鴻號巡洋艦都因為尾款沒有著落，不得不就地出售。1927 年，國民政府定都南京以後，百廢待興，海軍部部長陳紹寬提出了建設包括航空母艦在內的 106 艘戰艦的新海軍計畫，從而開始了中國海軍的現代化建設。

中國已經中止建造戰艦 20 年，還能否趕上世界先進的造船水準呢？海軍方面的擔憂是非常明顯的。

然而，中國的造船和設計人士，沒有辜負這個短暫的「黃金時期」。1927 年第一艘新式炮艦咸寧號下水，證明其性能完全趕上了世界同級艦艇的水準，這給了海軍方面極大的信心。除巡洋艦方面因為水上飛機和魚雷技術的發展，第一艘寧海號不得不從日本獲得技術支援以外，這一階段海軍依靠江南造船廠自行建造了一批相當優秀的海軍戰艦，成為中國海軍後來的骨幹。

這裡面比較成規模的，包括了和寧海號同一級別的平海號巡洋艦、逸仙號大型炮艦，以及 4 艘中型炮艦——咸寧、永綏、民權、民生。長江艦的前身民權號炮艦，就是這樣一艘凝聚了海軍工程人員心血的新式戰艦。

建成的民權號淺水炮艦為軟鋼電鍍白鉛船殼，裝備兩台蒸汽機，2600 馬力，裝備 120 公釐主炮 1 門，88 公釐高射炮 1 門，57 公釐速射炮 1 門，20 公釐機關炮 2 門。該艦雖然不大，但艦型漂亮，有「小巡洋艦」之稱，後甲板有一個「司令廳」，可供居住和辦公。因為長江上使用的戰艦往往配合陸軍行動，這是為陸軍指揮機關預留的服務設施。它的假想敵是日軍在長江的淺水炮艦，如勢多號等，從戰鬥力上看，民權號的炮火，航速恰好壓過日軍這一級別的戰艦一頭。

這絲毫也不奇怪，因為實際上列強在長江水域活動的炮艦，一半以上是江南造船廠製造的，可謂知己知彼。遺憾的是民權艦沒能有機會和列強的炮艦一較高下，因為隨著海軍戰術的進步，海空戰已經逐漸佔據了主導地位，抗戰中，中國艦艇大部分的損失，來自於日軍的空襲。日本淺水炮艦較多，其排水量 250 噸，主炮 80 公釐高平兩用炮 2 門，機關槍 6 挺，航速 15 節。

當然，在當時的形勢下，民權艦等海軍艦艇還有一個目的——嚇唬陸軍。

可惜的是，當時中國的財力無法接受海軍 106 艘戰艦的造艦計畫，尤其是一二八事變中海軍畏敵如虎，不敢與十九路軍聯合抗戰，與空軍奮勇抵抗的形象大相徑庭，輿論上影響了對海軍建設的投入。計畫的 106 艘戰艦，實際建成的除了更小的一些輕型炮艦炮艇外，只有以上列出的艦艇了。

1937 年，中日戰爭全面爆發，海軍終於有了洗雪恥辱的機會，但是，此時海軍的裝備和日軍的比較令人寒心。中國海軍主力的 9 艘巡洋艦中，有 7 艘居然是清代的遺產！國力的對比差異在海軍方面最為明顯。面對噸位二十倍於己、裝備更加精良的對手，中國海軍被迫退入長江內河阻擊日軍的進攻。

海軍主力第一艦隊、第二艦隊堅守長江，建立了江陰封鎖線，為了阻止日軍沿長江向上游機動，中國海軍測量隊在指揮官葉裕和率領下，以青天、檄日、甘露 3 艦冒死破壞下游所有燈標信號，有力地阻止了日軍沿長江向上游的迅速推進，保護了陸軍的側翼。只是由於漢奸黃浚父子出賣作戰計畫，才未能將長江上游日軍各艦截擊殲滅。

但是，由於敵強我弱，中國海軍的各艦陸續遭到日軍毀滅性打擊。日軍以轟炸機攜帶高爆炸彈，反覆轟炸封鎖線上的中國各艦。

民權艦所在的第二艦隊本在二線擔任戰略機動，但戰鬥開始不久，在一線的第一艦隊各艦就紛紛戰沉。9 月底，第二艦隊曾以鼎司令以楚有艦為旗艦，全隊向前迎戰。

在日軍水面部隊和空中飛機的聯合打擊下，第二艦隊各艦也紛紛覆滅，民權艦也多次遭到日軍空襲，只是由於全力死戰，艦長劉煥乾指揮有力，才免於毒手。第二艦隊只得戰至江陰封鎖線撤守，能夠撤退的，不過是民生、民權等寥寥數艦而已。

這時的民權艦，因為車葉故障被迫入洞庭湖修理，日軍追擊轟炸中國海軍各艦，1938 年 4 月 11 日，民權艦在洞庭湖湖口防空作戰中擊落日神威號水上飛機母艦起飛的轟炸機一架。

1938 年 7 月，民權號再次撤退，在武漢危急的情況下被迫撤回四川江面。這一次，它更加孤單了，它的姊妹艦民生號被日軍擊傷，無法上駛，被迫自行鑿沉。

此後的民權艦，退守重慶笆斗山錨地。中國艦艇已無力與日軍進行決戰，但依然象徵著中國海軍還沒有消失。這些艦艇擔任軍委會機動艦艇使用，江犀等艦又在空襲中被日機擊沉。1945 年抗日戰爭勝利時，中國海軍的作戰艦艇僅存 7 艘，民權艦這樣的小艦居然僅次於永綏艦，在作戰艦艇中排名第二！

能夠在抗戰中生存下來的中國軍艦，可謂九死一生。就憑這一點，長江艦——也就是民權艦，的確應該作為紀念艦供人們瞻仰。

此後民權艦被編入江防艦隊，擔任江防和支援陸軍的任務。但是，海軍在內戰中可謂捲入不深。1949 年，江防艦隊正在長江中游執行任務時，下游的林遵第二艦隊全體起義，加入解放軍。江防艦隊與

其相比，噸位小火力弱無力突圍，只得向上游行駛退避。

退到重慶，江防艦隊何去何從舉棋不定，向下游突圍顯然是以卵擊石。不久，永濟、永安兩艦向下游起義而去，軍心更加動搖。11 月 29 日，解放軍攻入重慶，30 日，當年率隊和日軍死拼的江防艦隊少將司令葉裕和將軍，不忍毀掉多年跟隨的戰艦，率領江防艦隊殘存的 5 艘軍艦宣佈起義，民權艦加入解放軍，改名長江艦。

值得一提的是「長江艦紀念館」在 1992 年擴建為「上海海軍博覽館」，今天已經對外開放了。但遺憾的是長江艦本身已經蕩然無存。經過我向館方電話聯繫，得知這艘軍艦的消失實在是一件非常遺憾的事情。80 年代，「長江艦紀念館」被認為帶有強烈的個人崇拜意味，故長江艦的艦籍從中國海軍的序列中取消。當時文物保護意識並不強烈，因此，該艦的艦體隨即被回爐毀壞。當今天重新考慮到它的文物價值時，大錯已不可挽回。

如果說反對個人崇拜我是 99.9％的贊成，那唯一的 0.1％的不贊成，就是長江艦的毀滅了。

三代黃河艦的故事

人民海軍成立以後，很多人認為中國的母親河——「黃河」之名應該給一艘強大的作戰軍艦使用才對。而當時確實有一艘現成的大型軍艦，有資格使用「黃河」的名字。

這就是原國民黨海軍「重慶號巡洋艦」。

重慶號巡洋艦，原為英國海軍「曙光女神號」，排水量 5274 噸，是二戰中馬爾他艦隊的旗艦，戰功赫赫。戰後，該艦被英國政府贈送給中國。1949 年 2 月 25 日，該艦由艦長鄧兆祥率領投入解放軍。1949 年 3 月 20 日，被國民黨空軍飛機擊傷後自沉。

1952 年，重慶號打撈成功。由於打撈重慶號使用了蘇聯的技術幫助，蘇聯方面拆去了重慶號的雷達、武器、射擊指揮儀、部分能夠使用的動力機器作為補償。解放軍方面有意購買蘇聯武器和輪機重新裝備該艦，命名為黃河號使用。但是，蘇聯方面報價太高，達到 4 億盧比，中方無法負擔，只好放棄。

有人認為，這是蘇聯方面不願意讓中方擁有蘇聯體制外的大型武器，因此故意從中作梗所致。因為當時參加打撈的老兵記得，軍艦上的豬肉都沒有壞掉，為何蘇聯人堅持說軍艦在水中浸泡過久，各種系統都損壞嚴重呢？

中方對此似乎有所覺察，因此也沒有遵循蘇方意見拆解重慶號，而是將其艦體保存下來，試圖用自己的力量修復。該艦長時間繫於黃浦江白蓮涇段江中，但是，由於當時的技術力量有限，修復工作一直進展甚微。

1959 年，鑒於該艦修復困難，中方調整了計畫，準備將該艦改裝為一艘打撈救生艦使用，由江南造船廠進行改造。這個計畫繞過了當時自製困難的大型火炮、雷達設備等關鍵部件，應該說是比較可行的，需要的費用不過 200 萬元人民幣而已。

說來令人心酸，由於重慶號（黃河號）的原有動力系統已經不能使用，而當時中國又不能製造這樣大型艦隻的輪機，修復重慶號（黃河號）的計畫，竟然是準備利用一條清代軍艦上的動力系統。這艘軍艦就是 1937 年為阻擋日軍突破長江防線而自沉江陰的海容號巡洋艦。1959 年 6 月，上海市救撈部門為了拓寬航道對這艘老艦進行了解體打

撈，結果這艘德國 1898 年製造的老艦的動力系統，在江水中沉沒了 20 年後，經過中國工程師的整修，依然可以工作！

這是中國工程師的奇蹟，也是中國工程師們的恥辱吧。

遺憾的是，由於發生了「三年自然災害」，使重慶號（黃河號）復活的計畫，最終沒能實現，它的軀殼此後一直作為渤海石油公司的海上宿泊船使用。

於是，中國海軍只好退而求其次，將黃河艦名給了一艘中型戰車登陸艦。

黃河號登陸艦，是解放軍海軍東海艦隊登陸艦支隊 14 大隊的一艘中型戰車登陸艦，舷號 931。1953 年 2 月 23 日，毛澤東曾為該艦題寫過一次「為了反對帝國主義的侵略，我們一定要建立強大的海軍」的題詞。但是除此以外，大多數時候該艦默默無聞。

黃河號所屬的級別河字型大小，是美國製造的 LSM 中型戰車登陸艦，國民黨海軍以美字型大小命名。這種結實可靠的軍艦海峽兩岸都有大量使用。當然，美國人是不會賣給解放軍這種裝備的，人民海軍的河字型大小都是國民黨在大陸時期留下的，包括交給招商局使用的 12 艘，如運河號、灤河號等等。唯獨有一艘比較另類，就是這艘黃河號，它是原國民黨海軍海防第二艦隊的美盛號，1949 年隨林遵起義。

河字型大小登陸艦全長 62 公尺，寬 10.5 公尺，前吃水 1.2 公尺，後吃水 2.2 公尺，標準排水量為 743 噸，採用向前倒的「開口笑」式前艙門以便組織登陸作戰，該級艦滿載排水量 1095 噸，主機為 2 台柴油機，功率 2880 馬力，最大航速 14 節，可運載 5 輛中型坦克。

值得一提的是，所有河字型大小的武器都是重新裝備的蘇式火炮。相對於國民黨軍把美字型大小改造成「鋼鐵刺蝟」，解放軍的河字型大小僅僅安裝 3 門 37 公釐雙管艦炮，2 門 25 公釐雙管艦炮，火力並沒有那樣強大。這主要是因為國民黨海軍沒有使用炮艇或者魚雷艇進行「狼群式攻擊」的戰術。所以，河字型大小的裝備僅僅用於自衛。比較有特色的是該艦加裝了佈雷軌，因此這種登陸艦也可以充當佈雷艦使用。

解放軍海軍共有 3 艘河字型大小登陸艦——黃河、淮河、灤河。留在大陸的 LSM 沒有進行類似臺灣「新美計畫」那樣的大規模改裝，因此形狀一直是艦橋歪在一邊，敞開的車輛甲板，倒是較好地保留了原始風貌。

對比於東海艦隊，南海艦隊的登陸艦艇少得可憐，以至於 1974 年收復西沙群島的時候，攻打珊瑚島的部隊竟然是用衝鋒舟和橡皮筏完成的登陸作戰。看看東海的地圖，大家可能都會理解為何在東海艦隊部署如此眾多的登陸艦艇了。50 年代兩岸最激烈的幾次登陸大戰，除了海南島之戰外，都是在這裡展開的。

不過，由於當時解放軍對僅有的幾艘現代化登陸艦視如拱璧，所以大多數登陸戰出場的還是風帆木船，黃河號登陸艦露面的唯一戰役，是「一江山島登陸戰」，不過由於解放軍當時並沒有兩棲戰車，河字型大小登陸艦並沒有在第一線露面，只承擔了把登陸部隊轉運至石浦港前進基地的任務。此後，該艦一直在東海艦隊服役，1976 年仍在作戰序列之中，可見其生命力之強。

說起來，這條黃河號登陸艦的艦史也有輝煌的一面。在國民黨海軍中，它是抗戰勝利後海軍在青島最早接收的登陸艦之一，1949 年林遵組織海防第二艦隊在蕪湖易幟的時候，就是乘該艦到達旗艦永嘉號開會討論這一問題的。

該艦在這次行動中還擺了一次烏龍——行動中反對起義的永嘉艦艦長陳方堃脫隊，率艦向下游開去，由於當時林遵已經轉到惠安艦，但沒有降下永嘉艦上的司令旗，很多軍艦以為是林遵改變主意率艦突圍（下游江陰炮臺已經被解放軍佔領）紛紛隨之行動。美盛（黃河）艦也是其中之一。幸好該艦開著電臺，聽到林遵的呼叫才與永綏（長江）等艦返回。

在美國海軍中服役時候的黃河艦，當時的編號是 LSM—433。該艦在解放軍中的服役，雖然征戰的機會不多，也頗有業績可言。

美盛艦起義後被改名黃河艦，編入華東海軍第五艦隊。因為舊海軍人員在第五艦隊中數量太少，不敷分配。於是，從 1949 年 4 月開始，從解放軍陸軍來的人員經過在南京海校的突擊培訓陸續上艦。他們後來都成為海軍的骨幹人員，美盛艦功績不小。其中有一個軍官，就是後來大名鼎鼎的中國人民解放軍海軍司令員張序三中將。由於這些官兵沒有海上工作經驗，曾出過不少問題。1949 年 11 月，後擔任北海艦隊青島基地政委的馮尚賢（原 25 師作戰科長）就曾經在駕駛該艦時，因動作不靈活撞傷了西安艦（原日本海軍 198 號海防艦）。

1953 年，該艦奉命緊急運送救災物資進入川江，開千噸大船進入川江之先河。由於 20 世紀早期各國為了探索川江航道曾付出慘重代價，先後損失肇通、二見等艦船，黃河艦這個不引人注目的業績，其實是很值得尊敬的。

老黃河號的具體退役時間沒有公開的資料，新一代 931 黃河艦是一艘玉康級新式大型登陸艦，在 1985 年服役，這一型登陸艦到現在還是中國海軍的主力登陸艦，期待著噸位更大更先進的新黃河艦出現在藍色的遠海。

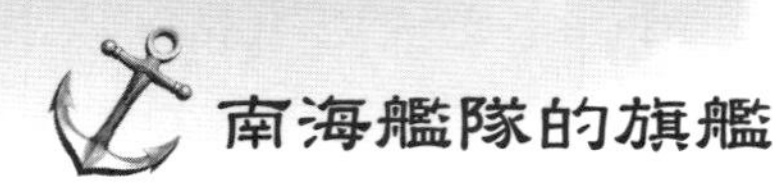

南海艦隊的旗艦

70年代中日開始接觸恢復建交的時候，曾有一個日本艦船愛好者組織「雪風會」的成員到廣州訪問，他們在沙頭角附近看到一艘中國軍艦。儘管明顯經過改裝，這些「老軍艦」們依然認出這是一艘日本二戰時期製造的海防艦。這樣的老軍艦依然存在於中國，其中一定經歷很多坎坷，他們便與中國方面聯繫，看能否將其購回日本，作為紀念艦展出。

這個要求被中方略帶尷尬地拒絕了，甚至謝絕了他們前往參觀的要求。

原因很簡單，因為這艘軍艦是當時中國南海艦隊的王牌旗艦——南寧號護衛艦。

他們的眼力的確不錯，南寧號護衛艦的前身的確是一艘舊日本海軍的海防艦——海防第七號，但是在日本海軍的花名冊上，這艘軍艦早已經被除名了。

這艘軍艦的歷程的確十分坎坷。該艦於1944年3月10日竣工，是神戶日本鋼管廠建造的，屬於一艘丙型海防艦。這一型軍艦屬於日軍在二戰後期為了滿足護航需要，大量生產的「粗製濫造」型軍艦，標準排水量745噸，滿載排水量810噸，裝備120公釐炮2門，25公釐三連裝高射炮多門，以及反潛深水炸彈裝置。為了加快生產進度，該艦原設計中很多曲面被改作了直線，裝備也儘量因陋就簡，因此，這樣一艘軍艦還能被中國方面使用到70年代，並完成多次重要任務，實在是令人驚訝的。

海防第七號艦竣工後，立即被分配加入岸福治中將指揮的第一海

防護衛艦隊，隸屬第十一海防隊。該艦運氣不佳，同年 11 月 4 日，在南海擔任護航任務時，在呂宋島東部海域被美國海軍潛水艇鰩魚號（Ray 編號 271）發現並用魚雷命中駕駛台前部，劇烈的爆炸引爆了該艦前部的彈藥庫，將其炸成兩截，艦長橫田德次郎少佐被爆炸的震盪從指揮所摜下重傷，10 天後死亡。儘管「粗製濫造」，但日本海軍艦艇的密封設計確有獨到之處，該艦的後半段竟然漂浮在海上沒有沉沒。日軍將其拖回廣州，但認為已經沒有修復價值，遂在 1945 年 1 月 11 日將其除籍。

美國海軍鰩魚號潛水艇，屬於達特級，作為南寧號前身的日軍海防第七號艦是它的第一個獵物，也是唯一一個。

該海防七號艦在日本海軍中的生涯就此結束，其殘軀擱置在黃埔造船廠的船渠中飽受風吹日曬，只是由於此後中國戰亂不斷，來不及對其進行處理而已。

沒想到的是，幾年以後，又有人注意上了這半截軍艦。這就是初建的中國海軍南海艦隊。南海艦隊來歷古怪，是 1952 年陸軍第 44 軍主力併入第 54 軍後，44 軍軍部被改成中南軍區海軍，後改名為南海艦隊。陸軍一個軍部改成的艦隊，可說根底很差，由於 3 大艦隊中北海艦隊要拱衛首都，東海艦隊要面對臺灣，因此南海艦隊建設最為遲緩。當時南海艦隊只有一些破舊的炮艇，甚至還用鐵殼漁船裝上機關槍作為水面巡邏艇。50 年代的南海堪稱有海無防，有南海艦隊卻無南海的海防。南海艦隊這支剛剛建立的艦隊嚴重缺乏大型艦艇，急得眼紅的時候，有人報告黃埔造船廠的船渠中躺著一艘「大軍艦」，立刻就引起了海軍方面的注意。

經過勘察，這艘海防第七號的艦況實在糟糕，兵器都被拆除，前部斷裂處用水泥包覆，鏽跡斑斑。但是也有令人欣慰的地方——雖然擱置了幾年，該艦的兩台 23 號乙 8 型柴油發動機，卻似乎還可運轉！

發動機是軍艦的心臟，海軍方面頓時有了信心，但有心臟沒腦袋怎麼辦？不要緊，奉命支援的江南造船廠派來了一個會給軍艦裝腦袋的出色工程師——徐振騏。

徐振騏，中國著名造船「藝術家」，1916 年考入海軍藝術學校，1918 年轉入剛創立的福州海軍飛潛學校，學習潛艇製造。畢業後任福州海軍學校教官，隨後留學英國，研習艦船製造。1937 年派赴德國監造潛艇（作者按：可惜在抗戰爆發時，已經建成的中國潛艇和潛艇母艦咸繼光號，被希特勒政府扣押），回國後任江南造船廠中校工程師、上校造船課長等職。

中華人民共和國成立後，定為一級工程師，歷任國防部七〇一室技術顧問，海軍艦船修造部造船處設計室主任，中央軍委修造部設計處總設計師、總工程師、特級技術顧問等職。他主持設計建造人民海軍國產第一、二代炮艇，為鞏固海防作出了重要貢獻。

徐振騏和他的助手們將這艘半截子軍艦拖進船塢，測繪線型，然後自行設計了一個新的軍艦前半段，這個設計十分成功，兩截軍艦相配成為了一個完整的線型，上層建築、艙室佈置、武器配備全部重新設計。該艦的前半截船體部分，部分新造的上層建築由江南造船廠提供，並由江南造船廠在黃埔造船廠的工地合攏，安裝、試驗、武器則來自蘇聯。修復後的該艦全長 82.31 公尺，滿載排水量增加到 1050 噸，艦速 19 節，配有 100 公釐炮三門，37 公釐火炮三座。

修復的該艦於 1955 年交船，被命名為南寧號護衛艦，編號 230，隸屬南海艦隊第一護衛艦大隊。該艦也是南海艦隊當時最大、最有戰

鬥力的軍艦，長期擔任該艦隊旗艦。

日本二戰時期的老艦，被使用到 70 年代，而且擔任旗艦重任，由此可以看出當時中國海軍在南海方面的薄弱和困難——當時計畫分配給南海艦隊的新式軍艦和設備，則大多被改送到越南，支援抗美戰爭去了。

讓所有人跌破眼鏡的是，這艘老掉牙的「殘疾」軍艦居然展示了相當好的性能，在南海艦隊發揮了重要作用。

1963 年 11 月，中國第一次派出大規模的體育代表團，前往雅加達參加第一屆新生力量運動會，賀龍元帥親往觀禮。臺灣方面揚言要擊沉代表團乘坐的光華輪，南海艦隊方面派出南寧號為首的護航編隊，出色地完成了遠洋護航任務，弘揚了國威，展示了海軍軍威。整個任務中，南寧艦表現良好，顯示了這艘老艦仍然具有相當的機動能力。

1965 年，印尼發生「9・30 事件」，大肆排華和迫害華僑，中國方面一面派遣遊擊隊長出身的外交官員姚登山主持駐印尼大使館工作，一面派出南海艦隊前往示威和撤僑。南寧號擔任旗艦的編隊，很好地完成了任務，也成為中國人民解放軍海軍在海外展示力量的第一次。

南寧艦還多次完成南海諸島的巡邏任務。1974 年，中越爆發西沙海戰，中國方面在收復西沙時，王牌艦南寧號正在廣州修理，參戰艦艇噸位太小，否則戰果還要大。

南寧號能夠有如此生命力，應該說和它的最初設計頗有關係。日本的丙型海防艦為了完成長程護航，特別重視航程和機動能力。同時，該艦配備的發動機也異常出色。當時，由於這種主機本來是為了小一半的獵潛艇設計的，日本方面對該艦能否達到設計的 16 節航速頗有懷疑，準備為其加裝輔機。不料試航中這種主機的運作特別優秀，超過預期，結果根本不需要安裝輔機。該艦為了「粗製濫造」，設計上多處降低標準，使用代用的民間設備，卻為該艦落入中國海軍之手後的維護方便創造了條件。而徐振騏的彌合設計更是巧奪天工，增加的噸位改善了居住條件，使該艦的實用性大大超過了原型。

南寧號，在默默守衛了中國南海 20 餘年後，於 1979 年退役。2 年後，一艘新的旅大級驅逐艦被命名為南寧號，而這艘「新式」的南寧號，據說也將被第三代更先進的南寧號代替了。

那麼，更新的一代南寧號，會是什麼樣子呢？

反正，不會再是從船渠裡撈出來的半截子艦了。

第一代南寧號的傳奇，卻是不應該被遺忘的。曾有 60 年代的老兵這樣回憶道：「在虎門沙角訓練團專業學習期間，曾到停靠在沙角江面的、當時艦隊最牛的 230 護衛艦上實習。當時的感覺是：『好傢伙，真大啊！』後來，我慢慢知道，這是一艘繳獲的日本軍艦。當時，印尼當局迫害華僑，就由它為光華輪護航，往返接送華僑。當時，整個部隊精神狀況極好，不僅沒有感覺裝備落後，反而都很牛，因為當海軍上軍艦，本身就是一項值得驕傲的事情。這些就是上世紀 60 年代中期的南海艦隊的家底。看看現在，真是不可同日而語了。」

人民海軍中還有另一艘日本製造的丙型海防艦，就是瀋陽號，原為日軍海防 81 號，於二戰結束後賠償給中國，國民黨海軍接收後命名為黃安號。1949 年 2 月 12 日，該艦官兵在青島發動起義，隨後將軍艦開往連雲港解放區，成為第一艘起義的國民黨海軍艦艇。1950 年 2 月該艦編入華東軍區海軍第六艦隊，命名為瀋陽號，1955 年用蘇式武器進行了改裝。

水鬼傳奇

水鬼，是對於軍中潛水夫的一種暱稱，蓋因這個兵種出動必穿戴潛水服金屬盔，形狀古怪而得名。個人認為，中國的潛水夫默默無聞，但如果從專業水準來說，應該是在世界上排得一席之地的。或許因為這個職業比較特別，我國文獻中公開內容中關於「水鬼」所見不多，就想寫寫這個話題。其實也不會有多麼新奇，略述潛水夫的甘苦和傳奇而已。

說來水鬼亮相少，也和運氣多少有點兒關係。有朋友對我講，九八大洪水期間，駐武漢的海軍水鬼教導部隊曾經起了很大作用。那時候大壩最怕的就是發生管湧，這種水下的險情很難及時發現，常常是等報告出現管湧，大壩也到癌症晚期了。管湧的剋星，就是水鬼，他們只要下水一看，就能讓險情原形畢露。因此這支部隊那段時間常駐大堤，一接到報告某處大壩附近水面有漩渦就下水勘察，不知道多少次收拾了這種水下魔鬼，可稱功勳卓著。當時各路兵馬都在大堤上接受檢閱，一色陸軍綠中海軍藍那叫搶眼——眼看著一個大大的風頭，忽然，附近一段大堤報險。那只好去了，別人沒這個專長啊。等回來，該走的，也都走光了。

水鬼是個隱藏在水下的行當，或許就因為這個，露臉的機會，常常和他們擦肩而過。這就是命吧。

筆者和水鬼開始搭界，是因為家中長輩參加相關工作，與海軍的朋友多有交往，其中有幾位就是水鬼。他們下部隊，人家隆重招待專家，還吃過海軍水鬼專門去撈來的海膽和鮑魚呢，水鬼告訴我們海膽黃還有一個名字，叫做「雲丹」，至今不能證明是不是有這樣一種說法。從旅順帶回來保留了十多年的淡菜，據說也是一位潛水夫朋友的禮物。

但我和他們直接交往很少，到了 80 年代，水鬼們陸續退役，偶有來北京出差的來探望，也是來去匆匆。我雖然對水鬼的生涯頗為欽仰和好奇，畢竟敬而遠之，頂多聽人家說說短刀對鯊魚的驚險，現在想想，誤過了不知多少好東西，頗為遺憾。

直到 90 年代中期，在青島做一個項目，這專案多少有點兒涉及軍方，青島方面有一位相貌平凡，一身便衣的老大，一介紹居然也是水鬼出身，這不由人不驚，當然這時他已經退役了。過後提起家中的幾個老朋友，不料這位老兄肅然起敬，竟然是他們行裡的老前輩，而且有的還頗為傳奇呢。

從那兒以後，我有心收集了一些相關的資料，想著有機會寫點兒他們的故事，包括海軍潛水夫部隊的建立，打撈阿波丸、打撈躍進號、海峽中的水鬼等等，到後來連我自己也被中國水鬼鎮住了。

我所結識的這位水鬼朋友，10 年以後忽然得到他的消息，竟然是在南美某國作一家中國大公司的業務代表。這不禁讓兄弟我心存疑慮，據說部隊對退役人員出國問題管得還是比較嚴的，他老兄怎麼能這麼逍遙？再說，那個國家以毒品著稱，遊擊隊滿天飛，中國公司去那兒有什麼生意可做？

聯繫上以後，有一天得到他老兄發來的照片，圖片顯示出來以後不禁倒吸一口冷氣，只見這位兄弟一身 T 恤笑對鏡頭，身邊一位該國海軍軍官全副戎裝，而身後的海裡，遠遠近近的——竟是一群戴著頭盔的水鬼！再看其他照片上我們這位兄弟頭上的潛水鏡，不惑之年依然凸凹有形的六塊腹肌，我恍然大悟：這位中國人民海軍優秀的退

役潛水軍官出現在那個遙遠的國度，顯然是因為公司有生意要做的原因，而且一定是非常偶然地看到了人家的海軍水鬼訓練，覺得有趣，就更加偶然地合了張影嗎！

但是此人的潛水生涯我沒有更多的傳奇可說，雖然隱約知道他在部隊的時候做過教官之類的職務，倒是他認識的一位元老水鬼教官的事情聽了一些，按照老兄的說法，那是參加過打撈阿波丸的老手，而且，還在打撈中有過相當驚險的經歷。

那麼，我們就從這位老水鬼那兒開始說起吧，如果給他在打撈阿波丸中的事情加個標題，就應該叫做水鬼遇鬼。

直入話題吧，摸清阿波丸的水下位置後，需要派潛水夫進入阿波丸船體進行勘探。大家都知道打撈阿波丸是在平潭海區，對面就是臺灣，所以當時海軍方面很緊張，擔心臺灣方面有所舉動，除了派有護衛艦編隊進行警戒，下水之前潛水夫們也作過多種緊急情況的推演，比如臺灣方面預先在阿波丸上掛了炸藥破壞怎麼辦？預先派了水鬼潛伏其中怎麼辦？同時，由於阿波丸所載日軍 2000 餘人盡數隨船斃命，有船民說此處夜有鬼哭，還對潛水夫作了破除封建迷信的教育。

於是第一個潛水夫下水了，可是剛一進入船體就猛拽信號繩，拉上來以後臉色煞白，語無倫次。半天才說明白，說是一進船體，就有人在他肩頭拍了一下。船上的人都大驚，要知道這個水區只有這一個潛水夫下潛，阿波丸裡面的日本人都死了多少年怎麼會拍人肩膀？

難道真是對面已經有人在裡面了？

說實話這一點 X 教官不太相信，對面的水鬼已經好久沒來示威了，難道……

有人問潛水夫：「是不是沉船的艙壁或者突出的設備碰到了你？」

水鬼道：「不是，我反手打了一拳，打中了是軟的，而且還會躲我的拳頭。」又問：「會不會是什麼大型海洋生物？」但是再問，這位潛水夫也說不出什麼來了。

X 教官一咬牙，不入虎穴焉得虎子，準備潛水裝備，自己下去。

他這次是做好了準備，一下水就把潛水刀拔在手中。他的想法很簡單，管你是人是鬼，反正這兒沒有戰友，你敢拍我肩膀，我就給你一刀。

X 教官是在給學員講授潛水時，對危急情況進行處理的課題時談起打撈阿波丸的，但是說到在阿波丸裡「被人拍肩膀」就下課了，用現在的話說，把坑挖完，他喝水去了。其實，這是為了讓學員加深印象，果然，我那位青島老兄一直記得此事。

進入阿波丸的第一個潛水夫，是上海救撈局的，既然出了事，就決定換海軍的人員先下，X 教官技術好，經驗豐富，而且在部隊打過仗，讓他下水應該說是一個不錯的選擇。X 教官下潛的時候，也是有一定精神準備的，他琢磨過那位拍肩膀的是誰，水下動物，比如鯊魚，或者水母，都有可能造成潛水夫的錯覺，他覺得不太像敵方的潛水夫，因為阿波丸的上面纏繞著大量魚網，幾天來一直在進行清除作業，如果是敵方的潛水夫早就應該嚇跑了，不會在裡面等著的。第一位下水的潛水夫也做這行 7、8 年了，但上海救撈局的船員常在江中行動，對海洋生物不熟悉，這也可能。無論如何不能掉以輕心，X 教官入水後小心翼翼地接近阿波丸。水下的阿波丸實際上已經不是一條完整的沉船，劇烈的爆炸把它從船體前部的 1/3 處扭斷，兩截船體呈 T 字形，艙面朝上躺在 40 公尺深的海床上。也正是因為這個原因，拆除掛在上面的魚網後，從它的斷面上可以輕易地進入船體。

一切安然無恙，除了他自己呼出的氣泡聲，海底世界一片自然，看不出有不正常的地方。阿波丸沉沒的海區水下能見度比較好，後來拍了不少水下照片。就是遊近了那沉船斷裂處的入口處時，顯得有些陰森。

青島老哥告訴過我說從工作角度，潛水夫是很不願意鑽進沉船的，一說是那裡邊「不乾淨」，是真正「水鬼」的墳墓，這假的水鬼去招惹真的水鬼，是不是有點兒不智？一說是沉船裡面確實危險重重。不說裡面可能是海洋生物的老家，沉船本身結構就很不穩定。如果一不留神碰動了某處，沉船就可能大翻身或者垮塌，即便不被砸死，假如給封在裡面也凶多吉少。阿波丸打撈因為急於確定船體內的情況，潛水夫進去屬於迫不得已。

於是，X 教官就選擇了阿波丸貨艙甲板下方的斷口，謹慎地進入了船體——貨艙多半比上面的客艙大一些，管路導線之類的少一些，萬一有事更多迴旋的機會。

一切都很平靜，沒人。

他擰亮頭燈，可以看到阿波丸側舷的朝上一面的舷窗，上面的玻璃已經沒有了，這個艙室因為暴露在外，內部早已空無一物。藝高人膽大，X 教官向前摸索，發現一扇艙門大開，便遊過艙門，進入裡面的一艙。

就在他小心翼翼地穿過艙門，當心著不讓氣瓶被門框碰壞的時候，忽然一道黑影騰起，直朝他的面門撞來。X 教官早有準備，迅速一閃，同時腳蹼一蹬，斜刺向上急速遊開，頭燈下一閃——原來是一條大海鰻，看來是艙裡的老住客了。X 教官鬆了一口氣，身體繼續向上升去，他左手伸到頭上，以免撞到艙頂，右手把潛水刀向外撇開，以免不小心刺破自己的潛水衣。

就在這時，他忽然覺得不對——左手沒有按上艙頂，卻按上了一個軟綿綿的東西，而且一觸手就避開，是另一個潛水夫？還是屍體？X 教官心頭一緊頭皮發炸，與此同時，又不知是誰在他背上一拍。這還得了？他顧不得多想，反手就是一刀！

X 教官的軍事技術絕對不錯，這一刀刺得穩、准、狠，他自信在格鬥訓練中從來刺不出如此出色的一刀。

做夢也想不到的是，那一刀居然被對方「一口咬住」，且不再鬆口。

X 教官猛翻身拔刀，頭燈一閃之下只見對方一身黝黑，尚未看清之時他用力過猛，頭燈撞在艙頂上頓時熄滅。

這時，他感到自己的身邊又多了幾個這樣的傢伙，或撲或撞，紛紛纏上身來。X 教官形容說：「那時候我可真急了，我們的人都是穿黃色、紅色、白色醒目顏色的潛水服，只有那邊的水鬼才穿黑的作掩護呢，我就一個念頭，不能當俘虜啊！」

X 教官的故事給了學員極大的懸念，並且學員們課間破天荒地用了投票方式來進行選擇，看教官到底碰上了什麼怪物——這大概是國內第一次「公投」了，最後「大章魚」高高名列榜首，高出「國民黨水鬼」十多票。不過教官下次上課的時候嘿嘿一笑，把兩個答案都畫掉了。

真正的答案讓人啼笑皆非。

X 教官在水下和怪物搏鬥，最讓他吃驚的一瞬間是一刀刺去竟然被一口咬住，用力一奪，刀沒拔出來那怪物卻跟了上來！這個是章魚一類的動物絕對不會的本事。

這一下嚇得 X 教官丹田發熱幾乎出了洋相，用力一躥，腦袋撞

了艙頂，把掛在頭盔上的頭燈都撞壞掉下來，可見用了多大的彆扭勁兒。不過他畢竟是經驗豐富的老潛水夫，吃驚之下很快就發現周圍的怪物雖然在對他撞擊，但動作很「輕柔」，並沒有要把他置於死地的意思，而且憑他的經驗，這些怪物不像是有生命的東西，像是被他遊動的水流帶過來的。

冷靜下來他再次拔刀，發現那咬住刀的怪物並不反抗卻死不撒嘴，用手一摸，這怪物又硬又軟，也說不清是什麼感覺，想想萬一是個半腐爛的死鬼子，X 教官只覺得牙根發酸。是非之地不可久留，一咬牙，X 教官拖著這個怪物遊出艙門，上浮了。

X 教官說：「要真帶上來個鬼子木乃伊什麼的算我倒楣，要是別的什麼，咱起碼活捉了一個。」

這上浮不能一蹬就上去，40 多公尺呢，那是會得減壓病（潛水夫病）的，X 教官拖著怪物，拉著帶節的通訊繩，升一段，停一停，升一段，停一停，還生怕那怪物突然反噬，緊張得不得了。

還好那怪物老實得很，這段難熬的工夫總算過去了。

到底是什麼東西呢？

上到水面一看，眾人哭笑不得，嚇壞一個潛水夫、害 X 教官一場惡鬥的，居然是——大塊黑色的天然橡膠！

阿波丸上裝載的天然橡膠塊，造汽車輪胎的原料。橡膠這玩意兒當時還沒有人造產品，全部來自南洋的橡膠樹，抗戰時期重慶有「一滴汽油一滴血，一隻輪胎一條命」的說法，極言其珍貴，沒了它飛機不能上天，汽車不能跑路，中國抗戰前期幸虧有老將陳策經營的粵洋走私網，否則鬧不好就會栽到這個東西上。對於戰敗前夕的日本，橡膠屬於珍貴的戰略物資，阿波丸上日本人的私貨，最占地方的就是橡膠和錫錠。

橡膠的比重比水略低，因此阿波丸沉沒後紛紛掙脫束縛向上漂起，有的漂出海面，把美軍皇后魚號潛艇的水兵嚇了一跳，有的則被封在艙內，一封數十年，直到中國潛水夫來打攪它的安寧。被長期浸泡的橡膠近乎零浮力，潛水夫進入船體遊動，引起水流變動，它也隨著水流漂過來，不免和潛水夫「親密接觸」，結果就被人家誤認為水下黑手了。至於 X 教官那一刀，生生地刺入橡膠塊裡，如何拔得出來？

真相大白以後，大家鬆了一口氣，打撈順利進行，日本人的錫錠和橡膠，自然也成了中華人民共和國的財產。

關於阿波丸有著種種神秘的傳說，以之問於潛水夫，他們倒有自己的看法，由於打撈阿波丸是我國潛水界相當經典的一次行動，所以對它比較瞭解的並不在少數。對於這些傳說，潛水夫普遍的看法是誇張居多。

首先，談談所謂的魚雷擊沉陰謀說，有這種看法的主要是一些歷史研究人員，認為阿波丸萬噸巨輪，被 3 枚魚雷就迅速擊沉未免有些可疑，於是引出或者美軍採用了特殊的魚雷來攻擊阿波丸，以達到某種目的，或者日本方面在中雷後啟動了自爆裝置，將阿波丸迅速摧毀，以便掩蓋某種秘密。

從潛水夫的看法，這裡面本來沒有太多神秘的地方。阿波丸之所以被迅速擊沉，看看它的殘體就一目了然。它不是被炸破進水沉沒的，而是在魚雷的攻擊下，從艦橋前端一折兩段，任何一條船在這種破壞之下都難以保持長時間的漂浮的。

那麼，會不會是自爆將其摧毀呢？根據潛水觀察，阿波丸船首、船腹可以辨認出各有一個魚雷破孔，而所有報告都表明它沉沒前中了

3顆魚雷，從間隔看，艦橋前方應該是第3枚魚雷爆炸後的結果。阿波丸的折斷應該是魚雷造成的。

一枚魚雷可以把阿波丸這樣一條大船炸成兩截嗎？當年帶著這個問題，我曾經採訪過在國家專利局工作的船舶專家謝亮先生。謝先生解釋這毫不奇怪，很多人在討論船的時候，都把它當成水面上漂的一根木頭，或者一個實心的物體，或者一個鐵盒子，實際上這都比較外行。船更像一個房子。富麗堂皇的大廈，你只要把它的承重牆和柱子斬斷，它馬上就會崩塌，這是一個結構問題。船和人一樣，有一條縱貫前後的「脊骨」，稱為龍骨，船身的所有重量，最終都要落實在龍骨上。假如把龍骨打斷，再好的船也要一命嗚呼，船體自身的重量就會把它壓斷。

美國在二戰中建造的萬噸自由輪，航行在海面上特別是北太平洋地區的海面經常無緣無故就折斷沉沒，先後自己沉了100多艘。研究結果發現，原來自由輪的長度，恰好等於北太平洋常見大湧浪的波長。這樣，經常就會出現下面兩種現象，或者一個浪的浪頭恰好頂在自由輪中央，它的頭尾則在浪穀出現懸空，兩頭往下墜或者兩個浪頭恰好在自由輪一頭一尾把它舉起來，而中央懸空，兩頭往上翹……如此時間一長，輪船自身的重量反覆正反施壓於龍骨中段，如同我們掰斷一根鐵絲時反覆折彎它一樣，最終自由輪的龍骨吃不消斷掉，自由輪就自己折斷成兩截了。

從阿波丸船體的破壞看，應該是一枚魚雷炸斷了它的龍骨，其沉重的貨物又進一步加快了它的折斷和沉沒，這是一個很正常的過程。還有一點謝先生提醒注意的是，阿波丸是一條很快的船，沒有任何一艘潛艇可以追上它，這一點很值得玩味。在發動機沒有多少花樣可玩的情況下，這只能說明阿波丸或者船體比同噸位的船輕（強度也就比較差），或者船體更細長，這都可以進一步解釋它為何一擊即折。

也許，這裡面根本就沒有秘密。

阿波丸還有一個被稱為神秘的事情，就是據說它帶有大量的黃金，甚至文物，卻沒有被潛水夫找到。固然，阿波丸的部分船體在泥沙之下，因此黃金還可能在那裡，同時，或許這筆黃金根本就不存在，即便它存在，也有可能早就不在船上了。

對此，有潛水夫提供了一些線索，他們進入阿波丸的時候，發現船長室後部的保險箱已經被割開，如果有珍貴物品存在其中，無疑，早已經被人先下手為強了。而潛水夫更在阿波丸的船體內發現帶有英文字母的潛水氣瓶，由此證明至少已經有人先光顧了阿波丸。

從遺棄的潛水氣瓶看，這些先來的「觀光客」更像是一些業餘水準的尋寶潛水夫，可是考慮到阿波丸的位置，業餘潛水夫能夠到達那裡，多少有些不可思議。這件事如果當事人不出來說明，只怕要變成千古之謎了。

關於阿波丸上可能載有北京人頭蓋骨，找到它的希望，應該說微乎其微。阿波丸內曾經打撈上來若干日本乘員的遺骸，其中骨骼殘缺不全的很多，一方面是海洋生物的破壞，另一方面也是溫帶海水的腐蝕，假如北京人頭蓋骨真在其中，則是否還安然無恙是很難說的。

另外，尋寶潛水的人員素質良莠不齊，我國南海沉沒的某寶船是國際考古界公認的珍品之船，國家文物局都不敢動準備留給後代的寶物，潛水盜寶人員為了省錢竟然開動抓鬥打撈船，用一噸重的大抓鬥向沉船處狂抓，希望打撈上來值錢的金銀器皿。結果保存數百年完好無損的珍貴的瓷器大部分被砸碎抓碎，成為國際考古界欲哭無淚的一

大憾事。可以想像如果尋寶人員歷盡辛苦打開阿波丸保險箱，卻撈上來一堆「老骨頭」，其結果將是怎樣的了。

海軍的潛水部隊，大體執行兩個任務：一個是作戰，就是所謂的蛙人（兩棲偵察部隊）專司突擊、破襲，其中以金門炮戰後戰鬥力有一個飛躍，著名的「割頭戰」就是其表現；另一個則是打撈，這一點中國的潛水作業能力甚至在解放前也頗有基礎。談起水鬼，有很多老潛水夫會提到在海峽兩岸之間神秘而又恐怖的「割頭戰」。

所謂割頭戰，實際上是雙方兩棲蛙人部隊進行相互襲擾的一種作戰，但由於其持續時間長而且防不勝防，對前線的官兵來說，比一場短時間的激戰更讓人感到折磨。

關於割頭戰，至今其內容依然並非全然可以公開，給我們能夠看到的，只是一些依稀的影子，比如，在輔助船隻的支援下，50 年代國民黨蛙人的活動範圍，最遠竟然能夠達到山東半島，想想看假如在青島海水浴場突然出現一個國民黨軍蛙人是什麼感覺？而國民黨方面，也曾記載某解放軍蛙人出現在澎湖、馬公國軍船廠前的沙灘上，而且摘了頭盔抽煙，直到岸上警音大作，才從容穿上腳蹼下水離去。

至今，兩棲偵察大隊，依然是解放軍最為精銳的尖刀部隊。

而雙方水下激戰的慘烈，則更不為人知。有一次，我曾經對一位「老撈」談起，說國民黨軍金馬前線有個和割頭戰有關的習俗，絕對不能用臉盆裝排球、籃球這類圓的東西。老撈淡然一笑，說我們不也是一樣？柚子買回來也不能掛在樹杈上。

然而，隨著時間的流逝，這種激烈的襲擾，也漸漸有了一絲浪漫的氣息。

老撈敘述，在廈門海軍基地有一個倉庫，裡頭有橡皮艇、木槳、

100多頂國民黨軍的帽子、10幾件襯衣、帶青天白日標誌的口杯、影集、獎盃，甚至還有帶「馬山連」印記的籃球。

老撈說：「都是我的學生弄來的。」

老撈70年代在海軍擔任過兩棲偵察隊的教官，地點就在廈門，他所在的部隊直到今天，也是大陸海軍「水鬼」中的王牌。

下面這段描述，可算他那個時代典型的一種場面了。

時間：20世紀70年代中期，8、9月間的一個黃昏，地點：馬祖前線。

一個國民黨軍哨兵在海邊哨位上警惕地注視著水面，他非常清楚這個時間段最為危險。因為水面上萬道金光，波光嶙峋，大陸的水鬼如果來偷襲，這是最佳的時段。而且，這個季節，又是大陸水鬼活動最為活躍的時候。老兵講述過的「割頭戰」故事，是金馬前線哨兵永遠的噩夢。

當然，現在已經很少發生誰被割掉腦袋的事情了，畢竟時代已經不同了。

正在他琢磨的時候，離岸數十公尺，金光閃射的水面上突然泛起了古怪的漣漪，國民黨軍哨兵心中不禁一陣緊張——來了，來了！

果然，水面破開，一個古怪的戴著裝具的人頭露出了水面。

共軍水鬼！

這顯然是一個業務還不太熟練的水鬼，只見他把頭露出水面，迷惘地四處張望，好一會兒，才發現了哨位上對他虎視眈眈的國民黨軍哨兵。

兩個人就開始了對視。

國民黨哨兵看看左右無人，馬上按照老兵傳授的方法開始行事：

把自己的軟邊軍帽摘了下來，向水鬼招一招，再特意指一指帽子中心的青天白日徽，然後裡面塞上數塊石頭，一揮手，將軍帽遠遠地拋了過去。

軍帽落在那水鬼的旁邊，水鬼游了兩步，把軍帽接過來，正反看了看，不再有什麼表示，一翻身又鑽進了水裡，腳蹼在水面上閃一下就不見了。

國軍哨兵鬆了一口氣，繼續站崗，海邊風大，吹掉幾頂軍帽實在不是奇怪的事情，何況，這個季節丟軍帽，大家都是心照不宣。

這看似天方夜譚的一幕，卻是當年在金門、馬祖前線經常發生的事情，隨著金馬對峙的降溫和戒嚴的結束，這種「給水鬼丟軍帽」的故事，臺灣的退伍軍人也已經敢大大方方地講出來了，談論中還帶有一絲驚險的炫耀。

這就是所謂臺海割頭戰的最後一幕——砍頭不若風拋帽，「割頭」已經為「拋帽」所代替，臺灣的哨兵很清楚，這來取帽子的大陸水鬼，肯定是駐紮在廈門的海軍兩棲偵察隊應屆學員。

應屆學員？

沒錯，大陸海軍一度解散過海軍陸戰隊，但兩棲偵察隊從來都是「首長手中的一柄利刃」，精兵中的精兵，當時每年都要補充幾十名新血，海軍方面從來沒有忽視過對它的建設。

老撈當時就是兩棲偵察隊的教官，雖然按照他的說法他自己從來沒有去過金門或者馬祖，可是他的部下卻少不了要去。

為什麼？偵察？偷襲？都不是，這都是當年以不講理著稱的福州軍區副司令員皮定均留下的「規矩」——海軍兩棲偵察隊當時的結業科目。

70年代初期，臺灣來的蛙人在大陸沿海基本絕跡。這中間，指揮坐鎮的皮定均司令員功不可沒，而兩棲偵察隊更是他手中對臺灣方面進行報復的一張王牌，所以關心這支隊伍的後備建設就成了皮司令很重視的一件公務。

「照理說，皮司令是陸軍出身，不該管到我們海軍訓練的事，可這個皮司令，從來不講理啊。」

皮定均到海軍視察，大筆一揮，給海軍兩棲偵察隊的結業科目增加了一項——兩棲偵察隊的學員必須從對面弄回一樣東西來，才准予畢業。衣服也可以，裝備也可以，香煙也可以，甚至鞋子襪子也可以，但必須是對面的。對面，就是指金門和馬祖了。

當時大陸水鬼對金馬已經沒有太多正規的任務，大多數時候雙方都比較平靜，但一到8、9月份，金馬方面就異常緊張，因為這是大陸海軍兩棲偵察隊學員每年結業的季節，學員們必須要上金馬這邊弄點兒什麼回去才成，不然不能畢業。

開始的時候因為不知道共軍的目的何在，這種「畢業典禮」鬧得雙方風聲鶴唳，緊張萬分。大陸這邊也對怎麼畢業心裡沒譜，基本是按照割頭戰的常規打法辦事，而成為共軍學員們獵物的，主要是金馬離島駐防的各處陸軍哨所。這種打法共軍很少吃虧，因為「小蛙」後面都有經驗豐富的「老蛙」保駕，若是小蛙失手，老蛙就會上岸弄出更大的動靜來。臺灣方面防不勝防，每當吃虧就會派出蛙人如往常一樣出擊報復。

臺灣的體制比大陸較為鬆散，駐防陸軍管不到蛙人，蛙人是兩棲特戰營，也就是所謂的「海龍蛙兵」，大陸的「水鬼」不會去收拾海龍蛙兵，吃虧的都是陸軍，海龍蛙兵只能幫助陸軍報復，卻無力也無法

為陸軍哨兵提供保護。而海龍蛙兵只要得手，大陸必發動更為慘烈的復仇，吃虧的還是陸軍。

長期下來，臺灣的陸軍弟兄吃不消了——放著好日子不過守荒島，一不留神就掉腦袋，我們招誰惹誰了？

而陸軍弟兄慢慢的也弄明白了，這次共軍「水鬼」和以前來「割頭」的不大一樣，你不惹他，他一般也不會主動惹你，上岸拿點兒東西走就行——不就是點兒東西？犯得著把命賠上嗎？

但是也不能放著共軍水鬼上來亂搬東西啊，真把灶都扛走了對上邊怎麼交待？

於是，發現共軍水鬼扔個軍帽，就成了金馬老兵教給新兵的妙招。這樣，那邊來的有了青天白日帽子可以順利畢業，這邊呢，不過丟了頂軍帽而已，避免了更大的損失，雙方心照不宣，可以相安無事。於是，積少成多，大陸的倉庫裡，才有了那 100 多頂正宗的國民黨軍軍帽。

然而，不知道是誰教了誰，據說國民黨那邊，水鬼訓練後來也搞了這樣一套，不過臺灣的水鬼畢業所需，比大陸這邊顯得要溫和一些——解放軍人多，摸哨太危險，規定的科目是到廈門的大街上轉一圈，弄回點兒憑證來就行。結果，國軍水鬼弄回來最多的，就是在廈門影院看電影的電影票。

直到 1975 年老撈調回北方，「過海拿東西」這個科目始終存在。

按照我的本意，中國水鬼傳奇，還應該寫得更長，不僅僅是很多朋友關心的割頭戰細節，更包括我國潛水裝具的發展，在潛艇發射導彈試驗中的水鬼等等，那都有很多值得寫的內容，有的還是我十分感動的內容——當中國試飛員滑傘在空中為了保留測試的資料，而駕駛著著火的飛機衝向跑道時，中國的潛水夫，在漆黑的海底也做過同樣的事情。無論在天空，還是在水底，在中國人中從來不缺少這樣的漢子，我們形容他們——「站著是根柱，倒下是根梁」。

皮老虎大破「小太子」

如果看福建沿海的兩岸交戰次數，會發現一個奇怪的現象，那就是 50 年代初期國民黨方面在胡璉和胡宗南的指揮下，曾經多次對大陸發動營團甚至師旅級的反擊，徒勞地試圖「反攻大陸」或建立「沿海遊擊根據地」。由於兩岸軍力的差距，這種近乎瘋狂的攻勢自然負多勝少，逐漸走向沉寂。此後大陸主動出擊，發動金門炮戰，圍而不攻，一種說法是試圖誘蔣軍主力於金門圍殲，但百煉成精的蔣介石不為所動。海軍兩棲作戰能力尚未就緒，接著又是 3 年困難時期，大陸方面的攻勢也漸漸停息。雙方的戰鬥在 1962 年出現一個低谷，有記載的國民黨騷擾只有 25 件。

然而，進入 1963 年之後，國民黨特務襲擾驟然增加到 200 件以上，此後這個數字持續多年，不能不讓人感到有幾分奇怪。這個數字的背後，就是蔣家第二代梟雄——蔣經國漸漸崛起的影子。

1963 年和 1964 年之間，為了維持部下對反攻大陸的信心，也為了增強蔣經國執政的資本，蔣介石授命時任「國防部」政治部主任的蔣經國，主持對大陸加強實施特務襲擾作戰。

事實證明，蔣經國絕非紈絝子弟，深知襲擾任務的重要，他認真研究，認為傳統對大陸進行攻擊的做法作用不大，徒然損失自己的力量。他的打法很簡單，就是小股襲擾，撈一把就走，目標包括大陸的

哨所、政府機關、港口設施，甚至漁民漁船，不一定有戰略的價值，但就是要給大陸沿海製造恐怖氣氛，使大陸方面寢食難安。用現在的說法，蔣經國是一個準恐怖分子。他利用國防部軍情局，連續發動了多次犀利的小股襲擾作戰，蔣經國講：「小股襲擾不管失敗多少次，也一定要搞下去，要造成中共防不勝防！」

蔣經國親自過問各項計畫和協調各軍種的配合，具體的襲擊任務，則交給軍統老特務，當時負責軍情局的葉翔之執行。

國軍方面的招數花樣百出。在蔣經國的要求下，國民黨海軍出動中字型大小登陸艦，在海上建立「浮動基地」，搶劫從山東到福建沿海的大陸漁船，還將漁民拉上軍艦，參加「救國大學」、「反攻大學」的學習，既可以破壞大陸漁業生產，又能使參加過國民黨「學習班」的漁民返回後，被列入另冊而促使大陸內部產生矛盾。

在美國的幫助下，國民黨海軍還針對大陸海軍護衛艇及雷達站的作戰特點和參數，建立更小、更快、更隱蔽的專用襲擾舟艇，如「海狼艇」、「M 膠舟」、「塑膠掛機筏子」等，以小對小、以快對快的實行襲擊。

蔣經國大力充實和整訓兩棲突擊部隊，特別是水下突擊部隊，增強潛水蛙人對大陸的襲擾能力，甚至極力購買、開發可以用於水下襲擊的袖珍潛艇（作者按：經過多年努力，終於從義大利購入可進行水下襲擊的海昌小型潛艇，但因為性能不佳最終未能投入實戰）。國民黨軍駐紮金門的兩棲突擊營（海龍蛙兵）成為臺灣方面「割頭戰」的主力。

大陸方面在最初的交手中，因為猝不及防，吃過幾次虧，但是在當時的福州軍區司令員皮定均的指揮下，很快就緩過勁來，國民黨襲擾部隊的日子馬上不好過起來。

曾有這樣一個戰例。

1964 年初，東海艦隊的護衛艇奉命出擊，在福建南部沿海搜索雷達發現的一支國民黨襲擾部隊。夜暗風高，沒有月光，護衛艇從晚上10 時開始搜索，巴掌大的海區經過 7 個小時反覆梳篦，始終無法發現目標。然而，岸上指揮所就是不發解除作戰的命令。

這就表示，皮司令的雷達屏上，目標還在活動！

那就只好繼續搜索了。

又經過 40 分鐘的搜索，終於發現目標，1 分鐘結束戰鬥，活捉國民黨軍蛙人 4 名。

四名蛙人屬於臺軍「海龍蛙兵」，每次護衛艇駛近他們便跳入水中潛伏，因為大陸護衛艇反覆搜索，不肯離去，時間太長氧氣耗盡，等戰鬥真正開始，已經無法潛水逃走了。

為什麼無法發現呢？原來，國民黨軍使用的舟艇，是一艘掛機塑膠筏子，因為他們襲擾的目標超過了蛙人的活動半徑，所以蛙人乘筏子靠近大陸，然後再潛水出發。行進時人員站在筏子上，船體就沉入水下，護衛艇幹舷高，如果不是湊巧「驚」了對方，即便就在艇側，也很難發現。這塑膠筏子在雷達屏上的反射僅僅如同一列海鷗。

其實，臺灣方面發動小股襲擾戰鬥的時候，大陸的雷達曾經長期無法報出信號而被笑話為「睜眼瞎子」，皮司令親自乘小艇從海上接近雷達站，給雷達當陪練找目標，結果小艇都開到雷達鼻子底下了，雷達兵還沒發現。

不是雷達兵不用心，是非金屬的小艇反射痕跡太過微弱，實在不好分辨。最後，還是空軍幫了忙。空軍說，也不能說是我們幫的，這

裡面還有日本人的事兒呢。

福建沿海的雷達兵水準在當時的中國可謂首屈一指。這些雷達兵的水準最後達到了怎樣的境界呢？按照福州軍區的 1965 年正式資料顯示，「為防止國民黨武裝特務騷擾，福建沿海發現敵情後，通知民兵在岸防部隊組織下，於海岸伏擊待機的規定，但鑒於國民黨軍歷年的水面滲透無一不在海上遠方就被發現並截擊，這樣的伏擊已經沒有意義，因此建議對其取消，以避免影響生產。能夠在遠處就發現襲擾艇隻，雷達功不可沒。」這套火眼金睛的本領，來歷頗為有趣。

事情應該從皮定均親自配合雷達站試驗搜索小型偷襲目標開始。這個實驗結果大家已經知道了，皮司令都摸到雷達站牆角了，上面的雷達兵還在手忙腳亂的找呢。仔細查下來，對於微小非金屬目標，雷達也不是完全沒反應，但信號太微弱，用肉眼在雷達一轉之下就發現它實在太難。這是科學，多高的熱情也沒辦法，皮司令很鬱悶。

於是，軍區開會的時候，皮司令就把這件事說了，讓部下們想主意。要是像現在電影中看的那樣，會議室裡兩排椅子一張地圖，首長進來啪一聲集體立正，在這樣嚴肅緊張的環境裡面，上頭兒向下邊要辦法肯定夠嗆。但皮定均開會不是這個場面。

在解放軍中，皮定均這個人作風獨特，他脾氣急躁，雷厲風行，有「皮老虎」之稱，常常下達一些理論上勢若登天的命令，部下們雖各個呲牙咧嘴，但還是就愣愣的把事給辦成了。這並不是皮老虎有什麼特異功能，而是因為他有一套和部下打成一片的本事，因此對他們有充分的認識，他懂得誰還有潛力沒挖出來，甚至比其本人還清楚，於是關鍵時刻，重重當頭一棒，便每有奇效。

皮定均開會充分顯示他這種特色，他帶兵軍紀極嚴，後來他調任蘭州軍區司令員，第一條就是機關人員出操訓練，親自出馬，直訓得一幫機關兵是垃圾。但皮司令和他手下的三軍諸侯開會，那就換了一副形象。開會的時候大員們盤腿而坐，一盒煙轉圈散了，吞雲吐霧開始就直奔主題，誰做什麼、誰怎麼做當場拍板，然後大家起來，把煙屁股一掐拍拍自己的屁股走人。

據說皮司令開會有三大特點：第一是有事才開，有用的人才來，不搞列席，人數少而精；第二是開會時間短，來了就事論事，當場要出結果；第三是會隨處可開，不擇地點。因此，皮司令雖然開會不少，並不讓人厭煩。不過也得說，這套手段還非他玩不可，福州軍區面對海峽，各路諸侯多半都是頭上長角之徒，唯獨對皮定均沒一個不服，那是他旅中原突圍震驚國共雙方軍界的威名，那是二十四軍在三八線打出來的威風，誰敢對皮老虎耍花招啊？

話說這次散會，要掐煙屁股的時候，皮老虎把雷達這事兒說了，讓大夥兒琢磨琢磨。這下邊聽了就有人表示，雷達不好該找X機部啊，讓他們攻關。雷達當時算是高科技，這話說得不錯，大夥兒都明白這不能指望太高，因為這種高科技的東西發展週期長，我們總不能和蔣經國說：「您等我們有了新雷達再玩兒吧。」皮司令說：「我就是讓你們回去琢磨琢磨，就手裡這點兒東西玩不出花樣來？」

這可就是老八路的傳統了，當年有一支著名的「攻城八路」——冀中十八團，善於攻堅。土匪孟克臣投日，被冀中十八團和保滿支隊解決，其餘逃進日軍據守的大清橋據點。十八團一圍3天，日軍和土匪奮力頑抗，兩方的槍法都極準，沒有重武器根本打不進去，鬼子不叫援軍，在炮樓頂上對著八路叫囂，氣焰十分囂張。

有人提出來向呂正操司令要炮去，當時的一個副團長，作戰經驗

豐富，也如是說——就手裡這點兒東西玩不出花樣來？

於是，土八路開會，開完會，第 2 天就做了邪惡的事。

怎麼個邪惡法？

大清橋據點地勢較低，當時正逢夏季河流漲水，八路掘開了滹沱河河堤，水灌大清橋據點。

日軍對此早有意識，只是覺得地勢相差不大，八路掘堤也最多淹炮樓的底層，大清橋據點是四層大炮樓子，根本不怕，反而可以提供更多水源。所以雖然看到八路上了河堤，也沒有加以阻止。

要說日軍的想法也有道理，可他也不想想，低估中國人的智慧是什麼後果？

於是，2 天以後八路半夜掘堤，河水漫灌，把據點周圍變成了一個淺淺的死水窪。早晨，據點的日軍起床就聞到一股奇異的味道，而且立刻發現這味道對食欲絕對的不是良性刺激。

哪兒來的惡劣味道呢？就是那流過來的河水。

河水，本來是沒有味道的，但是這 2 天八路同志們可沒閒著，在廣大人民群眾的支持下，從附近各村收集來的大量糞尿統統倒進了堤壩的缺口，水一沖，這些黃白之物自然就直奔炮樓周圍而去……

八路等了整整一天，鬼子都沒上樓頂叫囂。

這果真是個方法。

此後的幾天，受到鼓勵的八路不斷鞏固成果，更在其中加入死貓死狗等物，時值盛夏，用現在的話說，空氣對流強烈，氣味「宜人」。遠遠望去，蚊蚋橫生，酷日如焚之下那黃色的死水窪曬得冒泡，炮樓周圍隱隱有輕煙繚繞。大清橋據點的守軍飲食俱廢，紛紛染疫，不要說上樓示威，連站崗的都出不來了。

沒辦法，在惡臭和疾病的裡外夾攻（作者按：後來知道守軍中多染惡痢）之下，守到第10天日軍和土匪偽軍冒死突圍。

據說戰後新華社想讓十八團的戰士站到炮樓上，拍一張《十八團勝利攻克大清橋據點》的照片，十八團上下就是不配合，只說：「等天冷了以後再說吧。」

雖然跑了題，卻可以看出這支軍隊的東方式智慧。不過，據我所知，這一仗，遠不是這樣輕鬆。

日軍和偽軍殺出那一片令人恐怖的黃色沼澤就進了十八團的包圍圈。那一仗，日軍就跑了一個小隊長、一個翻譯。是這個翻譯把受傷的日軍小隊長扮成中國人，利用八路軍的政策逃脫的。這支偽軍的指揮官孟克臣不久被鎮壓。日本戰敗的時候，別的漢奸多被老百姓打死，這個翻譯被感恩戴德的日軍小隊長帶到了東洋兵庫縣，在那兒入了日本籍隱姓埋名地生活了下來，一待就是50多年。2000年，我和這個風燭殘年的人相遇，並曾深為這個叫做武田「日本人」的熱情和親華所感動，直到他告訴我這段歷史。

武田在醫院裡給我講過和十八團那一戰。當日軍和偽軍冒著冷槍行軍，壓縮隊形翻上一座山丘的時候，當先的日軍尖兵忽然目瞪口呆。

幾百名八路軍戰士，就在山坡的反斜面靜靜地排成陣型，鴉雀無聲地等待著他們。武田講十八團不是「土八路」，那是八路軍的主力團——精銳。

從山坡上望下去，八路軍戰士38式步槍上裝好的刺刀，仿佛白色的樹林，在陽光下閃著寒光，卻一動不動。一時坡上坡下靜得可以聽到人的心跳，武田形容當時心中是「血液凝固」般的冰冷。

或許八路軍指揮員等的就是這一刻，只聽一聲「殺！」排成陣型

的八路軍的戰士頓時像崩開的河堤一樣吶喊著猛撲上來，勢不可擋。這個情節有幾點可以強調：第一，武田覺得從看到八路軍到肉搏開始，幾乎沒有任何時間停頓，日軍根本來不及反應，這或許是距離很近，或者是武田當時過於緊張，忽略了時間；第二，八路軍肉搏前先開了一排槍，日軍的小隊長指揮官就是被這一排槍打中，倒了下去；第三，武田形容八路軍的那一聲「殺」兇狠淒厲，令人膽寒。因為他模仿這個「殺」，把醫院的護士小姐都招來了。

周圍都是慘叫聲和咒罵聲。戰鬥激烈而短暫，7、8個八路軍戰士圍著一個日軍的拼刺持續不了幾分鐘，幸好八路軍衝鋒的時候就有人在喊——「老鄉，繳槍」、「中國人不打中國人」、「偽軍繳槍不殺，往兩邊跑」這樣的口號，偽軍們要麼跪地投降，要麼扔下槍逃走。武田（作者按：我不知道他中文的姓）滾到一邊的草叢中，發現那個受傷的小隊長也摔倒在離他很近的地方，因為他平時和這個小隊長「交情」好，武田爬過去把小隊長的日軍軍服脫掉，背著他逃走。

那一仗，日軍就活了這小隊長一個，傷好後被解職進了預備役。

冀中十八團。

能打硬仗的冀中十八團！

幽燕子弟的冀中十八團！

那個時候我們的祖宗，不但有智慧，更有骨頭。

武田說：「我也是河北人呢，咱們是老鄉。」武田請我給他找些中國的錄影帶和畫報來，他說他老了，很想回國。武田請我給他打聽打聽，現在回中國，還會不會被追究呢？

我告訴他，巧了，我家的一個親戚，承德軍分區後勤部的朱智海部長，原來就是十八團的敵工幹事，我給你問問他。武田說太好了，問問他願意不願意交我這個朋友。

我問了朱部長，他還記得這場戰鬥，他說，鬼子頑強得很，那一仗冀中十八團陣亡了13個人，有一個戰士的腸子被挑出來還刺殺了一個日本軍曹，當天晚上沒有搶救過來。

聽到武田想交朋友的話，電話裡，有一段沉默，我想像著這個老八路清瘦的面孔，猜測著，他肯定是吊著眼仁，一邊嘴角微微翹起的那個樣子。每次他想問題用心的時候都是這個表情。

末了，朱部長回話了，他沒回應武田要交朋友這件事，只是問：「他想要看國內的片子？好吧，我給他寄一套《八路軍》去。」武田在2006年夏天病死於日本尼崎市立醫院，最終，也沒有回去。

言歸正傳。雖然中國人有的是因陋就簡的智慧，然而，這種智慧這次卻沒有發揮出來。皮司令也沒指望當場能有誰想出辦法，只是想讓這些加在一起打了好幾百年仗的傢伙們開動腦筋想一想。

有一位臨要走的時候說，要是有七俠五義裡面的俠客就好了，俠客嗎，半夜裡看什麼都跟白天似的，那還怕分辨不了？大家就都笑，有個四方面軍出來的將軍說，四方面軍以前有個夜老虎團，要說夜襲咱們可以算祖宗，可也就是利用星月之光，加上經驗豐富罷了，這是兩回事。

哎，空軍的司令員忽然站住了，說等等，東北老航校的日本教官說過，他們有一套專門提高視力的訓練方法，用這個辦法，日本海軍在太平洋把美國人治得挺狠。

他說的東北老航校就是東北民主聯軍航空學校，1946年成立於通化，是人民空軍的搖籃，其中的教官，都是侵華日本航空兵中的俘虜。

他這樣一說，皮司令來了興趣，說：「你留一下，我們再談談。」

這位司令員只不過是隨口一說，卻不知道他所說的正觸及到二戰中一個重要的謎團。第二次世界大戰太平洋戰場上，日軍在科技方面不及盟軍，特別是雷達技術上，所以美軍對於作戰中的遠距離探測能力頗為自信。但是，如前面所說，在1942年8月9日的薩沃島海戰，日軍卻給了美軍一次沉重的打擊。三川編隊利用暗夜深入美軍巡邏水域，用魚雷和重炮突然襲擊毫無準備的美軍編隊，接連擊沉4艘重型巡洋艦，並全身而退。三川進入的灣口是美軍重點警戒地域，專門配備有裝置SC型搜索雷達的塔爾伯特號驅逐艦警戒，但日軍居然在雷達搜索範圍外，用肉眼於夜暗中首先發現美艦，從而避開了塔爾伯特號，在返回時還不忘來戲弄一下這隻瞎貓，從來路撤退時，一個齊射就把塔爾伯特號打成了撕開的罐頭盒。

此戰後日軍又在幾次夜戰中顯示了極強的搜索能力和準確的射擊技術。因為日軍當時艦上根本就沒有雷達，美軍對日軍這種「特異功能」莫名其妙，這就是認為日軍長了「貓眼」的來由。

按照日本航校教官的說法，看來這個貓眼並不是天生，而是可以訓練出來的。那麼假如給中國的雷達兵配上這樣一副貓眼，皮司令的麻煩不是就迎刃而解了嗎？

談過之後才明白，這件事還真是比較麻煩，當時中日政府間經過協調，已經安排東北老航校的日本教官於1954年和1958年，分兩批返回了日本。這時候要想抓個日本航空專家問問他們的貓眼是怎麼回事，還真不容易。

還好，根據日本教官的話判斷，這套貓眼的本事不僅僅是日軍飛行員有，日本陸軍的夜襲部隊、海軍的夜戰部隊都有訓練。各地的日本俘虜在中國還大大的有，於是上到功德林，下到隱於民間的日本

「殘留邦人」，統統遭到了福州軍區調查人員的「掃蕩」。

戰敗改造的日本兵的武士道精神早就去了爪哇國，因此十分配合。因為任務重要，又逢上個皮定均這樣雷公一樣的上級——有哪個調查人員敢給皮老虎挖坑？不到半個月報告就做出了兩大本，關於日軍的夜戰訓練的資料豐富而詳實。

皮定均皺著眉頭聽彙報，吃山椒、吃胡蘿蔔、吃鰻魚飯——按專家分析這都是補充維生素A和維生素D，蠻有道理的。訓練期間白天只在有紅光照明的室內封閉生活……老皮就有點兒不耐煩，就這兩下子，也不怎麼新鮮嗎。

彙報的參謀是跟老皮多年的，俗話說物以類聚，老皮是老虎，他手下的參謀個個也是渾身是消息兒，膽大手黑之徒。看司令員這個架勢就明白他不愛聽了，這位乾脆把文件一合，說：「司令員，這都得做，可是也不新鮮，鬼子的竅門，我看了看，歸結起來，就是兩個字兒。這兩個字兒練會了就成。」

嗯？皮定均來興趣了：「哪兩個字？」

這兩個字說出來真是誰也難以相信。原來參謀說的兩個字是——「斜眼」。

當然，不是我們誰一斜眼都能視力倍增，那屬於天方夜譚，沒有訓練，想斜眼斜好都不容易呢，鬧不好大家以為您在拋媚眼。可這位參謀的總結水準極佳，日軍夜戰的超常視力用「斜眼」這兩個字解釋是惟妙惟肖。

日本自古有忍者之術，在一些武俠小說中這種功夫被誇張得神乎其神，其實忍者無非是日本後世偵察兵的鼻祖而已。但日本人在「忍術」上面下的功夫的確很深，其中，有一項特別的發現就是在夜間視

物方面的突破。日本忍者發現，經過訓練的側視比直視在夜間的辨認能力更強。現代醫學證明，這一發現具有科學依據。因為人能夠識別物體，要依靠視網膜上的感光細胞。奇怪的是肉眼在弱光環境下能夠感光的細胞，在瞳孔中央部位卻遠不如其周圍多。

說到這個奇怪現象的原因，竟然可以追溯到古生物時代。現存最原始的靈長類是馬達加斯加島上的狐猴，現代類人猿和人類都是由和它類似的原始靈長類進化而來。狐猴有兩隻大眼睛，缺乏進攻能力，為了防禦敵害，它發展成了一種夜行性動物，其性晝伏夜出，能夠從生存競爭中掙扎出來沒有絕滅，一雙夜眼居功甚高。因此，人類祖先的夜視能力應該遠比現代類人猿優越。然而，現代人類的視覺卻主要依靠視網膜中央的感光細胞來實現，這可能是人類進化過程中，隨著自身地位的變化，逐漸轉為晝行性動物，因此其身體也為了避免強光對眼睛造成損傷而發生了變化。

視網膜周圍的大量感光細胞，應該屬於人類進化留下的遺跡，就像耳朵周圍的肌肉一樣。我們看到兔子可以把耳朵轉來轉去會覺得很有趣，其實人耳周圍依然殘存可以帶動耳朵的肌肉組織，只是沒了用處，不再用它罷了。如果進行針對性的訓練，每個人都可以把自己的耳朵動來動去的──當然動是肯定的，不過要達到兔子的水準，恐怕還是不容易。

人體類似的進化遺跡還有手指間退化的蹼、眉間的松果體、肚子裡的盲腸等，只不過都沒有這些感光細胞那樣有用罷了。

日本古代的忍者，就是通過對使用視網膜周邊感光細胞的訓練，實現適應夜暗環境的。而這套訓練法被日本軍隊使用，就成就了所謂的「貓眼」傳說。當然，習慣使用視網膜中央的普通人，要使用周邊的細胞，就要「斜眼」了。

以上的說法，是姬路大學土屋龍太先生給我解釋的。至於日本海軍乃至皮司令採用貓眼訓練法培養夜戰高手的時候有沒有這套理論，就不太清楚了。

估計皮司令沒有閒心琢磨動物園裡的猴子之間都有什麼不同吧。

這套「斜眼」訓練法，被福建沿海的雷達兵所掌握，並且效果顯著。其在雷達屏上捕捉目標的能力，得到了很大提升，給國民黨方面的襲擾，造成了極大的不利。國軍那邊吃了幾次苦頭還不斷地派人來，說什麼也不相信「土共」的雷達比美國人的還先進。

但是一批一批肉包子一去不回頭，慢慢的，還是聞出點兒不對來，最後國民黨方面得出了結論——肯定是蘇聯人和土八路藕斷絲連，送來的什麼新式武器！這個通報給了美國人，差點兒對老美判斷越南形勢造成災難性的影響——美方當時認為蘇中在唱雙簧的疑慮多得很。但是雷達兵看見了國民黨襲擾小艇，真能打到又費了皮老虎一番周折。有朋友談60年代臺灣特務滲透的往事，還提到一種國民黨軍自製的滲透武器，叫「竹筏子」。

聽海軍方面的老潛水夫講，還真有這麼個玩意兒，掛機，下面拖一個水雷，上面是「水鬼」。不過，這東西並不是竹子做的，而是用塑膠管做的。海軍東海艦隊的護衛艇大隊抓過一個，還俘虜了4個水鬼。

抓住以後樂得不行，一面打報告一面往回拖。

到碼頭一瞅，皮定均司令親自來看——一個竹筏子，才抓了4個特務，比什麼崇武以東海戰、奇襲大金一號之類的戰果沒法比，怎麼會驚動了皮老虎？

抓這個東西不容易啊！這玩意兒吃水極淺，到處能走到處能藏，專門夜間行動，雷達反射率和反射面積都極小，簡直賽過海上土八路，雷達上難瞄，瞄到了艦艇也難搜。臺灣水鬼在左營「做報告」，說看到八路的護衛艇就往下一趴，等八路走了再直腰，來來回回幾十公尺就是發現不了，逍遙得很。沒抓住之前這邊怎麼也琢磨不出來這是個什麼東西，就有人給起外號，管這個東西叫「海上小妖」。當時還有一個「空中小妖」，就是美國來的無人駕駛偵察機，也是目標小、不好打的邪門傢伙。

國軍的水鬼逍遙了，就有人該倒楣了。

誰呀？東海艦隊。

那時候福州前指是海陸空聯合指揮，皮老虎皮定均負主要責任，不管你穿什麼衣服，只要是兵到我這兒一視同仁，該給的絕對不卡，該打的也絕不客氣——一切為了勝利。

可也真是上下一心，這一方面是解放軍的組織形式決定的，另一方面是皮老虎從中原到朝鮮縱橫5000里打出來的威風，哪個諸侯不服試試。

這一手，就夠三大戰役裡「精誠團結」的國軍將軍們汗顏。

所以，幾次那邊滲透過來，這邊怎麼都抓不到，皮老虎發飆就屬於很正常的事情了，大會、小會東海艦隊沒少被點名。穿海軍服的那幾天頗有些羞見同袍。

有一回東海艦隊陶司令過福州列席會議——皮司令的會議極為簡單，三軍要員坐八仙桌一圈散煙的形式，要國軍看見得笑皮總匪氣。說到「海上小妖」，皮司令又發火，問海軍：「幹什麼吃的，老子我坐雷達站盯著，你們2條艇搜了2鐘頭，愣把目標給跟丟了，你給我說說什麼道理？」海軍就解釋。

這時候，皮司令讓警衛員拿藥來，著水配吃了，接著聽。這本來沒陶司令什麼事兒，他已經把這邊的船交給皮老虎了，鐵路員警各管一段。陶司令好奇，問警衛員：「皮司令吃的什麼藥。」警衛員說：「胃藥。」陶司令說：「靠。」氣得皮老虎吃胃藥，能不氣嗎。

陶司令就把海軍的上下叫來，又訓一頓，說明白，人家雷達能找到，你們就愣看不見？下次再有情況，你跟到馬公去，也不許收兵——這是個比喻，真跟到澎湖去，那就是政策問題了。不然，就脫衣服等著轉業吧。

沒幾天，那邊又出來了。這回海軍可是下本錢了，4 條護衛艇出動，梳篦子似的在雷達指定的海區搜啊。問題是技術上的事情，不是光有精神就能解決的，護衛艇打永昌永泰那是以小搏大，等對付這玩意兒，就成了牛攆兔子——這目標太小啊。

於是，2 個鐘頭、3 個鐘頭、4 個鐘頭。

人家還是看到八路的護衛艇就往下一趴，等八路走了再直腰，來來回回幾十公尺內，那邊就是發現不了，逍遙得很。

海上指揮員報告——「再跟，油要沒了！」岸上命令——「雷達目標沒有消失，繼續！」

這回海軍是真急了，那只好跟吧。這還真就逮著了。不是找不到目標嗎，怎麼能抓到呢？

這一切竟然是和沒油了有關係。原來這樣搜索過來搜索過去，漸漸的各艇油都開始吃緊，其中一艘艇前一天出過任務，油沒加足，4 個小時以後，油櫃就快見底兒了。在海上待過的都知道，這油櫃底部的油，多少有些雜質，結果，發動機突然出了故障——雜質吸入發動機後，發動機吃不消，突然冒起黑煙來，而且發出巨大的聲響。

沒想到，就在機械兵忙著排故障的時候，艇尾一側水面，忽然劃出一道白色的航跡——特務船！4個鐘頭一無所獲的水兵們馬上找到了目標，歡呼之下，4艇合圍，1分鐘結束戰鬥，活捉了4個臺灣特工。其實這跟站在刑場上等槍斃一樣的局面，他們也不是傻子，根本就沒反抗。

上來一問才明白——原來這種搜索對雙方來說都是艱巨的心理考驗，老看著人家的炮艇在自己身邊溜達來溜達去的，其實誰還能逍遙？4個鐘頭，這邊快急瘋了，那邊也到了心理崩潰的邊緣——要是土八路折騰到天亮怎麼辦？

就在這時，那條出故障的護衛艇忽然冒出黑煙，發出奇怪的巨響，因為距離太近，緊張的特務以為自己被發現了，或者土八路有什麼怪招，驚惶失措之下匆忙開動發動機試圖逃跑，結果反而暴露了目標。從航速來說，跑，這麼個玩意兒肯定是跑不過護衛艇的，臺灣特務也是嚇昏了頭。

就這樣，海軍出乎意料地撿了個二等功回來。

皮老虎對著拖回來的「竹筏子」，上上下下看了半天，敲了敲說：「就這麼個破玩意兒？這麼個『竹筏子』？」

皮定均是安徽人，老家竹子很多，先入為主管這玩意兒叫「竹筏子」，以後發現其實它的材料是兩頭封裝的塑膠管，浮力比竹子大，而且更加輕便結實，但也不再有人糾正——皮司令說了是竹筏子，那就是竹筏子，哪怕它是鋼管造的呢？

這算是皮老虎的「家長制作風」一例吧，不知道「文革」的時候有沒有人為這個糾他的軍閥習氣。

不過，有了第一次勝利，「竹筏子」從此在福建沿海就威風不再了——原來收拾不了，是因為對它不瞭解，不知是何方神聖，既然知道了就是個「竹筏子」，土八路那有的是辦法。

弄清海上小妖是什麼東西，出招的就是諸葛亮了。縮短2艘護衛艇的搜索間距，中間拉上漁網，不怕撈不上來它。發動群眾，搜索的時候護衛艇作骨，民兵的機帆船作面，來一個海上大傘。都是針對「竹筏子」航速慢，自衛能力弱的缺點去的，很有針對性。

不過，海軍都沒有採納。人家採用了更「專業」的做法——雷達不是發現目標了嗎？一到海區護衛艇就扔一排深水炸彈，**轟轟轟**！然後問雷達：「還有目標嗎？」還有，再扔一排，**轟轟轟**！「還有嗎？」還有，那就再扔一排，**轟轟轟**。

臺灣沒有潛艇可用，海軍正好利用這機會練習反潛，一舉兩得。

不過，那邊很快就不再給解放軍這種練習機會，「竹筏子」一看見八路的護衛艇，往往就搶先打手電聯絡，生怕這邊發現晚了，以後，就不來了。

不過，經過這樣折騰了一陣以後，兩岸之間的襲擾，就漸漸平靜下來了。

首次三軍協同登陸戰

1955年，蔣介石給一江山島守備司令王生明授勳，王生明死後入祀臺北的忠烈祠，當然現在臺灣的高層頗有人說這忠烈祠裡的人沒一個和臺灣有關係，不知王生明地下聽了感受如何。

原國民黨海軍少將鐘漢波將軍回憶，1954年11月2日，國民黨海軍護航炮艦永定號接到一條命令，艦長鐘漢波奉命從大陳轉送一位

「重要人物」前往一江山島。

國民黨軍大陳防衛總司令劉廉一親往送行，這個重要人物，就是在5、60年代聞名臺灣的國民黨軍一江山防衛司令，國軍英雄——王生明。

1955年1月19日，國軍少將王生明在一江山陣亡，鐘漢波送他去一江山的時候，他的生命只剩77天。

鐘漢波，國民黨海軍少將，黃埔1937年班出身，在國民黨海軍中屬於「儒將」一流，不但善戰，而且善寫，他在大陳戰役中擔任國民黨海軍永定艦中校艦長，可謂這一戰役的親身經歷者。以後在臺灣陸續擔任國民黨海軍登陸艦隊參謀長、海軍官校副校長等職務，著有《海峽動盪的歲月》等書，記錄了若干海上作戰的內容，也包括一江山戰役的歷程。這些50年前的資料，無疑帶有深刻的時代烙印和歷史價值。

其實王生明去一江山的時候，就知道自己肯定要戰死在一江山上。1954年蔣經國欽點這位胡宗南的愛將調任一江山地區司令，就是知道他確有「死守」的能力，也有「死守」的決心。

一江山不能不守，丟了一江山，就丟了大陳。如果王生明都守不住一江山，國民黨軍中，就沒有人能夠守住它了。

今天，臺灣知道王生明的人已經不太多，連用他的名字在高雄命名的「王生明路」，也已經被重新命名為「鳳頂路」。

一江山登陸戰，是大陳戰役的核心戰鬥，因陸柱國所書《踏平東海萬頃浪》一書而聞名海內。不過這本書給大家印象最深刻的，還是偵察科長雷震霖與現代花木蘭高山的愛情故事——傳統的解放軍陸軍形象。實際上，這是一場袖珍的諾曼第之戰。在這次惡戰中，解放軍一反「木船打軍艦」的傳統，在大陳列島和國民黨軍展開了一場完全現代化的殊死戰鬥，空軍出動了轟炸機部隊和殲擊機部隊，海軍出動了魚雷艇大隊和兩棲登陸大隊，甚至罕見地出動了大型戰艦和國民黨軍爭奪制空權、制海權，陸軍登陸部隊也不再是小米加步槍，動用了從無後坐力炮到火焰噴射器的新式武器。

這一仗，解放軍勝得並不容易，從政治意義上說，這是一場令人痛心的同胞之間的戰爭；從軍事意義上，兩岸同樣優秀的職業軍人鬥智鬥勇，都展現了自己出色的軍事才華，可謂攻得兇狠，守得頑強。此戰的細節直到今天，仍然讓人感慨不已。

一江山登陸作戰的結果，左右了大陳戰役的結果，失守一江山的國民黨軍，被迫撤出浙東列島。但是，這一戰後，國民黨獲得了美國方面更為有力的支援，可說也有所得。

今天一江山登陸戰的資料，主要是解放軍方面的材料，但是，這個戰役，在海峽對岸的記錄中，又是怎樣的情狀呢？那些在一江山被解放軍消滅的國民黨軍人，又是抱著怎樣的人生心態進入陣地的呢？這方面的文字，還是比較少的。

在送王生明前往一江山的那一天，劉廉一等國民黨高級將領在永定艦官艙為王生明送行。劉廉一說：「只要志誠兄（王生明字志誠）能守到天亮，我就去和你同死！」

劉廉一的說法是有一定含義的。因為解放軍在一江山之前的歷次登陸戰役，由於採用木船打軍艦的偷襲模式，沒有制空權和制海權，都是夜間奇襲，而國民黨軍隊普遍夜戰能力較差，往往一遭夜襲就全軍崩潰。如果解放軍夜間進攻一江山，王生明守不到天亮，大陳的國民黨軍沒有能力去增援，因此有「守到天亮」的說法。

但真正的一江山登陸戰，卻是在白天打的。這是解放軍第一次發動白天的登陸作戰，不是偷襲，而是全面奪取制空、制海權後的強攻！

王生明的守軍，確實苦苦支撐到了第二天天亮。王生明真正的戰死時間，不是他和大陳通話的 1 月 18 日下午，而是 19 日的清晨。解放軍截獲的電報顯示，王生明在 18 日下午 203 高地失守的時候自殺，攻佔指揮部的解放軍發現了「王生明」的屍體。然而，這具屍體後來被判明，是代替王生明指揮核心工事防禦作戰的另一個國民黨高級軍官，一江山防衛司令部政訓主任孫剛埔。第二天清晨，一江山國民黨軍最後有組織的防衛陣地 90 高地秘密地堡失守，王生明在此處用手榴彈自殺身亡。

問題是，守到天亮，就有援軍嗎？

聽到這段話，鐘漢波和周圍的海軍軍官暗吸一口冷氣。海軍是一個比較迷信的兵種，劉廉一不提我去給你解圍，卻說我去和你同死，似乎反映了這位將軍內心深處對此戰結果的預卜，不免讓海軍官兵有些不祥的感覺。

王生明卻渾如未覺，說道：「守一天，我叫臺灣振作；守兩天，我讓共匪喪膽；守三天，我讓白宮翻過來。」

送行之後，永定艦起航，當夜到達一江山。因為一江山在大陸炮火覆蓋範圍之內，永定艦不敢開燈，岸上也不敢發信號。鐘漢波操艦技術高超，滅燈行駛，用舢板送王生明上岸。王生明隨後讓人送來母雞一隻，感謝海軍弟兄。

現在看海峽兩岸的情況，一隻母雞送禮都有些拿不出手，可那個時候卻是難得的好東西。國民黨當時在大陸沿岸佔據不少島嶼，這些島嶼的守軍和駐防在那裡的海軍官兵，補給上呈現一種畸形的狀況。

據國民黨海軍官兵回憶，50年代到福建沿海的白犬島上去吃陸軍請的客，駐防官兵的宿舍極為簡陋，軍服不整，但食物卻極為豐盛，美國通過情報機關「西方公司」援助的牛肉罐頭可以隨便吃，雖然有些罐頭早已過期。

問題是，沒有蔬菜鮮肉等新鮮的食物，這個是西方公司無法援助的，牛肉雖然好吃，但天天吃罐頭，沒有蔬菜，也無異於一種折磨。臺灣曾有新聞照片，顯示離島守軍「在共軍的炮火下種菜」，大家都明白，狗咬人不是新聞，人咬狗才算新聞。

而這「種菜」的新聞，也就被當成大新聞一樣播報。陸軍如此，海軍也是一樣，永定艦當時已經在大陳駐紮半年，這樣新鮮的雞肉，也無異於鳳毛麟角。

鐘漢波艦長沒有捨得自己吃，把雞肉絞成肉糜，燉了雞粥和全艦官兵一起來吃。

這不是和解放軍的官兵平等一樣了嗎？要說，國民黨在大陸潰敗後，能夠在臺灣站住腳跟，靠美國人的支持是一方面，能夠作些反省也是很重要的。陳誠在臺灣推行土改，軍隊的風氣也多少有了些「勵精圖治」的改觀，原因也很簡單——再退，就只能退到太平洋裡去了。

鐘漢波將軍對此是深有體會的，二戰結束，鐘漢波以少校聯絡官身份飛赴東京，奉命銷毀日軍建立的甲午戰爭勝利紀念碑。1947年，鐘漢波將軍以二戰中被日軍擄去的海關緝私艦飛星號押運兩艦鐵錨、錨鏈和炮彈回國，一雪甲午之恥。當時，還有若干甲午遺物留存在日本，比如鎮遠鐵錨、定遠舵輪和裝甲板等，等待運回中國，但是，回國的鐘漢波卻再也沒有接到赴日的命令。海軍上層當時爭權奪利，早

把國家的尊嚴忘得一乾二淨。

更令人切齒的是，鐘漢波運回國的 300 尋定遠錨鏈，竟被海軍總司令部的人員作為廢鐵偷偷賣掉賺錢！海軍名宿曾國晟在鐵匠鋪偶然見到這批錨鏈，問明原委，長歎一聲，就此投共。

300 尋錨鏈才能賣多少錢？國民黨當時的腐敗，就到了這種令人髮指的境地。

以這種狀態，國民黨不丟掉大陸，那是沒有天理了。

攻打一江山的解放軍海軍中，有一支裝備了奇特的重炮的火力掩護船隊，它們是用登陸艇改造的輕型船隻，卻可以從海上發射兇猛的火力，在攻佔一江山的戰鬥中，發揮了巨大的作用。雖然船小炮大，卻射擊準確、行動穩定，這就是原國民黨海軍辰溪水雷廠廠長曾國晟的傑作。

一江山不是在岸基射擊範圍之內嗎？為什麼還要用這些海上的火力支援艦呢？

因為指揮一江山作戰的解放軍將領，正是解放軍中人稱「智多星」的張愛萍將軍。他深知在任何戰爭中，出其不意，都是極為重要的軍事手段。

提出打一江山，就是這種智慧的體現，打一江山的主要突擊方向，選擇從海門礁登陸，也是這種智慧的體現，而登陸海門礁，就要用到曾記的火力支援艦。

打一江山，似乎是一個得不償失的選擇。

一江山，是國民黨大陳防禦體系中最硬的一塊骨頭。它南北最寬 700 公尺，東西最長 1200 公尺，由南、北兩個小島構成，沒有居民和淡水溪流，中間間隔一條 100 多公尺寬的水道。北一江山稍大，是國民黨軍主力所在地，駐守國民黨反共突擊隊第四大隊全部，主要據點為 203 高地、180 高地、中山村。南一江山稍小，主要據點解放村，駐守反共突擊第二大隊一個中隊，總兵力 700 餘人。另有工事構築人員、政戰人員、女慰勞人員等共計約 300 人，皆可投入戰鬥。

該島周圍當時完全沒有港灣，四面皆是陡壁，只有很少的幾片沙灘可以登陸，且皆在國民黨軍火力控制之下。

這是一塊難啃的硬骨頭，且島嶼雖小，但是打下來，恐怕傷亡也不會小。解放軍籌畫大陳戰役的時候，起初準備打更大但防範較弱的南麂山、披山、魚山等島嶼。可是張愛萍力排眾議，決心打下一江山。

原因何在？原因在於大陳列島的地理結構。

如果從天空中看大陳列島，如同一朵綻開的蓮花，南麂山、披山、魚山等島嶼，就像蓮花的花瓣，層層拱衛著上下大陳。打，可以占到便宜，但不能給大陳國民黨守軍造成根本的動搖。

但一江山，正是這朵蓮花的花蕊！而且從它上面，肉眼就可以眺望大陳島。拿下了一江山，就如同一拳打在大陳防衛的心臟上！

從某種意義上說，一江山之戰，不但是一個袖珍的諾曼第，而且是一個袖珍的孟良崮，張愛萍就是要從敵軍的防禦鏈中，深入虎穴，挑出最強的來打！

這種戰略意圖，解放軍認為國民黨軍很難猜透。而戰術上選擇在海門礁登陸，更是解放軍靈活戰術的體現。

海門礁，沒有灘頭，岸邊只有寬不過 5、6 公尺的沙灘，部隊登陸後無法發展，上面就是懸崖峭壁，而且隱蔽在南北一江山之間。大陸方面炮火無法直瞄，這是一個任何登陸專家都不會選擇的地方。

解放軍偏偏選了它，這就是出其不意。

解放軍的思路是——對這個「死地」，國民黨軍一定殊少防備，而登陸部隊是一支經過特殊訓練的銳旅，一旦上陸，便立即攀岩而上！

用爬山的方法打海戰，是解放軍的發明。更重要的理由是，這裡後面就是懸崖，島上的國民黨軍炮兵無法直接打到登陸艇隊，如果越懸崖而打吊射，命中率和閉著眼睛開槍打鳥兒差不多。即便國民黨方面有所準備，在那裡部署一點部隊，但單靠機關槍和手榴彈也根本打不穿解放軍頂盔貫甲的登陸艇。

然而，國民黨方面的智慧，超過了預期。

他們不但預料到了解放軍攻擊的目標是一江山，而且，雖然沒有認定這裡是解放軍主攻目標，王生明還是本著不留防禦死角的認真勁兒，在海門礁方向，作了相當嚴密的部署。

他曾經指著地圖說：「如果共軍在海門礁登陸，那麼他們上岸踩的第一個地方，就是我地堡的機關槍口！」

原來，海門礁前那 5、6 公尺的狹窄灘頭，隱藏著國民黨軍一排密集的暗堡！更沒有想到的是，王生明也想到了海門礁無法受到炮火支持的弱點，他在那裡部署了一批秘密武器，目標，正是解放軍的登陸艇！

士隔三日，當刮目相看。

在一江山之戰前，國共兩軍在這個海域的作戰，一直沒有停息過，其主力，則是海軍和空軍。

國民黨海軍方面，對於浙東沿海的海戰多持消極態度，原因是這一仗從 1954 年開始，斷斷續續打了將近一年，其間國民黨海軍損失慘重，艦艇受損固然不少，未受損的艦艇也疲於奔命。在海峽兩岸的戰史上，這可以算做一個節點，在這一戰之前，國民黨海軍眼裡基本上看不到人民海軍的存在，這一戰之後，國民黨海軍再也不敢小看這個年輕，但是充滿朝氣的對手。

套用蒙哥馬利那句「阿拉曼之前我們不知道勝利」，也許國民黨應該說「一江山之前我們不知道土八路會打海戰」。

以鐘漢波的永定艦為例，該艦在50年代初可謂橫行華東沿海。

永定艦，是美國1947年贈送國民黨的8艘可欽級掃雷艦之一，排水量640噸，裝備100公釐炮2門，40公釐炮4門，20公釐炮3門，這個級別的掃雷艦美國二戰期間建造很多，也經常作為巡邏炮艦使用，二戰後成了「剩餘物資」，大量贈送給「友好政權」使用，包括日本自衛隊也曾經大量使用這級軍艦。

就是這樣一級幾百噸的小軍艦，解放軍在建國初期因為沒有海軍，故幾乎拿它沒辦法。1949年10月，國民黨軍撤守舟山。一艘合彰號登陸艇因為機件故障漂流到已經解放的鎮海甬江口擱淺，艦上1000多名國民黨陸軍大嘩，要求艦長豎白旗投降，海軍因為沒怎麼和共軍交過手，初生之犢不畏虎不肯降了共軍。這時候永定艦急急趕來，一面開炮掩護，一面拖帶合彰號逃走。解放軍因為沒有軍艦，無法從海上攔截，只好徒呼奈何。

但是到了浙東作戰，情況就完全不同了，1954年5月16日，鐘漢波的永定艦和沱江艦、寶應艦、渠江艦組成的國民黨巡邏編隊，在一江山東南遭到數艘人民海軍大中型戰艦（艦名不詳）的截擊，經過炮戰，雙方脫離。這之前，3月18日和4月27日，人民海軍戰艦也曾多次主動攻擊國民黨軍巡邏艦艇。

這幾次戰鬥持續時間不長，由於雙方都缺少攻擊對方戰艦的炮術訓練而戰果不佳，但是已經夠讓國民黨海軍驚訝的了。第一：共產黨

也會打海戰了；第二：人民海軍出動了大型艦艇，讓國民黨方面心理上受到震撼，感到這一仗解放軍志在必得。

讓國民黨海軍感到難受的是，大陳島是一個漁業島，根本沒有工業設施，居民除了打魚就打麻將、抽大煙，一旦艦艇受損或者機件故障，解放軍可以就近修理，國民黨軍艦卻要開回臺灣基隆修復，這未免太不公平。海軍中有人哀歎不被打死也會跑死。為了解決這個問題，國民黨海軍把一艘坦克登陸艦「中權號」改造為修理艦，重新命名為「衡山號」，變成了停泊在大陳的活動修理廠，勉強可以解決部分問題。

修理廠可以放在海上，機場可不行，國民黨海軍沒有航空母艦，浙東國民黨軍最大的問題，就是大陳島上沒有機場，現代戰爭條件下，沒有空軍掩護的海軍艦艇，大概都有赤裸裸的感覺。

國民黨海軍最初對於解放軍的空軍是不害怕的，解放軍空軍開始的幾次轟炸給大陳地區國民黨陸軍帶來一些損失，但對能跑的軍艦這樣的活動目標就很頭痛，國民黨海軍曾經諷刺共軍飛行員連水天線也分不清。

這裡面鐘漢波看得更遠，他認為解放軍善於學習，被解放軍掌握了天空，海軍是沒有甜頭吃的。

鐘漢波和一般國民黨海軍軍官不同，他出身空軍，而且戰後到日本接收賠償艦艇，親眼看到日本軍港中被盟軍飛機摧毀的大小戰艦，對於制空權的認識比其他人敏感得多。

11 月 2 日，永定號送王生明上一江山，3 日，國民黨海軍永春號炮艦，在偵查頭門山的行動中被解放軍岸炮擊中負傷，海軍方面為了報復，命令永定號出擊，再次炮擊頭門山。

11月4日，鐘漢波率永定艦在永嘉艦掩護下靠近頭門山到5000公尺進行炮擊，解放軍未予還擊。

11月5日，永定艦再次靠近頭門山，這一次接近到1500公尺才進行炮擊。

解放軍突然還擊，第一炮就命中永定艦主桅，艦橋上的人員多被彈片擊中，艦長鐘漢波僅以身免。事後查明，解放軍炮兵在頭門山埋伏了一個由4門130公釐岸防炮組成的重炮連，目的就是誘國民黨海軍艦艇自投羅網。

永定艦最大的炮只有100公釐，解放軍的戰術可謂知彼知己。

永定艦連中數彈，好在它水密性能不錯，而且裝甲薄，解放軍使用的穿甲彈將它貫通卻沒有爆炸，該艦帶重傷駛回大陳，經緊急搶修後因負傷太重，不得不開回臺灣修理。鐘漢波艦長自己沒有負傷，比他的前任齊鴻章艦長幸運多了。在齊鴻章從永定艦艦長任上，調任當時在廣東萬山群島據守的第三艦隊司令，官運很不錯，但是卻在那裡被解放軍桂山號編隊夜襲，打斷了一條臂膀。

值得一提的是，國共雙方在海峽較量，解放軍打永字型大小積累了不少經驗教訓，後來在抵抗外國侵略的戰場上起到了作用。1974年，西沙海戰爆發，解放軍南海艦隊官兵以弱敵強，乾淨俐落的把越南海軍怒濤號炮艦送入了海底。這艘怒濤號，就是和永字型大小完全相同的美國可欽級出身，所以解放軍對它的火力死角、結構特點十分熟悉，所以中國海軍打起來當然得心應手了。

解放軍空軍大顯神威的日子，是1955年1月10日。那一天，聶鳳智指揮解放軍空軍轟炸機部隊利用海面大風、國民黨軍戒備鬆懈的時機，大編隊出擊奇襲大陳，一舉擊沉中權號坦克登陸艦（作者按：

老中權艦改裝為衡山號修理艦後，國民黨海軍將另一艘202號坦克登陸艦重新命名為中權艦，結果，新老中權艦一起挨炸），重創衡山號修理艦和太和號驅逐艦。負傷最重的是太和號，腰部幾乎被剖開，幸好它正停靠在衡山號側面，衡山號雖然中了三發炸彈，修理的能力還有，緊急搶修後太和號出逃臺灣。

國民黨海軍當時的主力艦號稱「四大金剛」，形容其最新最好的4艘美製太字型大小驅逐艦，這就是太平、太康、太昭、太和（以後又增加了太倉等艦），加上1954年11月被解放軍魚雷艇擊沉的太平號，四大金剛在大陳折了一個半，損失實在太大了。

這次轟炸後，國民黨艦艇白天再也不敢在大陳島停靠，更不要說前出到一江山作戰，一江山的制空權和制海權都落入解放軍之手。

誰都知道解放軍下一步，就是要登陸了。

向哪裡登陸呢？

共產黨要打一江山，這個判斷是1953年下半年，胡宗南離開大陳的時候最初提到的。

胡宗南離開大陳，是因為1953年6月24日，解放軍聲東擊西，激戰一天拿下了積穀山島。從積穀山解放軍的炮彈已經可以打到大陳本島。支持國民黨軍在浙東作戰的美國西方公司，認為國民黨軍已經無法守住大陳，倉皇撤逃。失去了支持的胡宗南，被蔣介石調回臺灣。送行時，胡宗南對部下講到，積穀山是大陳的南大門，一江山是大陳的北大門。丟了這兩扇大門，大陳就守不住了。說完，意猶未盡地加了一句：「共軍一定會打一江山！」

根據資訊，解放軍攻擊一江山前，曾有嚴重的情報洩密問題，使國民黨軍對一江山的防禦給予了特別的重視。這個觀點我無從證實，據我所瞭解，國民黨軍意識到解放軍很快要打一江山，是因為雙方一次極小的戰鬥，這就是擂鼓礁遭遇戰。這一戰，國民黨海軍也有份。

擂鼓礁，是一江山近海小得不能再小的一塊礁石，漲潮的時候面積不足 100 平方公尺，亂石嶙峋，還有水下岩洞，便於隱蔽。1954 年 10 月下旬，國民黨海軍永修艦上的幾個國民黨水兵，奉命在夜間送 2 名「諜報員」上岸活動。

天將破曉的時候，這幾名水兵用舢板滑向擂鼓礁，悄然上岸，卻發現礁的另一面已經有 2 名共軍偵察員在活動！這幾個國民黨兵也算膽大，未假思索就依仗人多，用摸哨的方式突然襲擊這 2 名解放軍。

最初戰果不錯，2 名解放軍偵察員措手不及被俘，但國民黨兵還沒有高興 2 分鐘，從另一側礁石下忽然遭到猛烈射擊——原來，解放軍偵察員是帶有掩護人員的。雙方短促交火，戰鬥中一名國民黨諜報員被打死，另一人被俘，水兵們不善陸戰，倉皇上舢板逃走，2 名解放軍偵察員自然也「完璧歸趙」了。

這是一場很小的戰鬥，幾乎同時解放軍猛烈炮擊一江山。永修艦水兵帶回的消息稱，在那 2 名解放軍偵察兵的身邊，有高倍望遠鏡，有一江山地形圖，還有鉛筆等物。

國民黨方面判斷，這次炮擊乃是引誘一江山守軍還擊，共軍偵察小隊希望藉此清查一江山上的火力點！那麼，很明顯這是為登陸戰做準備了。

國民黨大陳防衛司令劉廉一被解放軍打昏了頭，張愛萍在總攻一江山之前曾經派出空軍騷擾性轟炸漁山，南麂山國民黨軍陣地，劉廉一就急急忙忙向各島撒胡椒麵一樣派出了援軍。

但王生明堅信共軍的目標就是自己。

在王生明的督促下，一江山的國民黨軍在防禦上可謂盡了最大的努力，儲糧儲水，每個戰鬥兵都保證 2 ～ 3 件武器，203 高地的核心陣地是在石壁中掏空鑿成，外面被覆鋼筋水泥，號稱無人可以攻陷。即便如此，王生明深知自己兵力不足，又利用兩大法寶試圖加強防衛，一是在島上層層佈置鐵絲網，一是盡全力埋設地雷，借助地雷的力量彌補人員無法封鎖的地區。一江山的地雷密度達到了令人吃驚的地步。

值得一提的是，我相信共產黨方面肯定是拿到了王生明的佈防圖（至少是草圖），所以，解放軍在攻擊上明顯採取了針鋒相對的手段，使王生明的地雷陣完全失去了作用。另一個旁證是解放軍參加過一江山戰役的耆宿，曾經娓娓而談，國民黨軍的三道戰壕怎樣相互掩護，子母堡一共多少個，火炮的部署如何……戰後一江山都成了一片焦土，他從哪兒分析出來的很令人可疑。

王生明在島嶼周圍佈置了少量水下障礙物，卻沒有佈置水雷，國民黨軍考慮解放軍如果採用帆船登陸，吃水很淺，水雷的作用不大。

國民黨軍沒想到的是，張愛萍這一次不是用帆船，而是用武裝到牙齒的登陸艇來打一江山，其總數足有 70 餘艘。

70 餘艘美製登陸艇！張愛萍家裡不是美國華僑，他哪兒來的這麼多美國登陸艇呢？

都是拜國民黨海軍之賜。解放軍登陸一江山，使用的主要是美製坦克登陸艇 LCU、機械化登陸艇 LCM 和人員登陸艇 LCVP，它們都是二戰後期建造的優秀登陸艇，美軍吸取太平洋戰爭早期登陸艇和兩棲車在日軍輕武器打擊下損失慘重的教訓，新型登陸艇只注重防禦並採用三台發動機以增強其生命力。

解放軍哪兒弄到如此多的美製登陸艇？一個重要來源是 1946 年 7

月 16 日美國國會通過五一二法案，贈送中國 271 艘剩餘艦艇，其中多有登陸艦艇，共分為中、美、聯、合四大系列，中字型大小是大型坦克登陸艦，美字型大小和聯字型大小是輕型登陸艦，其他的各型登陸艇，國民黨海軍稱為「合字型大小」。因為國民黨海軍當時正在大肆排擠閩系，新任海軍司令桂永清根本不懂海軍，甚至暈船合格的海軍人員極為缺乏，合字型大小這種小軍艦就有些管不過來了，有些乾脆糊裡糊塗地流入了民間各個航運公司。即便是留作軍用的，從大陸撤退時，也有很大一部分登陸艇無人管理，輕易被解放軍繳獲，還有被各個航運公司接收作為民用的艇隻，此時也被解放軍重新徵用投入戰鬥。

這不怪國民黨海軍，國民黨海軍官兵回憶從大陸逃臺的時候，海軍人才匱乏到極點，只有領頭的艦長一個人會使用六分儀，其他艦長的本領只是跟上前面的船走。

儘管被解放軍這樣多的美製登陸艇打得措手不及，這些「增強防禦」的登陸艇，仍然被一江山守軍打癱了好幾艘。戰後，解放軍專門派出炮艇，拖帶這些在一江山登陸戰中損毀的登陸艇返回修理。

1955 年 1 月 18 日，解放軍出動轟炸機 400 架次大舉轟炸一江山，隨後就是猛烈的炮火打擊，幾個小時之內，小小的一江山落下重炮彈一萬多發（國民黨稱 4.2 萬發），島上國民黨軍有線通信全部被炸斷，大陳指揮部只能呼通 203 高地王生明的總部，國民黨守軍表面陣地被摧毀，傷亡慘重，隨後，解放軍 70 艘登陸艇組成的登陸勁旅數千精兵，分四路直撲一江山。

最關鍵的，當然是海門礁一路！登陸一江山，戰鬥最為激烈的兩個登陸點：一個是樂清礁，一個是海門礁。

樂清礁的戰鬥是強攻。因為樂清礁正在一江山國民黨軍核心工事

所在的主峰——203 高地的下方，距離不足 200 公尺，對於沒有迴旋餘地的小島來說，拿下了樂清礁，203 高地就唾手可得，一江山，也就沒有懸念了。

所以雙方在這個方面都投入了重兵，國民黨方面深知此地之重要，不得不守，共產黨方面則是打蛇打七寸，專找硬釘子來拔。

這個拔釘子作戰打得並不順利。

在一江山防衛司令王生明的親自指揮下，國民黨軍在這個方面打得十分頑強。解放軍原來認為，猛烈的炮擊應該已經將國民黨軍工事基本摧毀，等到戰鬥開始，才發現炮擊和轟炸的效果並不十分理想。

國民黨軍的佈防儘管基本在解放軍的掌握之中，但是其工事的堅固程度超出了預期，永備工事以鋼筋混凝土澆築，上面橫豎交叉四層枕木，再覆蓋沙袋，半地下配置，目標很小，除非直接命中極難摧毀。這樣的工事環島三層，層層環護。對一江山守軍來說唯一的問題是一江山完全由岩石構成，難以向下挖掘坑道。這個困難，和孟良崮上的張靈甫差不多。

另一個問題是第一批炮彈爆炸後，加上空軍轟炸，島上煙霧彌漫，能見度很低，影響了後續射擊的準確度。而島上的國民黨軍多有戰鬥經驗，遭到炮擊時都能較有效地進行避炮。因此，儘管炮火看起來很兇猛，其實效果並不是很好，解放軍的傷亡中，一半在雙方步兵短兵相接前發生，主要是在水際灘頭，而國民黨這個階段的傷亡不到 1/3。

炮火的真正價值，在於徹底破壞了島上由鐵絲網構成的障礙，同時打斷了國民黨軍各部之間的通信聯絡，王生明能夠指揮得動的，只剩下 203 高地周圍的數百守軍。

因此，在解放軍登陸艇登陸樂清礁的時候，國民黨軍實力尚存，居高臨下，給強攻樂清礁的解放軍造成了相當大的傷亡。激戰良久，解放軍只奪取樂清礁下方的一帶狹長地帶，寬度不過 20 多公尺，國民黨軍地堡的機關槍射口開得極低，幾乎沒有射擊死角。

有朋友說，此戰參戰部隊在激戰中看到海水逐漸從渾黃變為赤紅，大概說的就是強攻樂清礁的戰鬥。

一江山的工事構造，曾經得到一位善於防守的將軍指點。

這位，就是當時國民黨「浙江省政府主席」，被毛澤東稱為「白蘭地」的鐘松。

鐘松，黃埔二期高材生，蔣介石嫡系，在胡宗南軍中與劉勘齊名，和董釗這種「大班長」不同，屬於真正比較能打的將領，「八一三事變 」就是鐘松的 61 師率先打響對日軍進攻的第一槍，此後，鐘松在抗戰中有多次精彩的防禦戰戰例。1947 年，鐘松整編第 36 師在沙家店遭到彭德懷一野的猛攻，毛澤東認為鐘松的戰鬥力應該在白酒和葡萄酒之間，算作「白蘭地」。不過這次作戰彭德懷著法犀利，不顧兵家常法，側路側水硬拼鐘松，善於防守的鐘松只打了 2 個小時就全軍覆沒，副師長朱俠被打死，鐘松隻身逃走。

一江山的防禦證明，鐘松組織防守是有一套的，碰上彭德懷，大概和趙括碰上了白起般的無可奈何。而一江山下的海水，就這樣被鮮血染成了紅色。

1938 年鐘松在武漢會戰中曾以同樣出色的防禦組織讓日軍嘗到過苦頭，史載：「中央軍鐘松大戰黎集，史水為赤。」

同樣是血染紅了水，黎玉璽集的鮮血讓中國人為之振奮，一江山下的鮮血呢？

中國人之間因為信仰不同的相殘，無論軍事上面多麼出色，也讓人感到無限的傷感。

對於國共之間的屢次血戰，臺灣方面的歷史愛好者往往有兩種看法：第一種，就是大談共產黨搞人海戰術，國軍機關槍手殺到手軟，只好投降。這顯然是有點兒失去了邏輯，問題是頗有不少臺灣朋友一本正經地講這些話，這些人往往還受過良好的教育，這就不是可笑，而是讓人毛骨悚然了；第二種觀點，是以王生明的兒子王應雲為代表。幾十年後，他和原一江山守軍之一的陳學連一起訪問過一江山。看過雙方在令人頭暈目眩的絕壁上的鏖戰遺跡後，他說道：「兩邊都帶種。」

王應雲所看的那個懸崖，我推測，很有可能就是王生明葬身的 90 高地，戰鬥打響 3 個小時之後，王生明看到 203 高地失守已成定局，退守到這裡等待大陳的援軍。

從樂清礁強攻 203 高地，3 個小時應該是拿不下 203 高地的，以 203 高地到海邊的三道防線，國民黨守軍自稱能守 3 個月。

3 個月是多少有些誇張了，太平洋戰爭中日軍要塞塔拉瓦比一江山堅固多了，日軍聲稱：「美國人用 100 萬大兵，100 年也拿不下塔拉瓦。」結果，戰鬥只打了 4 天。

樂清礁的戰鬥，最大限度地拖住了國民黨軍的有生力量。解放軍在海門礁的登陸，給了一江山致命的一擊。

樂清礁和海門礁的登陸攻擊，大概如同張愛萍的左拳右拳，誰來實施致命一擊看實戰的進展。一江山造型如同一隻啞鈴，203 高地是一個錘頭，190 高地是另一個錘頭，海門礁就在 190 高地下方。

樂清礁和海門礁都是陡峭的山崖，完全不符合登陸戰「搶灘」的打法，但是對一江山來說，解放軍的攻擊方向無疑是正確的，一江山灘頭狹小，地雷密佈，國民黨軍反覆試射，如果選擇在那裡登陸，無異於自殺。

但是，樂清礁的傾斜度是40度，而海門礁，達到了70度！解放軍就是從這裡硬攀上了一江山。

一江山失守後，臺灣海軍中有人說臺灣的防禦任務要增加一倍。這是一句氣話，不過並不是沒有道理。

臺灣的東部海岸也正和一江山相似，從南到北連綿的高達800英尺的峭壁，當時東部除了花蓮以外，幾乎沒有稍大的港口，所以國民黨退到臺灣，佈防只對西面平原地帶，東部是作為天然屏障，無須設防的。

共軍既然連樂清礁海門礁這樣的地方都能攀上來，臺東方向怎能不設防？

這當然是氣話，當時的土八路，還沒有能夠在臺東發動攻勢的海軍實力。

王生明的佈防，是按照不留死角的原則，但歸總的來說，對於這種「絕地」，佈防的兵力顯然要少一些。

對海門礁的突擊開始後，國民黨守軍開炮還擊，但眾寡懸殊，很快被壓制，登陸艇隊已經進入海門礁峭壁掩護下的死角。海門礁下的國民黨軍暗堡開火，解放軍在登陸艇上用沙袋壘成工事，以機關槍對射，雙方不斷有人中彈，距離再急劇縮短。

距離到150公尺，王生明的秘密武器開火了，只見首當其衝的幾艘登陸艇接連中彈，紛紛起火或失去控制。衝在最前面的212艇連中數彈，駕駛台也被擊中，炮彈擊穿艇長於延增面前的鋼制防盾，於艇

長雙腿都被打斷，緊跟在後面的 214 艇被國民黨軍的炮彈像開罐頭一樣，從艦首一直打穿到艇尾，全艇 55 人還沒有登陸，竟已造成 50 人傷亡！

王生明的秘密武器就是戰車防禦炮。解放軍登陸一江山，使用的登陸艇可以攜帶戰車，但解放軍還沒有闊氣到這個地步，一江山之戰，登陸部隊全部是步兵。國民黨軍的戰車防禦炮不是打戰車，而是打登陸艇。用戰車防禦炮打登陸艇，是王生明的傑作。戰車防禦炮，本來是步兵用來打坦克的武器，雖然不能連發，而且口徑小，炮彈爆炸力有限，但是射擊準確，穿甲能力強，還有隨處可以發射的優點，用來打登陸艇確實是好武器。登陸艇的前門可以擋住重機關槍的槍彈，在戰防炮面前卻和紙糊的沒有區別。戰前，王生明把一個戰車防禦炮排放在海門礁峭壁的岩洞裡，給在這裡登陸的解放軍突擊隊造成了重大傷亡。

不得不承認，上個世紀中葉的解放軍，是當時最富有創造力和最剽悍的軍隊。在國民黨軍的彈雨面前，解放軍做出了驚人之舉，他們在各艇紛紛中彈的情況下，一面用艦上的火器還擊，一面不顧一切的向前衝刺，國民黨兵驚訝地看到「共軍」踉踉蹌蹌的在彈雨中把充作掩體的沙袋拋入大海，以便減輕船頭的重量，強行搶灘。在國民黨軍灘頭暗堡的猛烈射擊中，不斷有解放軍戰士中彈落海，但各艘登陸艇還是強行衝到了島邊。

對於登陸來說，礁也有比灘好的地方，那就是灘頭水位較深，登陸艇可以一直頂到岸邊。但是國民黨軍的暗堡機關槍射孔開得極低，打起來幾乎沒有死角，封鎖了所有登陸艇的大門，雖然解放軍搶灘成功，卻無法衝出艇體，與此同時，戰防炮還在繼續給登陸艇造成傷亡。

令人意想不到的場面出現了，灘頭的國民黨官兵驚訝的發現，從解放軍的登陸艇上，同時伸出了根根2、30公尺長的竹竿，竹竿頭上綁著的炸藥包導火線都在冒著不祥的黑煙！

炸藥包一直捅到國民黨軍暗堡的機關槍射口或者戰防炮工事裡引爆！這就是解放軍破壞國民黨軍灘頭障礙的特殊武器。

解放軍參戰的戰士回憶，當時登陸艇一靠岸就頂在國民黨軍的機關槍巢上，國民黨軍地堡的上蓋已經被炮彈打掉，解放軍居高臨下，從艇上向地堡裡面投擲手榴彈，國民黨軍士兵抓起手榴彈向回扔，無一發落空，但國民黨軍畢竟驚懼交加，擲回的手榴彈紛紛落入水中，沒有一發扔到登陸艇的甲板上。此後，艇上把一根根捆紮炸藥包的竹竿塞進地堡引爆，一切遂歸於沉寂。

解放軍登陸了，果然如王生明所說，落地就踩在了國民黨軍地堡的機關槍射口上，只是，這時候國民黨軍的地堡，已經不再射擊了。

灘頭，一向是登陸戰犧牲最大的地方，一江山也不例外。

無論用戰防炮打登陸艇，還是用竹竿挑炸藥包炸碉堡，雙方軍人都體現了中國人在軍事方面的出色才能。王生明沒能守住海門礁灘頭，不能說他不夠聰明或者勇敢，而是他手中的牌，畢竟沒有張愛萍的多，也沒有張愛萍的好。

被突破的國民黨軍官兵並不肯就此認輸，雙方短兵相接的戰鬥，如同兩塊鋼鐵的猛烈碰撞。當戰爭的智慧用過之後，留給雙方戰士的，就只有硬碰硬的惡鬥了。

至少王生明當時並不是太緊張，他是做好了在島上「有一堡，守一堡；有一壕，守一壕」的決心，就算解放軍突破，他也準備來一個破褲子纏腿，纏住解放軍，撐到第二天天亮，大陳的援軍就到了。

但是解放軍接下來的戰術動作，讓王生明變了顏色。

王生明是一個值得一寫的國民黨陸軍將領。

應該說，張愛萍沒有小看王生明和他的部下，開戰之前他給參戰部隊有過警告：打一江山要準備付出沉重的代價。

張愛萍沒有錯，一江山戰鬥後的總結表明，這是一個類似於太平洋戰爭硫磺島戰役的結果，國民黨守軍被擊斃 592 人，俘虜 550 人（含傷患），考慮到守軍中約有 300 名非戰鬥部隊人員，這一仗王生明部守軍基本非死即傷（在解放戰爭中，國民黨軍傷亡和投降被俘比例基本是 1：10）解放軍傷亡 1417 人，總數超過了守軍，這在當時是極為罕見的情況。

從戰役角度，解放軍以 1000 餘人的傷亡拿下一江山，國民黨在大陳的 3 萬守軍落荒而逃，大陳列島就此易手，這是一個輝煌的勝利。

但是從戰術層面，國民黨幾十萬大軍在大陸兵敗如山倒，王生明何許人也，其部下又是何許人也？竟能於解放軍橫掃千軍如卷席的狂濤中，全無怯戰之態，打出這樣一場慘烈的惡戰？

在國民黨軍中，像王生明這樣能打的實在不多。

1927 年，廣東革命政府出師北伐，一路勢如破竹，其中，南京之戰，是對軍閥孫傳芳的關鍵之戰。孫傳芳以白俄雇傭軍和北伐軍反覆爭奪要隘雨花臺，北伐軍傷亡慘重，乃以擔任預備隊的學兵隊投入戰鬥，經一晝夜血戰終於攻佔這座要塞。這一戰學兵隊中有一個 17 歲的班長敢戰先登，生俘白俄雇傭軍 2 名。此人，就是王生明。

王生明，湖南祁陽人，湘軍世家，據守一江山的時候，年 44 歲，軍中生涯居然近 30 年。雨花臺之役後升任四十軍少尉排長，旋即在中原大戰中立功升任中尉，此後參加對蘇區的圍剿，在紅軍損失最大的廣昌戰役中負傷後進入軍校訓練班。1935 年，他帶領所部包圍了紅軍總政治部副主任賀昌，黨史記載，作戰中賀昌身負重傷。國民黨士兵向他衝去，大叫「捉活的」。賀昌把槍對準了自己的頭部，大聲呼喊「革命萬歲」的口號，用最後一粒子彈結束了自己的生命，年僅 29 歲。

1937 年抗戰軍興，王生明率部參加淞滬戰役，死守蘊藻浜，待撤出陣地，所部只剩 9 人生還。此戰後王生明因勇猛受到胡宗南的賞識，成為胡宗南之愛將，屢屢提拔，先後參加中條山戰役、朱仙鎮戰役，屢戰日寇，抗戰結束時以上校軍銜榮獲勝利勳章，隨即參加內戰。1949 年胡宗南所部敗退西康，王生明當時以 198 師副師長身份駐防臺灣，為了報答胡的知遇之恩，王生明放棄職務到西康軍中擔任 135 師少將副師長，胡宗南逃臺後依然和羅列在西康打遊擊，最後化裝逃回臺灣。

看王生明的從軍履歷，簡直是國民黨軍隊的一個翻版，作為一個出色的職業軍人，他的手上既有共產黨人的累累血債，還有血鬥日寇的盪氣迴腸，不禁令人慨歎。假如王生明只有血鬥日寇的經歷，該多好。願國家永不再內戰。

王生明既是胡宗南的愛將，也深受蔣氏父子的重視，王家客廳中有一照片，即王生明在蔣經國座後侍立，儼然當年蔣介石與孫中山合影的翻版。蔣家對王生明的確有知遇之恩，即便到幾十年後也未改變。王生明死後最初極盡哀榮，但隨著臺灣社會的變化，國民黨舊人的失勢，也漸漸被人忘卻，家屬生活亦成困難。同樣漸漸被臺灣人遺忘的蔣緯國曾登門慰問，竭力幫助，曰：「我們有一口飯吃，你們就有一口飯吃。」

和當時大多數國民黨將領不同的是，王生明不但作戰能力很強，

而且治軍嚴明，生活清廉，他對部下說：「如果發現我貪污，你們就可以把我扔下海。」

所以，當1954年10月，王生明被調任為一江山防衛司令的時候，一江山守軍歡聲雷動，士氣高漲，11月2日，鐘漢波送王生明上一江山，一天以後，臺灣「國防部長」俞大維前往視察，便為守軍的士氣所驚訝。

將是軍中之膽也。

王生明是蔣經國欽點將守一江山的，如果他在原來的南麂山防衛司令的位置上，無疑他會和其他國民黨軍一起撤回臺灣，一江山之戰，或許也要順利得多。

而王生明顯然也深知此戰凶多吉少。千把人的守軍不可能再增加（一江山沒有淡水），陣地暴露在解放軍岸炮火力之前，更重要的是1955年的解放軍，已經不再是小米加步槍，國民黨一度稱雄的空軍和海軍，在大陳已經威風不再，制空權和制海權已落入解放軍之手，一江山的守軍，很可能從一開戰就只能依靠自己。

打了30年仗，王生明不可能不明白戰鬥的結果，所以，他任後即命令部下中的獨生子從一江山撤離。

王生明，是抱著「士為知己者死」的決心去一江山的：「我不會給你們丟臉，我準備了四顆手榴彈。」

王生明最後，的確是用手榴彈自殺身亡。一江山守軍，也是國民黨軍中的精銳。一江山守軍，配屬國民黨軍陸軍第46師，番號是「反共救國軍」，這支部隊的靈魂，就是他們的總指揮——秦東昌。

1953年的一天，國民黨海軍太平號停靠大陳，艦上官兵到島上陸軍的食堂會餐，見習軍官霍安邦看到幾個身穿陸軍普通士兵制服的人衣服上都是爬滾的泥跡，顯然剛從訓練場下來，根據經驗，他判斷這些人就是當時頗有名氣的「反共突擊軍」的陸軍弟兄。霍安邦發現其中有一個矮個子的弟兄居然是年近花甲，不禁啞然失笑，心想陸軍真是不成氣候了，什麼人都會要啊。

但是他忽然看到身邊的艦長對那個「老兵」畢恭畢敬地敬禮！國民黨海軍和陸軍的關係一直有些問題，因為海軍的軍銜見陸軍高一級，意思就是海軍的一個少校，見了陸軍的中校也是平級，有些兵種優越感。相比之下，解放軍海軍對陸軍的稱呼是老大哥，所以海峽這邊海陸軍的配合要好得多。

太平艦的艦長是上校軍銜，也就是說那老兵至少比陸軍少將要高！霍安邦也趕緊跟著敬禮了。那個「老兵」手在耳邊擺一擺，心不在焉地走了過去。艦長告訴他，這個「老兵」，就是國民黨在浙東的遊擊總指揮——秦東昌。

秦東昌並不是一個響亮的名字，然而說到他的真名，那就會有很多人知道了。秦東昌的真名，就是胡宗南。

1953 年，胡宗南已經 59 歲，這位黃埔軍校畢業生中唯一在大陸晉升上將軍銜的國民黨將領，穿著普通士兵的制服，在大陳島上和年齡不足他一半的部下們一起在訓練場上摸爬滾打。

胡宗南在逃臺的國民黨將領中是一個異類。國民黨政府撤退臺灣後，蔣介石痛定思痛，大多數黃埔軍校的宿將，如何應欽等都被調離了第一線，換之新生代將領。奇怪的是，在這個國民黨面臨滅頂之災的時代，大員們離開得似乎也不十分悲痛，大多很自然的去做寓公了。

這哪裡還是當年那個朝氣篷威代爾勃、親愛精誠的黃埔呢？

同樣的事情，其實在 1945 年已經有了一次預演，那一年國民黨軍

統巨頭戴笠墜機身亡，軍統就此走向衰落。奇怪的是戴笠一手培養的軍統大特務們對此也是沒有多少傷悲，反而大有彈冠相慶的模樣。

原因是軍統的這些大員們，在抗戰後的劫收中已經各個貪贓累累，如果戴笠不死，哪個不怕戴老闆秋後算帳？戴笠死了，他們可以安享富貴，還管軍統衰落不衰落幹什麼？

這些黃埔大員們也是一樣。

我的看法，抗戰後的劫收和美國的援助，是造成國民黨崩潰得兩柄巨斧。一位國民黨耆宿曾經評價，如果沒有美國的支持，國民黨不會敗得那樣快。

說來有些滑稽，不過想一想如果李宗仁這些人不能逃到美國去做寓公，他們會不會在和共產黨的決戰中表現得更好一些？抗戰中國民黨困難到只有蔣介石一個人有專車，依然能夠苦苦支撐，或許就因為沒有退路吧。有了美國這條退路，而且是富饒的退路，即便是敗到了臺灣，國民黨已經無處可退，大員們卻隨時可以上飛機逃向大洋彼岸，而且一點不影響他們的貴族生活。從這個角度認為美國給國民黨作後盾，國民黨崩潰得更快，似乎有一些辯證法的哲理。

只有胡宗南和胡璉是例外，胡璉是在金門打出來的，胡宗南則是自己請纓，到浙東去組建「反共救國軍」。

對於這支反共救國軍，大陸的評價是「兇殘、頑強」，它的成分是「逃亡地主，兵痞慣匪，土豪惡霸」。

其實，胡宗南到達大陳的時候，他基本上是一個光杆司令，「反共救國軍」的人員，就是散落在浙東列島的這些散兵游勇，這就是這位曾經統帥幾十萬大軍的陸軍上將的全部本錢。

不可思議的是，在最後的時刻，胡宗南恢復了在黃埔軍校時代的實幹精神，他將一盤散沙的「反共救國軍」編成六個大隊，對這支部隊的整合與訓練，處處表現出了沙場老將的能力，他在訓練中親歷親為，全力從「西方公司」為部隊求得給養，在他的努力下，這些散兵游勇對共產黨的仇視被發揮到了頂點，經過胡宗南的苦苦經營，這支「反共救國軍」竟然被捏合成了國民黨陸軍當時最精銳的一支部隊。王生明的部下，就來自這支部隊。

在國民黨敗退的狂潮中，「反共救國軍」在50年代前期卻不斷主動竄犯浙江沿海，給沿海軍民造成相當的威脅。胡宗南在這裡用的名字是——秦東昌。秦，就是陝西，是胡宗南作西北王時代的老家；東昌，隱喻「東昌路一號」，是胡宗南在西安的寓所。也許，胡宗南是國民黨中真正抱定反攻大陸決心的少數人吧。

但是，區區幾千部屬，胡宗南在浙江沿海的襲擾作戰，對大陸頂多是疥癬之疾，他真的相信自己可以反攻大陸嗎？

在一江山的血戰中，胡宗南的部屬打出了極高的水準，但是，解放軍同樣打出了極高的戰鬥力。雙方的較量如同兩塊鋼的碰撞。簡單地將解放軍爆發的戰鬥力歸於政治教育是過於簡單了，實際上，解放軍能夠爆發這樣高的戰鬥力，胡宗南自己要負很大責任。

胡宗南的襲擾作戰，其實就是對沿海地區生產的破壞，他的目標，不但包括解放軍這樣的硬目標，也包括平民這樣的軟目標。單純的軍事遊擊活動，不免走上南美「光輝道路」遊擊隊恐怖襲擊的局面，而逐漸失去民心。所以，這種活動雖然能夠顯示國民黨軍隊的存在，卻也同時引起沿海人民的日益反感。

那麼，從解放軍戰士們日夜看到這些反共救國軍焚毀的村莊，殺害的平民，是沒法不義憤填膺的，國民黨軍的襲擾破壞，就是對解放

軍最好的戰前動員。解放軍官兵不用指導員做任何動員也非常清楚，自己的出征，就是為了保護這些父老鄉親的安寧。

軍隊的本質目標，一個是護國，一個是安民，當一支軍隊意識到自己在為這樣的目標作戰的時候，它的戰鬥力就會得到最大的發揮。

所以，在一江山上下，國民黨軍是充滿仇恨的「哀兵」，解放軍是充滿正義的「王師」，二者之間的碰撞，當然就如同鋼鐵的碰撞了。

到浙東的胡宗南，內心應該是十分痛苦的。他剛剛經歷了 1950 年的「彈劾胡宗南案」，國民黨內部對他在西北莫名其妙地將幾十萬大軍丟掉驚怒交加，連一向寵愛他的蔣介石都怒其不爭，想把他扔在西康「讓共產黨捉去」。

胡宗南的才能素有「盛名之下，其實難負」的說法，他統帥幾十萬大軍，確是勉為其難。但即便是他的政敵，也承認胡宗南是一個充滿古代忠義思想、自尊心很重的人物。

反攻大陸是何其渺茫，胡宗南又何嘗不明白。

一個在地窖中藏身多年的國民黨潛伏特務，曾經對他的上司問道：你知道一個人在黑夜中等待天亮的滋味嗎？你知道癡癡等待，天卻遲遲不亮的滋味？如果你總是在那裡等待天亮，等得太久，你知道你會怎樣嗎？

他自己回答了自己──「那，你就不再相信天會亮了。」

胡宗南在大陳，還相信天會亮嗎？

二次大戰蘇德戰場上，曾經久負盛名的蘇軍老將伏羅希洛夫元帥，因為不懂現代化戰爭，在德軍面前一敗塗地。這位自尊心同樣極強的將領曾久久地在前線炮火中徘徊，甚至親自參加突擊隊投入戰鬥，但是，德軍的子彈和炮彈彷彿都故意避開了這位元帥。這件事被附會到電影《保衛察裡津》中，塑造了一個勇敢無畏的伏羅希洛夫，然而，德軍的炮彈始終未能打中伏羅希洛夫。他的心中是否充滿了遺憾呢？

胡宗南呢？

國府海軍永壽艦航海官趙嶼上尉曾經這樣回憶他和胡宗南在浙東共同作戰的歷程，也許，可以給這位老將最後的歲月一個真實的寫照。

值得一提的是，一江山之戰，最先嗅到解放軍攻擊目標是一江山的，正是當時已經離開浙東，調任澎湖防衛司令的胡宗南。一江山失守，國民黨軍再也沒有了大規模主動襲擾大陸的勇氣，也沒有了出擊的據點。

此後的胡宗南沒有和解放軍面對面交過手，他憂鬱寡歡，1962年，因癌症在臺北寓所死去，死時一言不發，高舉一臂，似心有不甘。

想起當年黃埔軍校的一句順口溜：「文有賀衷寒，武有胡宗南，又文又武李默庵。」他是胡宗南？還是秦東昌？

陶司令的糊塗仗

東江艦，原為美國海岸警衛隊普裡斯韋爾號巡邏獵潛艦。1957年7月該艦在西雅圖和另外4條PC級艦（國民黨軍內稱「江字型大小」炮艦）被交給國民黨海軍使用，5艦分別命名為東江、西江、北江、柳江、資江，這也是國民黨海軍最後一次成批接收江字型大小炮艦。因為東江螺旋槳大軸需要更換，五艘軍艦中它又是最後交付使用的，因此在江字型大小中被稱作「小妹」也就並不奇怪。

說起江字型大小炮艦，滿載排水量460噸，最高航速18節，長61

公尺，在國民黨海軍中只能算作中型軍艦，因此東江號服役期間大多數時間默默無聞。這型軍艦造型纖細，形態優美，帶著 76 公釐前主炮 1 門，40 公釐後主炮 1 門，攔腰插花裝備 6 門 20 公釐炮，2 挺 12.7 公釐機關槍，要說，還真是個刺蝟。不過，在美軍時代它的身上本來沒這麼多刺，大多數小口徑槍炮，都是國民黨軍考慮到要和解放軍海軍打近戰才安裝上去的。這個改裝，直接影響了海戰結果。

然而，平靜生活到了 1965 年 5 月，東江號卻忽然名聲大振，不但上了臺北《中央日報》的頭條，而且全體官兵還被蔣委員長親切接見，獎金 20 萬（海軍總司令劉廣凱另加菜金 5000），不一而足。

原因就是東江艦在 5 月 1 日，於東引島以北與解放軍海軍進行了一次激烈的海戰，並且得以「凱旋而歸」，搖身一變就成了「英雄艦」。

這場海戰，要照國軍方面的說法打得如有神助。按照臺北中央日報 5 月 2 日報導《東引海戰傳捷報》的描述，戰鬥的發生，是東江艦在正常巡邏，忽遭解放軍 8 艘戰艦伏擊圍攻，面對八條好漢東江艦不甘奮起反抗，擊沉解放軍軍艦 4 艘，另有大型艦艇 2 艘起火逃竄。3 天後訪問東江艦軍士長的採訪中，又加上了「何德崇艦長裹創喋血」的橋段。

臺北報紙對於東江艦海戰勝利的報導，其實，對此戰績國民黨方面也不是沒有疑慮，蔣介石就是等了幾天以後才接見東江艦官兵予以表彰的。他等的是大陸方面對此戰的報導。

大陸方面動靜不大，只是 5 月 2 日人民日報發了個不太醒目的消息——「美製蔣匪戰鬥艦一艘，竄入福建海域進行騷擾，我海上巡邏隊迎頭痛擊敵艦中彈累累狼狽逃竄」，對於自己的傷亡，隻字未提。

國民黨方面對此的判讀是——共軍應該有不小損失，不然怎麼會含糊其詞呢？這也間接地支持了這次五一海戰打得不錯，至於真打沉了幾艘，那倒是次要的，重要的是政戰部門可以利用這次「勝利」大作宣傳，鼓舞士氣。

從現在掌握的資料看，真實的情況卻並不是這麼回事，這邊對此戰宣傳得少，主要是沒有打沉和俘獲敵艦，戰鬥規模太小，沒當回事。到底東江艦傷到什麼程度無從知曉，你讓東海艦隊司令陶勇怎麼對上面報功呢？

這種事情在當時的臺海作戰中比比皆是，比如金門炮戰期間的九一八空戰，臺灣方面堅持是一天開了兩戰，早晨一次（說早晨是美軍的記錄，國民黨方面記錄為中午），下午一次。而大陸的記錄，只有下午一次。這裡面仔細看就有意思了，下午的戰鬥中，解放軍吃了點兒虧，訓練中的八架飛機遭到國民黨空軍陸養仲等率 F—86 機隊偷襲，八號機被擊落，七號機韓玉硯被擊中 78 彈重傷降落，而大隊長沈科竟因為沒穿抗荷服作筋斗空戰動作時黑視，而被迫退出戰鬥，這是少有的土八路被偷襲吃虧的例子。那麼，如果當天剛進行過一次空戰，知道國民黨 F—86 就在這一帶活動，沈科他們怎麼可能如此鬆懈地去訓練呢？而且當時解放軍的地面雷達值班人員竟還去做別的事情了，忽略了對空警戒，剛打完一仗就這樣沒警惕性，這怎麼也說不過去。再看國民黨空軍的記錄，又露出了另一個疑點。

所謂第一次空戰，國民黨方面報導是出動了四架 F—86 和一架 RF—84，和解放軍四架米格 17 對殺。國軍報告此戰擊落了兩架解放軍的米格戰鬥機，自己無一損失。有趣的是偏巧駕駛那架 RF—84 的是名人——國民黨空軍頭號偵察英雄李南屏（1964 年駕駛 U—2 偵察機對大陸進行偵察時被擊落陣亡），所以他的一舉一動都被作為花邊新聞來報導。這次也不例外，報導空戰中「桀驁不馴」的李南屏竟被嚇得尿在座艙裡。假如是一邊倒的空戰，堂堂克難英雄至於被嚇成這樣嗎？

如果採用大陸方面的記錄，從邏輯上分析，這兩個疑點就迎刃而解。大陸方面看來是根本沒把這「第一次空戰」當回事，綜合分析雙方資料，當時的情況是，李南屏駕駛一架 RF—84 來偵察福建沿海的戰備情況，解放軍馬上出動四架飛機去打，李南屏跑了，解放軍追，國民黨軍在週邊擔任掩護的四架 F—86 馬上來接應，解放軍發現後面有接應的，再追到海上怕中埋伏就不為已甚了（解放軍當時對到海上空戰控制很嚴）。而國民黨方面目的不是和解放軍空戰，自然帶了已經嚇尿褲的李南屏就走。雙方各無損失，頂多互相開炮嚇唬嚇唬對方，這也算空戰嗎？

大概就因為如此，解放軍沒把國民黨空軍當回事，也沒有記錄這次空戰，下午訓練繼續進行，雷達站亦沒有提高戰備水準，才導致了被陸養仲偷襲的事情。假如真的上午被擊落了兩架飛機，那馬上就該全軍反省了，下午國民黨方面怎麼會有偷襲的機會？

這次五一海戰情況也大體相同，還有一個導致宣傳不多的原因，可能就是陶勇這一仗打得實在糊塗，對於整個戰鬥的過程，陶司令也是霧裡看花，不能理解，敵艦到底是來幹麻的，打完了他還是不明白。情況不明，說話就得謹慎些吧。至於傷亡？解放軍根本就沒有傷也沒有亡，寫什麼呢？

看解放軍的戰史資料就能明白。此戰解放軍稱作 1965 年東引海戰，根據記載，4 月 30 日夜，東海艦隊雷達站在臺山 149 度，距離 18.7 海浬處發現一艘可疑艦隻，悠哉遊哉從東引島東面穿出，大搖大擺向北航行，直奔解放軍控制區，形跡相當古怪。經反覆識別後解放軍方面確認為一艘國民黨海軍「江」字型大小炮艦。

據說上報東海艦隊司令部後，司令部判斷是敵艦迷航，立即命令4艘護衛艇出擊攻擊，0時40分接敵，這時發現敵艦開始掉頭返航，似有覺察迷航可能，遂提升馬力，很快縮短距離開始攻擊，雙方戰鬥一小時多，敵艦負傷逃走。

我曾經向一位東海艦隊司令部老人諮詢別的事，恰好提及此戰，老人的說法卻不太一樣——哪有那樣快就能判斷敵艦是迷航的？當時陶司令對於這艘江字型大小來幹什麼也是頗費腦筋。首先它可能是來組織特務襲擾的，要知道第2天就是五一節，雖然幾年來雙方沒有什麼正兒八經的海戰，可是襲擾與反襲擾屬於家常便飯，這一年元旦福建就來過7艘海狼艇，被皮定均幹掉了3艘，捉了1艘，莫非這次蔣軍又是想利用五一節放假我們防衛鬆懈的機會搞點兒名堂？

可不對啊，怎麼這艘船航速才12節，大搖大擺的好像來參加舞會，沒有一點兒隱蔽的概念呢？

莫非是釣魚的魚餌，想給我苦頭吃？

一般人看見魚餌就躲著走吧，陶勇是什麼人？拼命三郎啊，就算你是釣魚的，敢伸竿我也不會客氣，你敢來，我就敢打！

結果，就打了。

陶勇的猛勁兒可不比凡人，想當年英國萬噸級的倫敦號重巡洋艦都被他砸成了爛西瓜樣，何況一艘小小的江字型大小呢？

但是，如果看陶勇的命令，就會明白陶勇雖勇，卻不魯莽。陶勇的命令如下：「100噸高速護衛艇高速出擊，於北驪方位100度，領海線附近攔擊敵艦，南昌艦和沙埕巡防區75噸護衛艇2艘，向臺山以南接敵。」

這裡的100噸高速護衛艇，指的是福建基地第29護衛艇大隊第5中隊的4艘62型炮艇，編號分別574、575、576和577，因為情況突然，倉促之間護衛艇中只有這個中隊來得及參戰。這種炮艇是上海生產的，四台主機，裝備雙聯裝57炮，37炮各一座，雙聯25公釐炮2座，火力兇猛。詹氏《海軍年鑒》上稱其為上海級，性能優秀，曾經出口許多國家，其26節（特殊情況下，如此次海戰中，能夠跑出28節的高速）的高航速，令平均航速不及20節的國民黨海軍中小型艦艇望而生畏。這次陶勇就是用它們打主攻。

而南昌艦和沙埕巡防區75噸護衛艇2艘的動向就令人尋思了。南昌艦是陶勇的王牌，原日本海軍宇治號巡防艦，排水量1350噸，裝備130公釐炮二座，如果派它出擊進攻東江號，東江必死無疑。

南昌艦，性能優秀，一直使用到80年代，是五一海戰時中國海軍僅次於來自蘇聯的鞍山級四大金剛的主力戰艦。

那麼，陶勇為何將其放在後面呢？原因就在於陶勇要防東江艦是「螳螂捕蟬，黃雀在後」的那個蟬，他倒不在乎讓護衛艇隊當螳螂，只要能抓住那隻蟬，不過要是有黃雀出來，他得有彈弓把黃雀趕開，救出螳螂，南昌號就是陶勇的彈弓。

事實上陶司令這一套章法有序的組合拳，真正是俏眉眼做給了瞎子看，可憐東江艦根本沒有陶司令想的這麼多心眼，按照現有資料來看，東江艦出現在東引以北，完全是因為迷航的原因，也就是說發生這次海戰，純粹是因為誤闖禁區耍烏龍而已，其中根本沒有奧妙，也無怪陶司令覺得打了一場糊塗仗。

其結果就是東江被575和577艇一陣蒙頭胖揍，這場海戰無論對國方還是共方，都堪稱一場意外。

其實，此戰剛一結束，國民黨方面就已經對東江艦的迷航瞭若指掌。5月2日，國民黨方面奉命填寫作戰報告的徐學海、劉和謙即向司令官劉廣凱報告，說按照航線，東江艦不可能出現在東引以北的地方，這絕對是一個海軍的問題，宣揚是一回事，畢竟東江艦當時拼命反抗，開回來了，但我們的錯誤應該讓經國先生清楚。同時，2人也說明東江的戰果沒有證據，並不可靠——「此事無需再吹噓下去」。當時蔣經國已經在蔣介石的培養下逐步接管軍政事務，故兩人有此一說。劉廣凱是青島海校沈鴻烈的高足，屬於國民黨海軍中少數樸實肯幹的將領，作風踏實，也就接受了意見，向蔣經國如實彙報。蔣經國也沒有怪罪他，「東引海戰大捷」宣傳照舊。

只是劉廣凱的運氣的確不好，幾個月後再次發生「八六海戰」，這一次解放軍不再是倉促應戰，而是有備而來，結果擊沉劍門、章江2艦，國民黨海軍少將胡嘉恒戰死，劉廣凱不得不引咎辭職，只當了7個月的海軍總司令。

不過，說說輕鬆，臺灣海峽總共才100海浬寬，而且參考的地標很多，要迷航，那也真不是件容易的事情。這裡面就有很多問題，比如，東引島上的燈塔徹夜放光，難道東江的值班人員看不到？東江艦上的雷達難道是擺設？就算東江昏了頭，它的頂頭上司北支艦隊司令官孫文全的座艦太倉就在東引，東引的大型雷達站可以清晰監控東江的一舉一動，何以看到它迷航不加糾正，還有，難道東江艦就沒有發現來襲的解放軍護衛艇嗎？還是從它的出發說起吧。

東江艦是在1965年4月30日午後從澎湖馬公軍港起航沿海峽北上的，國民黨海軍司令部命令它連夜直航開往臺灣海峽國軍控制的最北島嶼——東引，加入停泊在那裡的北支艦隊，和已經在北支執勤幾

個月的資江艦換防。整個航程預計 11 個小時，距離 160 海浬。

因為幾年兩岸都沒有打過正經的海戰，而且風傳大陸即將開始新一輪政治運動，國民黨軍的水兵也沒有打仗的思想準備。對於國民黨海軍來說，這種短距離的航行是家常便飯，頗有些乏味的感覺，航行的前半程也的確如此。

但很快他們就不會覺得乏味了。

入夜以後，海峽中始終沒有出現其他船隻，東江艦因此無法校正自己的方位。為了能夠更好地掌握航向，艦長何德崇少校下令東江艦橫穿海峽，靠近海岸行駛，為什麼會出現這種情況呢？這就是東江艦的雷達功能問題了，它裝備的 SPS—1A 雷達是個近視眼，15 海浬以內纖毫畢現，15 海浬以外就一片模糊。東江艦原來是美國海岸警衛隊的艦艇，海岸警衛隊是幹什麼的？在海邊抓走私小賊啦，偷渡啦，這些目標一般都不太大，隱蔽性強，可是海岸警衛隊不是海軍，不需要出遠海的，於是裝備 SPS—1A 這種近視眼雷達正好合適，至於國民黨海軍為什麼要這種海岸警衛隊的東西？人家白送的，有得挑揀嗎？

東江艦艦長何德崇，此戰被臺灣奉為英雄，實際上此戰何艦長一交手就被打成重傷。深夜，東江艦的雷達上出現了兩個表示島嶼的亮點，用望遠鏡也可以看到島上的燈塔了。根據經驗，執勤的副艦長姚震方判斷這有燈塔的是白犬島的東島，沒有燈塔的是西島，按照航行計畫，此時應該對航線進行修正，向北直奔東引。

讓東江艦上執勤人員有些困惑的，是計算航程，居然比預期慢了一個小時，不過這也不奇怪，海峽的海流湍急，如果因為頂流的原因造成實際航速比計算的慢一些，也可以理解。雷達上很快就顯示出了白犬與東引之間的馬祖列島的影子，東江艦調整航向並減速到 12 節，以免在島況複雜的沿岸海區發生航行危險。

實際上，此時大錯已經鑄成，東江艦並沒有慢，被東江艦當做校正目標的「白犬島」，實際正是他們的目的地東引！

在這個時候，東江艦上還做了件雪上加霜的事情，和很多軍隊一樣，國民黨海軍也有欺負新人的習慣，深夜值班這種苦活，就交給了來實習的一個小少尉（據查，可能是東江艦艦務官石純仁），別的軍官紛紛下艙夢周公去了。這個少尉缺少經驗，也就沒能及時發現航線的錯誤，而且當解放軍 577 艇的雷達已經發現東江，以 28 節高速接敵而來的時候，這位少尉長官還以為來的是馬祖的漁船。

有跑得這麼快的漁船嗎？

不過，這裡面還有一個問題，那就是國民黨東引的國民黨雷達幹什麼去了，是不是忘了東江號這回事？

東引的雷達站裝備精良，探測距離 200 海浬，可以涵蓋北半個臺灣海峽，但它是屬於空軍的，不大管海軍的事情。所以監控東江艦的任務，就落在了北支隊旗艦太倉號身上，遺憾的是它一度竟把目標給跟丟了。

太倉艦，原為美國海軍波什蒂克號護航驅逐艦，排水量 1250 噸，從噸位上說，略遜於陶勇手中的王牌南昌艦，但它的艦齡短，裝備新，艦況比從長江中打撈起來的南昌艦好多了。特別是電子設備上，在當時是比較先進的。其裝備的 SPS—5B 對海雷達搜索半徑 50 海浬，東江艦的航線正在它的控制範圍以內。而且自己人到底心連心不一樣，北支隊司令孫文全少將還特別關照雷達這天東江要來，這樣還會跟丟未免太窩囊。

其實雷達兵也冤枉，晚上 10 點鐘的時候，他們就看到了東江號，

只見這艘江字型大小大搖大擺開進港來……哎，不對，雖然都是江字型大小，但它的舷號怎麼不是東江的 119，而是 109 啊。一陣識別後，方才認清，來的不是東江，而是東江艦的姊妹艦，比它早幾年加入國民黨海軍的資江艦。它是臨時奉命攜帶一名密碼軍官從馬祖開來東引更換密碼的。

折騰半天跟錯了。雷達兵倒也沒緊張，畢竟多年不戰，警惕性沒有金門炮戰時那樣高。轉過身來再找東江，這時候已經到了午夜 12 時，日曆翻過，該過五一節了。SPS—5B 果然厲害，一轉眼就找到了，可再看東江艦的位置，值更軍官的臉頓時變色——只見東江早已駛過東引，還在悶頭向北一路開去。

東引的北面，有一條地圖上看不見，海面上找不著，誰也不承認，但兩岸海軍弟兄都很熟悉的線，那就是國共實際控制海區的分界——華沙警戒線。對這條線，大家都很自覺，沒有大事共軍絕不越線南來，而國軍也堅決臨線止步，誰要是壞了江湖規矩那可就當頭一陣亂刀！

等發現東江航向不對，它已經越過華沙警戒線有相當一段航程，估計要是太倉艦不查共軍不管，一個小時以後東江就「回歸祖國的懷抱」開進解放軍的三沙灣軍港和八路約會去也。

不過，這種發昏的事情在訓練嚴格的海軍中實在罕見，所以，東江艦闖了警戒線的報告送到孫司令手裡，孫少將的第一個反應是東江艦要投共！

海軍成建制投共，在 1949 年前後曾經風靡一時，海防第二艦隊投了，江防艦隊投了，最大的重慶號巡洋艦也投了，可現在已經 60 年代，該投的早就跑光，這調調好像已經不時興了啊，何況，東江艦上的 80 名官兵家屬都在臺灣，老婆孩兒牽心，單個跑有可能，集體投共，哪能這麼齊心？

雖然可能性不大，但是不能不防，孫司令馬上下達三條命令：第一，通知東江艦馬上轉向，開向基隆待命：第二，通知基隆的太昭艦立即起錨，出港迎接東江；第三，本艦立刻起錨備航，出港接應。

要說孫文全的確是有資格當司令官的，他這幾個命令乾脆俐落，大有深意，給東江的命令如果不執行，便可以確認投共無疑，孫司令立刻就會讓 2 艘大艦太倉、太昭衝過去把小妹堵回來，料想即便共軍有接應，留一艘太字型大小也能鎮住場，另一艘好歹把東江拎回家。要是東江聽話拐彎呢？那孫司令的招數就更陰險了，東江艦右轉開向基隆，太倉的位置就處在它的右後方，假如共軍跟著東江想佔便宜，他的太倉艦正好從後面摸上去，突然攔腰一刀，只怕追擊的共軍會吃大虧。

無奈天算不如人算，等到命令傳到東江，小妹已經讓高速趕來的東海艦隊 575、577 兩艇盯上了（另兩艇 576、578 皆有機械故障，開不了高速無法跟上，只能作第二梯隊），此時雙方距離不過六鏈，只是海上霧氣彌漫，小雨兼而有雷，雷達上看得到，海上就是找不到，解放軍也無法發動攻擊。

接到返航基隆的命令，東江艦長何德崇馬上爬了起來，一面通過副長下令轉舵，一面走上艦橋。左右的官兵也很愉快，因為基隆在臺灣本島，條件遠勝外島東引，東引窮山禿嶺有什麼好逛的？照這個速度，天未亮就可以到達基隆。命令是通信長王仲春親自交給艦長的，他本來就對這次航行牢騷滿腹，覺得無法及時趕回基隆給老爸過生日，不料竟有這樣的好事情。

艦長何德崇少校、副艦長姚震方上尉、通信長王仲春興沖沖地登上艦橋，指揮軍艦轉彎，此時艦橋上還有輪機長徐壽生中尉、槍炮長曾勤擎中尉、艦務官石純仁少尉。何艦長還沒有意識到危險，看了一下雷達上的代表575、577兩艇的亮點，問艦務官是怎麼回事，得到這應該是馬祖漁民的回答後，何艦長一面下令轉彎，一面不經意地下令打開航行燈，以免和漁船相撞——不奇怪，他還以為自己在馬祖島門口呢。

不幸的是，575和577可沒這麼善良，黑暗中忽然出現東江艦的信號燈，正找得一腦門子官司的575、577艇大喜過望，立即鎖定了目標，照著東江迎頭就是一排炮彈！

這第一排炮，就命中東江艦橋，上面的六個軍官，一個也沒能躲開。575和577艇的猛烈炮火，對正在做著回基隆逛街美夢的東江來說，無疑是當頭一棒，所有的資料，無論海峽哪一邊，都提到一個事實——在海戰的前15分鐘，東江號甲板上空無一人，根本無法還擊，只能用無線電拼命呼救！

被打懵了。

這後面的戰鬥，雙方描述錯綜複雜，莫衷一是，即便是自己一方的資料也頗有些對不上號，現在分析看來，多半是緊張的戰鬥中參戰人員不能可靠把握周圍實況，引發一些矛盾記錄。

比如解放軍這邊，四中隊後來的報告表示東江艦被打後情況反常，居然打開了航燈，正常情況下這是識別敵我的一種手段，可是從它一挨打就呼救看來，又不像是認為遭到了誤擊，解放軍方面看法是東江號要投降而575、577艇都沒有注意！

這根本就是一個錯誤，因為東江艦打開航燈是在挨打之前，實際上，如果不是東江小妹錯誤地打開航燈，沒有夜戰經驗的解放軍護衛艇很可能與它擦肩而過，這一仗就打不起來了。

而國民黨方面呢？有的說法比較離譜，說東江艦已經逛進東海艦隊的三沙灣錨地還渾然不覺，那怎麼可能？東江要是進了三沙灣，東海艦隊素來熱情，有用鼓風機歡迎穿裙女記的記錄，那2、30艘軍艦靠著，還能不熱烈歡迎把這稀客留下？實際上炮戰發生地點在東引以北15海浬左右的海面，還是離國軍南澳錨地更近些。

臺灣出版的《馬祖列島記》中說何艦長「裹創喋血」，一聲令下，奮勇指揮開炮還擊。實際上這也不是事實，帶傷指揮的倒是有，但這個要求對何艦長有點兒太難為了。

因為艦長何德崇少校是第一批中彈倒下的人員之一。575艇57公釐炮的炮彈彈片直接擊傷了他的頭部，而炮彈的衝擊波又將其拋向後方的艙壁，重創了他的頸部，何艦長在如此雙重打擊下能夠活下來已經太幸運。裹創喋血？不要說喋血，何艦長「裹創」都不可能，因為他所在的艦橋上，已經沒有一個能幫助他的部下了。

副長姚震方上尉倒是沒有倒下，他直接被爆炸扔出了駕駛台，成為該艦陣亡的最高級軍官。通信官王仲春反應最快，只見火光一閃，便開始對著話筒大喊：「我已接敵！」話音未落已被擊中要害倒地，輪機長徐壽生（一作隴生）腿部負傷，艦務官石純仁血流滿面，唯一跳起來接手指揮的，就是槍炮長曾勤擎中尉，而他也被炮彈破片擊中，一目失明，負了重傷。這位不要命的槍炮官仍然堅持下達了拉警報、增速、站炮位還擊的命令。

警報是拉了，增速的動作也做出來了，只是主機隨即被擊中失靈，站炮位還擊？這就屬於「做不到就是做不到」了。解放軍的炮火

把東江艦幾個炮位打得火星直蹦，25 公釐炮防盾如同馬蜂窩，從 500 公尺一直打到 50 公尺，向外衝站炮位的國民黨水兵上一個被打掉一個，根本出不了艙。

解放軍怎麼把東江的炮位封得這樣準確呢？說起來還是國民黨自己的問題，這種江字型大小炮艦美國先後提供給國民黨軍 20 餘艘，解放軍沒有海軍的時候倒算是一種利器，但國民黨海軍在二戰後急劇膨脹，有經驗的人員嚴重不足，而且腐敗橫行。從日本賠償得到的驅逐艦竟為了獲得艦底的水銀（用於反潛時增加撞擊時破壞力）賣錢而乾脆拆掉，這些江字型大小軍艦，也有 3 艘扔在了大陸，成為人民海軍研究這型軍艦的好教材。有這個底，解放軍對東江早就心中有數，打起來自然駕輕就熟了。

無奈塞翁失馬，焉知非福。解放軍因為對江字型大小熟悉，就未免有點大意，而打仗的時候的大意，往往就是要吃虧的。

眼看東江已經失去動力隨波逐流，成了板上魚肉，轉機終於出現。

照國民黨方面說法，這個轉機傳奇得很，東江艦所有的炮位都被解放軍炮火控制，但是它剛剛完成的大修中，在艦橋兩側各增加了一挺 12.7 公釐機關槍，使用這個新傢伙，就不需要出甲板了，直接可以從艙裡穿過去——當然艙裡現在也被擊穿艙壁的解放軍炮彈打成了血肉磨坊，此戰東江艦 80 人的官兵中傷亡達 50 之多，從艙裡走也不見得安全。不過有個艙壁多少有些心理安慰，一個叫蔡春治的高山族二等兵就爬上了左舷機關槍的陣位，拉開槍機對著解放軍的炮艇一陣猛掃。

這一梭子打過去，報告說居然就擊沉了一艘共軍炮艇，隨後趁著其他共軍炮艇慌亂之際，弟兄們迅速上炮位，小妹大發神威回過頭來把對方撓得滿臉花，混戰中先後幹掉解放軍8艘圍攻炮艇中的4艘，重傷2艘！

看看雙方參戰兵力就可以明白這屬於小妹還在發燒。解放軍方面的材料沒有艦艇被擊沉的記錄。東海艦隊參戰的第四中隊總共只有4艘炮艇，其中575、577兩艘炮艇得以參戰，直到戰鬥結束，576、578艇都沒能趕到戰場，何來這麼多軍艦給東江發威呢？

這裡面我認為邏輯上解放軍方面的說法也比較站得住。這場戰鬥事起倉促，雙方誰都不可能迅速集結大量兵力，假如陶勇一下子就能派出7、8艘艦隻圍攻東江，那就不是截擊，是設伏了。看國軍實際投入救援的兵力也可作為參考。戰鬥打響後，國軍匆忙調動艦隻救援，但太倉艦起錨時不慎錨機卡死，排除故障耽誤了一些時間，最先趕到戰場的只有那艘被錯認了的資江艦孤艦。等另一艘趕來救援的太昭艦從基隆趕來，恐怕天都亮了。

此外還有2艘驅逐艦以32節高速從澎湖匆忙趕來，即便如此全速航行也要幾個小時以後才能趕到戰場。為此孤零零的資江艦緊張得要命過去拖帶東江艦時，拖纜絞進螺旋槳，資江也跑不起來了。這時太倉還沒趕到，假如解放軍殺個回馬槍，只怕要一塊兒上三沙灣做伴去也。

國軍狼狽如此，共軍倉促間能調動的兵力，也不可能太多。

那解放軍為啥不殺回馬槍呢？

理由有兩個：

第一，575艇重傷，577艇拖帶它撤離戰場修理去了。不過，從修理的情況看，這並不是蔡春治機關槍掃射造成的。雖然577艇也記錄東江艦突然用機關槍朝自己射擊，打得火光四射，但上海艇的設計上

關鍵部位要求能夠抗重機關槍的打擊，事後調查東江艦的機關槍裡用的，又是普通驅逐漁船用的銅彈，而沒有裝打軍艦的鎢心穿甲彈，所以解放軍只是嚇了一大跳，但並沒有什麼傷亡和實質性的損壞。575 艇受傷，是因為東江主機損壞，突然減速，為了避免和它相撞 577 艇匆忙左轉，暗夜中卻不意撞上了 575，撕開一個長 0.5 公尺寬的大口子，575 艇四台主機全部停轉，只好中止戰鬥。

但這次相撞和蔡春治的掃射有無關係呢？我本來未作此想，但寫完這段給一位軍事網站的大哥審看，老兄認為只怕正是這個出其不意的還擊，造成解放軍指揮官瞬間的錯愕，才導致了 2 艇相撞。

無論如何，這 2 艘艇都撤出戰鬥了，後來發現 577 艇還中了東江艦打來的兩發 25 公釐炮炮彈，這大概就是東江大發神威時候撓的吧？

第二，儘管 575 艇受傷，但解放軍的指揮官還是力圖擊沉東江，曾命令 577 艇不要管自己，靠近繼續打！但是最終上頭下令 2 艇撤退。

原因是太倉艦雖然趕不上海戰，但孫文全少將靈機一動，命令炮手向戰區盲目射擊，太倉 127 公釐主炮炮彈的水柱高達 3、40 公尺，解放軍方面馬上判斷國民黨軍有大艦在後。別忘了陶勇始終琢磨國軍在玩螳螂捕蟬的遊戲呢，一看國軍這個架勢，莫非埋伏上來了？反正我也占夠便宜了，一聲令下：「撤！」

別以為陶勇是想老老實實地撤，他玩的是拖刀計——我也逗你來追，你不來，那我這便宜可就算白占了，你來，我藏著的南昌艦 130 公釐大炮可不是吃素的。

奇怪的是那邊再無動靜，這可就讓陶勇犯嘀咕了——你說它是來輸送特務吧，沒見人下船就掉頭了，你說它是誘餌吧，575 和 577 已經上鉤了可沒人起鉤，這詭計多端的國民黨反動派搞的什麼名堂？身經百戰的陶司令萬般鬱悶，還真不敢貿然殺回頭去。

這種情況下，陶勇的小心謹慎是正常的，也是一名優秀指揮官的基本素質。但這個小心謹慎的確讓東江艦得以逃出生天。資江終於拖帶著東江艦撤回了東引島。重傷的東江被拖回東引，單獨停靠在本來供陽字型大小、太字型大小大型軍艦停靠的大碼頭，清點全身上下，竟被命中大小 154 彈，簡直可說體無完膚。

沒打沉東江陶勇鬱悶也還罷了，他要知道國民黨竟把東江歷險記吹成「東引大捷」，連紐約時報都發了新聞，只怕陶勇要得抑鬱症的。不過，這裡的確有個疑問——為什麼如此痛打，東江依然能熬下來呢？這還真不是一個偶然的事情。國民黨這一級美製江字型大小炮艦結構堅固是出了名的，八一三海戰中，曾有一艘沱江艦被解放軍打成馬蜂窩狀依然得以生還。還曾經有過江字型大小被解放軍魚雷艇擊中依然拖回的事例。

作為一條只有 400 多噸的小艦，全世界能扛住魚雷的恐怕只有江字型大小一家，別忘了 3 萬多噸的皇家方舟號碰上一枚魚雷就沉了。重創之下的沱江艦，因無法修復被迫就此報廢。

還有一個原因就是上海級護衛艇的火力不足，20 公釐和 37 公釐炮射速快而兇猛，但要擊沉大中型艦艇心有餘而力不足，57 公釐炮威力不比 37 公釐炮大多少，而且故障頻繁、射速慢，雖有戰果但評價消極。此戰後，上海級護衛艇的設計作了調整，艦首的 57 公釐炮改為 37 公釐炮，表面上口徑減小，但由於可靠性更高，又減輕了全艦重量，反而增強了戰鬥力，並且解決了一艘小艇上要用三種彈藥的頭疼問題。

此戰的影響對解放軍來說更為有利，因為它無意間提高了東海艦隊的戰備警惕，並且重新研究護衛艇和魚雷艇相互掩護配合作戰，固定了護衛艇當頭亂棒、魚雷艇窩心一腳的絕招，彌補了單純使用護衛艇火力不足的問題。此後的八六海戰、崇武以東海戰、人民海軍都是使用這個戰術取得了勝利。

而臺灣方面，則繼續利用此戰鼓舞士氣，連兒童節都要請東江艦水兵的父母上臺領獎和作報告呢。東江號則修復後改作了海關船，直到 70 年代退役。

 西沙南沙揚軍威

1974 年的收復西沙群島之戰，是中國海軍輝煌的一頁，這是人民海軍第一次對外反侵略作戰。

這一戰，中國海軍以弱勝強，以極劣勢的噸位和武器裝備英勇奮戰。海戰中，越軍一艘 2800 噸驅逐艦噸位，相當於中國海軍 4 艘戰艦噸位總和，而參戰越艦的主力火炮 127 公釐艦炮和 76 公釐艦炮全部由雷達自動控制瞄準射擊，而中國艦艇所有火炮全靠人力自動瞄準射擊，但火炮最大的口徑也只有 85 公釐，靠著中國海軍的戰鬥精神與技巧，僅以 271、274 兩艘 319 噸的老式獵潛艇，和 396、389 兩艘 570 噸的老式掃雷艦等 4 艘輔助艦艇，將南越海軍 3 艘美製海戰主力驅逐艦和一艘滿排 945 噸的護衛艦怒濤號全部擊成重傷，戰鬥接近尾聲時，南海艦隊增援的 281、282 號兩艘新式 037 型獵潛艇趕到戰場擊沉敵 10 號艦怒濤號。

另外 3 艘被重傷的敵艦，包括 4 號艦陳慶瑜號、5 號艦陳平重號、16 號艦李常傑號艦狼狽逃回梘港。西沙海戰餘音已渺，但是一個有關的話題卻很少為人所注意——參加西沙作戰的越南艦艇從何而來？最

終的歸宿是怎樣的呢？

先說南越 10 號艦怒濤號。這艘怒濤艦是原屬於美國可佩級掃雷艦，該艦至今長眠在羚羊礁外的南海深處。

這種可佩級掃雷艦戰後被美國大批提供給友好政權，包括中國國民黨政府、日本、南越等，這種艦艇外形短肥，形如馬鈴薯，提供給中國國民黨海軍的被稱為永字型大小，包括永明、永嘉等各艦，人民海軍和它們屢次交手，在崇武以東海戰中擊沉的永昌艦和擊傷的永泰艦都是這個級別，因此對於它的使用性能、火力死角等非常熟悉，所以中國海軍打沉怒濤號並非偶然。

值得一提的是這個級別的國民黨海軍永興艦與西沙關係也很密切，1946 年，該艦在林遵、麥蘊瑜指揮下收復西沙群島，為紀念這一行動，中國將西沙主島「武德礁」重新命名為永興島。

西沙海戰中，怒濤號本身航速便不高，加上在炮戰和接舷戰中受到的創傷，根本無法跟上逃離的同伴。12 時 12 分，剛剛到達的南海艦隊獵潛艇第 74 大隊 281 編隊接到了攻擊命令，281 艇和 282 艇便全速上前，向重傷後不及逃走的怒濤號猛烈射擊。我方兩艇裝備的 4 座雙聯裝 66 型 57 公釐機關炮在接近作戰中發揮了極大的威力，70 倍口徑的長炮管使炮彈出膛速度達到每秒 950 公尺，彈道穩定，破壞力大，而且，每個炮管的射速高達 70 發，8 根炮管在兩次總時長 2 分 28 秒的急速射中一氣向怒濤號狂泄了幾百發炮彈，在中國軍艦猛轟之下，儘管怒濤的水兵也作出了拼死的努力，但是最終還是厄運難逃，於 14 時 52 分在羚羊礁以南 2.5 公里處沉沒。

這一仗充分顯示了中國海軍新型 037 型獵潛艇航速快，火力猛的優點，以後很長一段時間，037 型艇便成為中國海軍最鍾愛的近海主力

利器之一。

再說 4 號艦陳慶瑜號。由於直到 18 日為止，陳慶瑜號都是南越的旗艦，但那天由於南越指揮官何文鍔的到達，陳平重號變成了旗艦，所以，我方 271 編隊的所有火力都集中在陳慶瑜號上，並集中向其主炮、火控、通訊與指揮系統上傾瀉。

陳慶瑜號畢竟只是一艘護航驅逐艦，幾乎沒有什麼裝甲，在這樣的彈雨之下，很快就烈火熊熊。而我方的炮手始終緊緊咬住對手，盯著其要害部位——炮位、雷達天線、通訊指揮系統射擊猛烈射擊，距離從 1000 公尺打到了 300 公尺，絲毫不給敵人以喘息之機。

陳慶瑜艦原屬於美海軍「薩維奇」級護航驅逐艦，名為福斯特號，編號 DER334, 1971 年 9 月交給南越使用，先後擊沉過北越 14 艘艦船而聞名。越軍在對西沙海戰的報導中稱其為巡洋艦。它是前期越南艦艇的旗艦，直到陳平重號到來，因為中國海軍不瞭解越軍已經改變了旗艦，因此西沙海戰中形成對它的圍攻。

不可思議的是這艘艦異乎尋常地長壽，1975 年 4 月 29 日，北越的坦克開進西貢，陳慶瑜號當時正在船塢中修理，被北越軍隊俘虜，此後被編入越南人民軍海軍，編號 HQ—3，至今依然是越南海軍的練習艦。《簡氏艦船年鑒》1997 ～ 1998 年版還介紹了這艘長壽的老軍艦。

編入北越海軍的陳慶瑜號，編號改為 3 號艦。再說 5 號艦陳平重號，它和 16 號艦是同級艦，該艦排水量 1790 噸，陳平重號原來是美國海軍 Castle Rock 號水上飛機補給艦，二戰結束後編入海岸警備隊，編號 WHEC—383。交給南越海軍後改裝為驅逐艦使用，是這次西沙作戰中越南海軍的旗艦，越軍指揮官何文鍔大校當時就在該艦上面。

西沙海戰中李常傑號側舷前落下了高大的水柱，一發 127 公釐炮彈從水面下擊中了它，炮彈直達輪機艙，所幸的是沒有發生爆炸，目瞪口呆的南越水兵不禁破口大罵，原來這是外海的戰鬥雙方相距太近，陳平重號的 127 公釐主炮發揮不了優勢，心想對遠處陷入困境的姊妹艦提供支援，不料卻幫了倒忙。中國水兵目睹這幕突發的喜劇，士氣更增，將更多的炮彈射向這艘倒運的敵艦上。

該艦在西貢陷落的時候正處於可以開動的狀態，南越海軍官兵用它運載若干家屬，冒死出逃到達菲律賓，被解除武裝。1976 年 4 月，原南越海軍人員離開該艦，將該艦交給菲律賓政府使用，成為菲律賓海軍 Francisco Dagahoy 號護衛艦。1985 年該艦退役，1993 年解體。

李常傑號，原為美國海軍水上飛機補給艦 Chincoteague（AVP—24）號，轉讓給南越海軍後，改為驅逐艦。西沙海戰中與該艦配合的怒濤號護衛艦因為主機故障脫列，造成了中國海軍追揍李常傑的場面。

李常傑號剛剛有所恢復，不料再遭中國海軍痛擊，其艦體傾斜到了 20 度，並喪失了無線電、供電以及自動控制系統，僅剩下一部主機還能勉強運行，根本無法繼續作戰，只得朝西北方向撤離。它是海戰雙方最早脫離戰場的艦艇。

西沙海戰中最早撤離的李常傑號已經接到了搶灘而保全水兵性命的命令，但其輪機長還是奮力將其開回峴港，那時，這艘奄奄一息的軍艦已經傾斜到了 40 度，經過檢查，發現艦上共有大大小小彈痕 820 處之多。

南越瓦解的時候，李常傑號選擇了和陳平重號一樣的路線，出逃南洋，不久到達菲律賓，同樣於 1976 年 4 月加入菲律賓海軍，1985 年退役。

在菲律賓海軍中服役的李常傑號，此時的名稱為 Andres Bonifacto

（PF—7）號。此外，越南海軍還曾經準備派遣麒麟號登陸艦增援西沙守軍，但是由於中國軍隊作戰順利，各島先後失守，只好退回。麒麟號為原美國大型登陸艦 Jerome County 號，轉讓越南海軍。

在西沙危機期間，該艦一直駐守西沙，為守島部隊提供補給。但是西沙海戰期間，它正好不在這一海區，逃過了劫難。1975 年，南越瓦解的時候，該艦被北越軍隊佔領，但是該艦成員戲劇性的逃脫了監視，將該艦開走，逃到菲律賓，作為菲律賓海軍 Agusan Del Sur 號繼續服役到 1992 年。

在近期日本軍事期刊《防衛週刊》中，有一篇題為《中國海軍的遠洋能力》的文章，作者三野正洋，其中有一段稱為「中國 VS 越南的海上戰鬥」，特別提到中越 1988 年在南沙群島的「三一四海戰」。

海戰後一年，日本記者三野正洋在峴港看到了越軍 505 登陸艦，該艦被中國海軍重創後在戰場 4 公里外的鬼喊灘擱淺，中方收容其殘餘官兵並上艦檢視，因該艦破損太大，已經沒有任何利用價值，沒有將其拖回，但越軍十分珍惜這艘噸位最大（4100 噸）的登陸艦，專門派員緊急修理後將其浮起拖回，但自己一直沒有力量進行修復，只好放置碼頭任其鏽爛。

對於這次被中國稱為「赤瓜礁海戰」的戰鬥，已經多有報導，記得當時老薩還在大學，當天聽到這一消息時喜憂參半，喜的是中國對南沙群島的主權一直流於形式，這次終於有海軍參戰了，看來「我國領土最南到曾母暗沙」不再是一句話了；憂的是筆者那時候做一點期刊的軍事版面工作，雖然只見皮毛，也知道我們的海軍當時裝備、待遇都很成問題，這一仗打起來結果如何，真有點兒擔心，畢竟，就中國海軍來說還從來沒在那樣的遠海打過仗呢。而且，當年西沙海戰，雖然打得漂亮，也付出了相當的代價呢。

直到第二天，聽到《美國之音》報導，說在南沙海面經過的美國商船看到「被中國軍艦擊毀的越南艦艇還在海面上燃燒」，才終於放下心來，知道中國海軍這一仗不但沒有吃虧，而且大有佔便宜的跡象。

此後的報導中，提到這次戰鬥中國海軍出動鷹潭（531）、湘潭（546）、南充（502）三艘護衛艦，掩護陸戰隊員奪取赤瓜礁，並與越南海軍艦隻發生激戰，先後擊沉越軍武裝運輸艦 HQ604、HQ605 兩艘，越軍用登陸艦改裝的 505 指揮艦被重創後在鬼喊灘搶灘擱淺，我軍登艦將其俘獲。整個戰鬥中只有我方登礁人員楊志手臂亮受傷，艦艇無恙。

戰鬥之後，中國海軍立即緊張地做出防空態勢，準備迎擊越南空軍利用岸基機場的反擊，但很快就發現在南沙海區的越南各艦艇聞風而逃。此戰，保障了永暑礁海洋觀察站的建設，也使我軍得以順利控制渚碧、華陽、赤瓜、南熏各礁至今（其中三個礁是此戰後收復的）。

這次海戰，僅僅持續了 48 分鐘，因為規模不大，在國外報導並不充分，所以，這次的日刊報導頗有些參考價值。在日刊的文章中，引用了越軍的戰報說明，越南方面提出的雙方陣容是：

越軍：3 艘運輸艦及其護航艦艇。

華軍：7 艘高速炮艇，3 架米格式戰鬥機。

越方並聲稱米格式戰鬥機來自海南的我軍基地，整個戰鬥中，越軍一艘運輸艦被擊沉，一艘炮艦負傷，戰死 15 人，負傷 74 人，中方無損失（我方統計斃傷敵 60 餘人，俘敵中校以下 40 多人，略有出入但因無法調查越軍死亡人數，誤差不大）。

這個表述肯定有些問題，因為中國方面不可能派小艇到那樣遠的

海區作戰，而且，我國所屬戰鬥機，由於航程問題，當時無法遠航，對南沙的戰鬥鞭長莫及。

赤瓜礁戰鬥後，因為當時越南海軍處境艱難，中國和美國的艦艇不會再免費贈送，原來騙來的撿來的老艦備件缺乏，維修困難，蘇聯雖然賞一點殘羹剩飯，但看來也是日薄西山，自顧不暇了，所以，越軍將戰鬥中受損的艦艇，拖回港口，想新 3 年舊 3 年，打壞了就焊，焊好了再來個 3 年。但是由於中國海軍護衛艦 100 公釐主炮炮彈威力實在太大，艦體破壞嚴重，只好擱置在港口，任其銹蝕，正好被這個日本記者看到了。

「南海二號」即 HQ605，和被擊沉的 HQ504 一樣，屬 820 噸級武裝運輸艦，我軍認為該艦在戰鬥中被擊沉不妥，該艦實際是受損燃燒，可能美軍看到正在燃燒的越南艦艇，就是它或者 505 艦。該艦也因為受損太重，難以修復而被迫擱淺碼頭。

最後，提一下參戰的中國艦艇和指揮官，算是對此文的補充。鷹潭艦（531），現在已經退役，在青島海軍博物館展出。湘潭艦（546）現在孟加拉海軍中服役。南充艦則已經退役了，也在青島展覽。

值得一提的是此戰的指揮官，中方總指揮陳偉文海軍中將，現在已經退役，在廣州含飴弄孫。不過，老將軍當年的專業很有意思，大學裡，陳偉文的專業，是武漢大學生物系。

不明潛艇遊日本

所謂「潛水艇入侵日本領海事件」，指的是 2008 年 9 月 14 日上午 6 時許，日本海上自衛隊愛宕號導彈驅逐艦，在高知縣水域發現一艘不明國籍的潛水艇。日方認定其並非美軍和自己的潛艇後，隨即出動大量飛機和艦船進行搜索，但最終一無所獲，該潛艇悄然消失在海洋深處。此後，日本媒體在報導中引用軍事專家的看法，認為這是一艘中國的潛艇。

日本媒體的看法是言之鑿鑿，根據其報導，日本軍事分析人員的思路是這樣的，在日本周邊國家和地區中，擁有對日本領海進行潛艇滲透能力的，只有美國、俄羅斯、中國、臺灣、韓國和朝鮮。

美國與日本是軍事同盟關係，按照雙方協定，戰時日本自衛隊要接受美軍指揮，美國潛水艇在日本的活動類似「太上皇」，所以這艘與日本方面捉迷藏的潛艇不可能屬於美國；俄羅斯的太平洋艦隊是蘇聯的遺產，已經多年沒有添置新潛艇，其已有潛艇的聲納特徵都已經被美國和日本掌握，這次發現的潛艇並不在其中。

臺灣擁有的海軍艦艇中，只有海龍、海虎 2 艘荷蘭製潛艇具備遠洋作戰能力，但事發時該 2 艇都在臺灣軍港中，有衛星照片為證。

韓國與美軍有軍事協作關係，事發時所有韓國潛艇的位置美軍都有記錄，不可能出現在現場。

朝鮮的潛艇活動頻繁，但主要是針對韓國進行偵察和滲透，其較為先進的袖珍潛艇航程不能到達日本南側的高知海區。

朝鮮海軍中能夠到達這一海區的只有中國設計的 33 型潛艇，而 33 型潛艇還是毛澤東時代贈送給朝鮮的老潛艇，噪音很大，不可能在日方現代搜潛行動中逃脫。

如此說來，這艘潛艇只能是中國的。

有道理嗎？姑妄聽之吧。我們需要記住的是，中國方面理直氣壯地否認了這是中國的潛艇，日本也立刻就含糊了，承認沒這回事兒。

假如真是中國的潛艇，那再綜合日本的報導，這個事件背後的深意，就太令人深思了，其中至少有幾大詭異之處。

中國潛艇到豐後水道幹什麼？

大家可以看出來，這次事件日本方面非常緊張。緊張的第一個原因，就是這次出事的海域太重要了，竟然是在豐後水道！

豐後水道何以重要？要說這個問題，首先要搞明白，豐後水道在哪兒？——「豐後水道，是日本九州與四國島之間的海峽，南接太平洋，北接瀨戶內海。」這麼說恐怕是不夠讓人明確的，怎麼才能讓我們理解豐後水道的重要性呢？

這樣說吧，熟悉軍事的朋友大概都對日本戰列艦大和號有印象吧。1945 年 4 月 6 日，這艘當時世界最大的戰艦，攜帶單程燃料從日本本土出擊沖繩進行自殺攻擊，就是經過豐後海道南下的。結果，由於美軍在豐後海道出口處部署的潛艇發現了大和號編隊，隨即招來大量美機實施攻擊，終於將其在次日擊沉。大和號的沉沒，實際宣告了日本海軍的覆亡，此後日本海軍再也沒有主動出擊過。

豐後水道和關門海峽，是日本本土與南方大洋海域之間的兩扇大門，玩笑不是這樣開法！歷史的教訓使日本方面充分認識，如果這兩扇大門被別人盯上將會是怎樣的被動。這就是在此處發現「不明國籍潛水艇」後日本一片驚呼的原因。

那麼，中國海軍如果對豐後水道感興趣，會是出於什麼目的呢？

豐後水道在日本靠近太平洋一側，如果出現在這裡的是中國潛艇，說明中國海軍的胃口已經深入了大洋的藍色水域。具體而言，假如中國海軍對豐後水道有興趣，恐怕還要和南面那個寶島聯繫上。

美日若干預臺灣事務，其最有威脅的基地就是沖繩和關島，關島太小而沖繩孤懸海外，從各個方面都需要依靠從日本本土的後勤支持。

如果中國海軍具備窺伺其南下水道的能力，日本方面鑒於付出代價太大，在參與臺灣問題的程度上必然有所顧忌。而這種威懾，對沖繩的後勤補給線來說是令人恐懼的。一旦日本退出這個遊戲，「穿42碼靴子的大男」自己玩起來大概會更加刺激——刺激到需要琢磨敢不敢玩的地步。

如果真的是中國潛艇出現在豐後水道，這是一個意味深長的標誌。

首先，這說明中國海軍在戰略部署上有著令人驚訝的大膽，已經脫開了傳統的防禦思維，其威脅直接指向日本近海，有一旦開戰立即封鎖日本南下通道的企圖。這是一個極具攻擊性，明顯不怕把天捅個窟窿，要玩就一起玩大的打法。

不合理是吧？可是如果想想中國兵法一打仗就習慣去切對方的補給線，傳統評書裡所謂的「劫糧草」，而現在這支中國軍隊傳統上歷來習慣你打你的，我打我的，地雷裡頭加中藥，出手不講套路的特點，也不是一點兒都不可能。

其次，這種做法或許說明中國海軍對自己的定位。目前中日和兩岸關係都在明顯升溫，在這種情況下還開著潛艇到人家門口溜達，是不是應該叫做居心不良的挑釁呢？

這叫職業軍隊的特點。

中蘇蜜月時期，鐘偉少將毅然把老大哥列為假想敵，博得劉伯承的坦然贊許。這一將一帥，算是真的知道應該怎樣做一個合格的軍人。

養兵千日，用兵一時，此血勇也，為敢死之軍。

練兵千日，用兵一時，此骨勇也，為可恃之軍。

備戰千日，用兵一時，此神勇也，滅人國，絕人祀，此破軍之軍也。

封鎖遠洋海道，沒有制空權、制海權的情況下，潛艇是主要手段。等到真用得著了再去那裡晃悠，難道日本政府會向東海艦隊提供當地的洋流特徵、地質特點和自衛隊的反潛系統資料嗎？

職業軍人，就是在別人享受和平的時候，枕戈待旦的那種人。

當然，現在中日兩國都已經澄清此事，顯然以上分析都屬於子虛烏有，紙上談兵。

這次的潛水艇事件發生以後，中國方面顯然對日本人的胡亂猜測大為不滿，新華網上有軍迷不無調侃地指出，日本自衛隊不會把浮出水面的鯨魚當成潛水艇了吧？

這並不是完全在開玩笑，日本人自己也有這樣問的。愛宕號是日本最先進的宙斯盾驅逐艦，裝備精良，在世界可稱前列。然而，這次它發現「不明國籍潛水艇」，依靠的卻是最原始的手段——肉眼。

根據《東京新聞》18 日的報導，當時的情況是這樣的：14 日清晨 6 時 56 分，正在豐後水道進行訓練活動的愛宕號上，剛剛吃完早餐走上甲板的日本艦長和炮術長忽然發現左舷 1 公里左右的海面上出現了一個突出的物體——「啊，那不是潛望鏡嗎？」兩人同時反應過來，愛宕號上警報大作，對「不明國籍潛水艇」的搜索隨即開始。

最先進的戰艦，卻要靠肉眼發現對方的潛艇，這有點兒黑色幽默的意思，就像英阿馬島之戰飛魚導彈擊中謝菲爾德號時，英國人也是用肉眼發現導彈一樣幽默。

把水面的漂浮物或者出水的鯨魚誤認為潛艇的例子，歷史上類似的事情不少。

不過，日本防衛相林芳政的發言，實際排除了這種可能。林芳政表示，在發現目標後，愛宕號一面上報並請求核實是否看到的是美日潛艇，一面隨即開始對目標進行跟蹤，並一直跟蹤其達 1 小時 40 分鐘之久，直到 8 時 39 分才失去目標。這中間目標曾在水面停留 5 分鐘左右，發現日方跟蹤後向日本領海外駛去。

在 1 小時 40 分鐘的追蹤中，還不能判明對方是否屬於鯨魚，未免太過分了。更重要的是，林芳政提到，在這 1 小時 40 分鐘的對抗中，愛宕號主要使用主動聲納對目標進行的搜索。

這就可以比較有把握地排除鯨魚和漂浮物的可能了。

主動聲納，指的是艦艇主動發出聲波或超聲波，通過對目標回波進行探測的方式鎖定潛艇。與之相對的是被動聲納，即通過監聽對方水下發出的聲音來尋找目標。使用主動聲納，如果是形狀類似潛望鏡的漂浮物，基本不會有回波；如果是鯨魚，其柔性肉體的回波也與剛性的潛艇迥然不同。所以，如果日本自衛隊艦艇使用了主動聲納，依然不能判斷對方是鯨魚還是潛艇，那業務水準也太差了點兒，自衛隊的訓練總監可以直接上吊去了。

愛宕號在搜索中使用主動聲納的資訊，也同時為《讀賣新聞》的報導所證實，並提到正是在使用主動聲納進行搜索 30 分鐘以後，才基本確定對手確實為潛艇。

然而，看在粗通海軍常識的朋友眼裡，又有第二個詭異之處了。詭異，就在於日本方面一上來就使用主動聲納進行探測。

在海軍中，這屬於一種很沒風度的做法。因為主動聲納的使用，意味著首先暴露自己的位置，跟夜戰中舉著手電筒亂照沒什麼區別，等於把自己變成了一個對方的活靶子，真打仗的時候，往往不等確定對方位置就被潛艇的魚雷幹掉了。

對於海軍來說，一上來就亂放主動聲納屬於菜鳥的水準，對於老

鳥來說，主動聲納通常是在兩種情況下才使用的：第一是捕捉到了對方，準備攻擊時需要測距；第二是鎖定對手後，用強大的聲波直接轟炸對方，表示「你輸了」的意思。你說愛宕號是足夠自信，認為和平時期對方不會放魚雷把自己轟掉所以肆無忌彈，這也沒錯。但是一行有一行的規矩，亂來會被行家笑話，美蘇多年在水下進行貓捉老鼠的遊戲，艇長們對這種遊戲的潛規則都是很遵守的。

日本海上自衛隊的訓練據說也很嚴格，不應該做出這樣沒專業水準的事情來。當時「不明國籍潛水艇」正在向日本領海外移動，用被動聲納捕捉其螺旋槳的轉動聲音，正是極好的機會。愛宕號連續使用主動聲納的理由只能有一個——日本軍艦用被動聲納，根本聽不到對方在水下活動的聲音。

對於這次事件中，愛宕號匆匆使用主動聲納進行反潛搜索，有些朋友認為並不一定是日本海上自衛隊無法「聽」到對手，而是在自家門口無所顧忌，抑或對發現的潛艇已經定位，用主動聲納當「聲魚雷」，試圖迫使對方認輸，從水下浮上來。

這些分析不是沒有依據，但是細想起來有不合理的地方。

首先日本海上自衛隊方面於 16 日的記者招待會上，承認在一個多小時的追蹤中，沒能真正跟住對手，雙方接觸若即若離。所以，還遠沒到把對方鎖定，再用主動聲納「調戲」對方的時候。要真是想用這個手段迫使對手上浮，就如同小孩兒玩藏貓貓的時候喊「我看見你了，你出來」差不多。

換了你，你出來嗎？

其次，從愛宕號是依靠肉眼發現目標潛望鏡來看，該艦的聲納系統，在「不明國籍潛水艇」接近到 1 公里的時候，依然一無所知。特別是海自幕僚長赤星廣治在這次記者招待會上的話，證明了愛宕號的耳朵這一次的確有點兒聾。赤星在發言中是這樣說的：「在這次接觸中，未能有效對該潛艇的螺旋槳和發動機聲音獲得取樣，因此，也就無法確定潛艇的國籍。」

說到這兒，我們應該回頭看看這次事件以後日本政府的態度。大家是否還記得2004年在日本南部海區，發生的「中國核潛艇侵入日本領海事件」？那一次，儘管同樣無法讓那艘潛艇浮出水面，日本卻氣勢洶洶地向中國提出抗議，態度十分強硬，中國方面反而比較低調。而這一次日本方面雷聲大雨點小頗為低調，面對中國方面的抗議立即縮手，態度很不相同。

這是因為中日最近關係不錯嗎？我不這樣認為。就算是關係不錯，換位思考一下，假如是日本潛艇這時候跑到旅順基地海邊浮上來，我們會客氣嗎？只會對這種明一套暗一套的行為更加不滿。

我的看法是這一次日本的確沒有拿到確鑿的證據，確定這是中國的潛艇，所以炒作起來有所顧忌。而中國方面，也明顯知道日本沒有這樣的證據，自然敢於強硬。雙方的態度變化，無非是雙方手中有多少底牌的表現。

在自己國家領海裡發現「不明國籍潛水艇」，是很多國家都發生過的事情，中國也不例外，東海艦隊老掉牙的海南級還不留神撈過美國核潛艇呢！

中國海南級獵潛艇，脫胎於蘇聯上個時期前期的So—1級，曾於1971年5月意外在訓練中搜到一條溜進來的「大傢伙」，迫使其浮出水面後，證實是美國海軍當時最先進的大白鯊號核潛艇，您看，貓捉老鼠的事情真是無奇不有。

然而，這捕捉「不明國籍潛水艇」就像香港警匪片一樣，很多時候並不是不知道「罪犯」是誰，而是因為種種原因不能將其繩之以法。大多數「不明國籍」的潛艇被發現時，主人對其身份都是一清二楚的。這是因為，由於機械加工的微小差異，每條潛水艇在水下活動的時候，其發動機和螺旋槳發出的「聲紋」都是特定的。這就像每個人的指紋都是特定的一樣。

各大海洋國家都對潛在對手的各艘潛艇「聲紋」有監控和記錄，美日、北約等有同盟關係的國家還共用有關資料庫。因此，一旦某艘「不明國籍潛水艇」出現，對其進行搜索的艦艇往往可以通過聲納收集其「聲紋」，與資料庫中的資料進行比對，很容易識別出其真實身份。例如，1981 年在瑞典擱淺的蘇聯 W 級 U137 號潛艇，在瑞典海軍中早有記錄，綽號是「醉漢」——因為它經常以不規則的航跡進入瑞典領海，如同酒後駕車一樣沒譜而得名。

因此，儘管有些時候無法真正捕捉到對方潛艇，也無法迫使其浮出水面，但「不明國籍潛水艇」的身份，其實並不是秘密。2004 年那一次，儘管中國潛艇沒有浮出水面，日本方面還是準確地確定這是一艘中國漢級核動力攻擊型潛艇，其原因就在於此。

這種情況下，雖然沒有抓住對方的手腕，但其實是抓住了把柄的，雙方只是心照不宣而已。2004 年日本對中國的聲量很高，大體如此。而這一次，從赤星的發言看，這條艇的行動聲音非常輕微，愛宕號的聲納根本捕捉不住它的螺旋槳聲紋特徵，也就無從與現存的資料庫進行對比了。

由此可見，這很有可能是一型從未公開出動過的新型靜音潛艇。

有趣的是，日本海自在分析這艘潛艇為何出現在豐後水道並升起潛望鏡的時候，推測居然還和這個聲紋有關。《東京新聞》18日早刊引用自衛隊幹部的話說，豐後水道是美日潛艇和水面艦艇經常通過的要道，這艘潛艇的任務，很有可能是在當地收集各艘通過艦艇的聲紋並建立資料庫，以便此後可以在水下輕易判斷打交道的美日艦船的身份。它升起潛望鏡，是希望通過目視記錄愛宕號艦首的艦號來確定其艦名。「唯一過分的地方是它居然在只有1公里遠的地方出水窺視，其實，在5公里外進行這個工作就夠了。」這名海自幹部說。

當然，我們前面已經證實了，這次在豐後水道活動的，絕不可能是中國潛艇。在這個前提下，我們且琢磨一下，中國潛艇有沒有可能達到這種水準呢？

傳統的中國潛艇，因為採用蘇聯技術，並且缺乏足夠精密的工藝技術、噪音較大、信號明顯，這是不爭的事實。中國海軍宋級柴電潛艇，因為有一個怪異的靴子型指揮塔而易於辨認，是到2004年為止，中國最安靜的潛水艇。

衝向索馬利亞

中國海軍派出171、169和887三艘戰艦組成編隊，自三亞出發開往索馬利亞打海盜。

有人說這是中國15世紀以來第一次什麼什麼的，這純屬瞎掰，且不說發海嘯的時候中國海軍還派艦到東南亞撤僑救災，就算出動戰鬥部隊，1916年林建章和陳世英兩位將軍就率艦出鄂霍茨克海干涉過蘇聯，那回，中國海軍還扔了不少日本兵到冰窖裡洗澡凍死呢。

大家對這次海軍出發亞丁灣，有種種解讀。其中之一認為這只是

一個姿態，並不是真準備打仗，這個觀點我一直是不大認同的。

中國海軍去索馬利亞，戰艦、精兵、打海盜，可以演繹成各種各樣的故事。不過，這件事真正的內涵，並不在一時的喧囂熱鬧。

索馬利亞，是中國的上帝在新世紀賜給中國海軍的一份禮物，它給了中國海軍遊弋於大洋之上最合理的理由。

中國海軍，你的任務是什麼？

保家衛國，建立鋼鐵的海上長城。

這是毫無疑問的。但是，這並不是一個大國海軍唯一的任務。

從中國提出建立一隻藍水海軍那一天起，它就挑起了在海上維護中國利益的沉重擔子。30 年來，中國的發展，在全球經濟一體化進程中演奏出一曲強勁的樂章，中國的利益，與世界的每一個角落，有著千絲萬縷的聯繫。在南非的商店裡，可以看到中國運來的皮鞋，在波斯灣的岸邊，停靠著中國遠洋航運集團的油輪。

海軍，是要用在大海上的。僅僅在海岸外面放一道新的防線，不是海軍全部的任務。我們並不缺乏保衛國家的勇氣。擊沉怒濤，血戰赤瓜，海軍用自己的生命與熱血表達了對國家的忠誠；我們也曾經深入大洋，去追蹤運載火箭，把考察團送上南極大陸。每一次任務，都展現了中國海軍軍人的業務水準。但是，不得不承認，中國長期奉行的大陸文化，使我國在海洋上的影響，與一個世界大國的身份，尚存差距。要趕上這個差距，中國海軍只有走出去，走向海洋、適應海洋、熱愛海洋，讓飄揚著鮮紅的「八一軍旗」的艦艇在遠海的藍色中劈波斬浪。

但是，戰爭是殘酷的，絕非豪言壯語可以打贏。要做出這樣的回答，海軍必須做出艱苦的努力。除了製造出必要的軍艦，軟體也十分重要。遠洋訓練，後勤支援，通訊與決策，火力與機動，都需要在實踐中積累經驗。

一個海軍軍官告訴我，即便只是一個普通的遠航能力，也不是在近海能夠鍛煉出來的。出海一個星期還好，兩個星期，人就會變得火氣大，三個星期，脾氣沒有了，但有些人會變得反應遲鈍，這個時候，事故率也是最高的。

這一切，都不是書本上可以解決的。

而這些，都是美國、法國、英國人過去數百年間在做的，今天他們飄揚在海洋上的旗幟，染著幾代海軍軍人的血汗和光榮。

所以，想建立一支真正的藍水海軍，都需要我們走出去，走到大洋中去。在一個風雲變幻的世界，走出去卻是一個艱難的課題——雖然我們有了可以走出去的軍艦，但這不僅僅是一個技術問題，更是一個政治問題。

在一個和平時代，象徵一個國家軍事力量的海軍旗，每一步向外走，都不得不考慮到國際的影響。尤其是中國這樣一個大國，難免帶來一些或敵視或緊張的目光。雖然這些目光來自潛在的敵人，但也來自真正的朋友。任何軍事存在，都必須經歷這樣的考驗。

我們不畏懼爭鬥，但我們更知道「統一戰線」曾經是我們的法寶，和「以和為貴」的道理。於是，索馬利亞就給我們提供了一個最好的機會。

打海盜是世界人民都支持的，這與爭霸無關。因為索馬利亞發生的海盜危機，我們的海軍在世界各國海員們感謝的目光中出征，藍海上的五星紅旗，為全世界的水手提供著安全和溫暖。

到非洲海岸的護航行動，既是中國海軍自主參加維護藍水和平行

動的良好契機，也使定期跨越大洋的遠征成為我國海軍的極佳訓練機會，讓我們對遠洋的作戰和保障有了充分的實踐。同時，世界也因此平靜地接受了中國海軍在大洋上的存在。只有暗中腹誹著中國發展的人，才會啞巴吃黃連，有苦說不出。

衝向索馬利亞，這是一個政治和軍事雙贏的選擇，世界為索馬利亞感謝中國，感謝所有在那裡維護國際安全的世界各國海軍軍人，前往索馬利亞打海盜成為了中國在大洋上參與國際事務里程碑的重大事件。

風雲滾滾釣魚台

釣魚台的主權之爭，是中日之間長期糾纏的一大重要問題。日方長期堅持釣魚台屬於日本，但是，從歷史事實上來說，日方這種說法其實是站不住腳的。

歷史上，當中方有軍事力量加入保釣活動時，日方的自衛隊多會出動參與對抗。1997 年，為反對日方在北小島建立燈塔，臺灣曾計畫派遣直升機往釣魚台投擲國旗宣示主權。但因計畫洩漏，日方南西航空混成團指揮官佐藤守空，將立即指揮航空自衛隊的 E—2 預警機和 F—4 戰鬥機前往阻擊。因為當時臺灣使用的主力戰鬥機 F—104 多為日本自衛隊退役後轉交的陳舊飛機，無法和日方對抗，前往釣魚台的行動最終未能成功。

釣魚台之博弈

隨著2008年12月8日，中國2艘海監船進入釣魚台海域執行任務，中日針對釣魚台主權問題再起波瀾。2月4日，日本媒體報導，日本海上保安廳宣佈自2月1日起將派遣一艘裝載直升機的巡視船進入釣魚台海域常駐巡邏，對這條消息，中國方面表示如果屬實將做出進一步反應。

日本方面真的準備在釣魚台方向大打出手嗎？儘管日方的動作似乎咄咄逼人，但如果分析一下，就會發現這條新聞背後隱藏著頗多值得玩味的內容。中日釣魚台的博弈，遠不是表面看上去那樣簡單。

在幾乎所有日方報導中，都稱中國方面派出2艘「海洋調查船」進入釣魚台海域，這一消息來自日本政府所屬海上保安廳的情況通報。實際上，中方派出巡視釣魚台海域的2艘船隻，是「海監46號」和「海監51號」2艘海洋監察船，隸屬於國家海洋局東海監察總隊。這2艘船的船體和煙囪上，都按照中國政府規定，漆有海洋監察部門鮮明的標誌，根本不可能被忽視。而日方的報告，卻明顯出現了一個微妙的「錯誤」。

實際上，這個微妙的區別，或可看出日方對中國方面這次行動的態度和預案。這是因為，中國出動「海洋調查船」還是「海洋監察船」到釣魚台海域，其含義是完全不同的。

所謂「海洋調查船」，指的是對海洋資源進行調查的科學考察船，按照國際法規定，這樣的考察船，允許在公海和其他國家專屬經濟區活動，甚至可以在通報對方的情況下，到他國領海進行資源調查。

而「海洋監察船」，其含義則完全不同。我國法律規定，中國海監

總隊的主要職能是依照有關法律和規定，對我國管轄海域實施巡航監視，查處侵犯海洋權益、違法使用海域、損害海洋環境與資源、破壞海上設施、擾亂海上秩序等違法違規行為，並根據委託或授權進行其他海上執法工作。所以，海洋監察船是不折不扣的執法船隻，工作環境只限於本國領海。中國的海監總隊，和日本的海上保安廳實際是對等的執法機構。

因此，中國派遣海洋監察船到釣魚台海域，是對釣魚台周圍中國領海進行海洋執法的政府行為，非常明確地宣示了中國對這一海區的主權。這一行動意義深遠，鑒於釣魚台是一個無人島，對其主權管轄的表現，就是在其周邊海域的執法管理。因此，在未來圍繞釣魚台的任何主權爭議中，中方都可以此說明自己從未放棄過對釣魚台的實際管轄權，直到 2008 年仍在此海域進行官方的執法活動。這將使日方試圖通過在釣魚台海域「持續實際管轄」來達到強行獲取釣魚台主權計畫陷入極大的困境，這種官方活動是此前中國民間保釣活動中從來沒有成功達到的成果。

中方的這一步棋，看來確實讓日方措手不及。由於選擇了國際金融危機的大背景實施這一行動，被危機搞得焦頭爛額的日本政府對中國方面的行動明顯準備不足。

中國監察船一路進入釣魚台海域，直到 2 船 8 點鐘進入釣魚台周圍 12 海浬海區開始維權行動時，日方根本沒有發現中方的行動。日方最早關於中方船隻進入釣魚台海域的報告，是 8 時 10 分發出的，中方進入該海域進行官方執法的既成事實已經達成了。

面對中國監察船的行動，日方可以做的選擇已經很少。第一，是立即翻臉，出動艦船將中國監察船阻止或驅逐到釣魚台海域之外。第二，是吃啞巴虧，讓中國方面完成使命後自行撤出。從後來發生的情況來看，日方採用的顯然是第二個方案。從實際情況分析，日方如果採用第一個方案，是很困難的。中國這次出動的 2 艘海洋監察船是東海海監總隊海監 46 號（標準排水量 1100 噸，全長 70 公尺，隸屬東海海監 4 支隊）和海監 51 號（標準排水量 1900 噸，全長 90 公尺），比日方當時在附近海域的「知床號（PL101）」和「國守號（PL126）」正好在噸位上稍勝一籌，這 2 艘日艦標準排水量均為 960 噸。有備攻無備，中方心理上佔據了明顯優勢。

此時，日本方面只有出動海上自衛隊才有成功的可能。但是，與中國發生這樣的衝突顯然需要極大的決心，同時中國方面船隻的身份此時給日方出了極大的難題。日本憲法規定，自衛隊只有面對他國軍事力量的時候才可以使用。中國海監屬於國家執法部門，卻不是軍事力量，日方如果出動自衛隊等於出動軍隊，將引發國際上的軒然大波，更加重了日方的決策困難。

事實上，根據此後的情況判斷，中方對日方可能的激烈反應明顯成竹在胸，2 艘海監船一直在釣魚台海域停留了整整一個工作日，直到當天晚上才悠然返航。其間日方遲遲沒有進一步反應。

由此可見，日方對中國方面這次的行動，預先缺乏應變方案，也沒有進一步激化的決心。因此，過後聲稱中國進入釣魚台海域的是「海洋調查船」，並「派遣一艘裝載直升機的巡視船進入釣魚台海域常駐巡邏」更像是一種應付國內輿論的善後舉動。

這樣處理，筆者看來日本政府似乎也是基於兩條不得不為的理由：第一，日本長期在其國內宣傳釣魚台為日本領土，若中方在釣魚台進行宣示主權行動而日方不採取強烈反應，難免引發民眾的激烈反彈。

第二，日本首相麻生在國內長期以鷹派面目出現，若對中國方面的行動不採取針對性「反擊」，其危若累卵的支持率將面臨崩潰的局面。如今，把中方進入釣魚台的船隻稱為「海洋調查船」，雖然在國際上是掩耳盜鈴，但對於其本國民眾來說，則完全改變了事情的性質——淡化了主權之爭，強調了雙方矛盾核心是中方「海洋調查船」沒有事先通報日方就「進入日本領海」。這種情況下，日方派遣保安廳的大型艦隻常駐釣魚台顯然已經是個足夠的反應，而中方因為已達到目的，有可能不會對日方採取進一步強硬的行動。

不過，即便如此，如果繼續進行分析，會發現日方的這個善後行動也很微妙。按照日本保安廳的海域劃分，實際負責釣魚台海域「巡視」任務的，是總部在沖繩的海上保安廳第11管區海上本部。這個海上本部目前可使用的巡視船中，只有一艘可以攜帶直升機，那就是2001年下水的琉球號巡邏艦，編號PLH09，從目前的情況看，如果日方所宣佈的計畫屬實，琉球號就應該是進駐釣魚台海域的那艘巡視船。

琉球號，是日本建造的新型津輕級遠洋巡視船，標準排水量3221噸，滿載排水量4037噸，續航力6000海浬，裝備貝爾212直升機一架，40公釐和20公釐機關炮各一門，是日海上保安廳第11管區海上本部最大的一艘巡邏艦。將其常駐釣魚台，無疑比其他船隻有更強的自持力和機動能力。

一切似乎都很有道理。然而，這個方案卻不大現實。

這是因為釣魚台是個確確實實的無人島，沒有碼頭、海灣跟可以構築建築的平地，日本從1894年開始，不斷在釣魚台上試圖興建永久性有人居住設施，始終不能成功。這裡環境極其惡劣，根本無法滿足人類最基本的生活需要，在現有技術條件下更不可能建成船隻的基地。

所以，要把琉球號長期駐紮在釣魚台，幾乎是一個不可能的任務，除非日本方面投入巨額經費對釣魚台進行大規模的建設改造。這不但在日本目前困難的經濟形勢下極少可能，而且可能引發國際上難以確定的反應。

日本真的有這種決心嗎？

從我們目前掌握的資訊來看，日本保安廳各海上本部之間，並沒有大型艦隻相互調動的跡象，這就使琉球號近期到釣魚台執行「常駐」任務的可能性大為降低。因為琉球號是沖繩海域日本保安廳所轄艦隻中一枝獨秀的大艦，其他船隻最大的不過 1500 噸，不到它噸位的一半。作為該管區唯一裝載直升機的大型巡邏艦，琉球號在當地保安廳的海上行動中有著重大的意義。例如，今年年初，沖繩漁民的釣魷魚船因大風在與那國島附近發生傾覆，其他巡視船因為噸位小，抗風浪能力不足難以救援，只有琉球號依靠靈活的直升機將遇險漁民救出。沖繩地區海域遼闊，如果琉球號常駐釣魚台不歸，日本保安廳在沖繩的日常工作將受到重大影響。

因此，如果琉球號短期離開這一海域尚可，如果準備長期駐守釣魚台海域，日本海上保安廳必然調動其他本部的大型船隻前往 11 管區代替琉球號，否則很難保證 11 管區的日常工作順利進行。海上保安廳所有 9 艘津輕級巡視船中，有 6 艘分別配屬給第 1、2、5、7、8、9 管區擔任旗艦，能夠調動的只有第 10 管區的 2 艘（PLH03 大角號，PLH04 早戶號）之一。第 10 管區駐紮的鹿兒島縣恰好在沖繩的北鄰，前來增援也比較方便。可是，如上面所說，這 2 艘艦根本沒有南下的跡象。

事實上，我們得到最新的消息，當日本海上保安廳即將派遣 PLH 艦到釣魚台常駐這件事在日本被傳得沸沸揚揚的時候，那艘唯一符合條件的琉球號，2 月 4 日卻並不在沖繩海域，而是作為日本方面的代表，到東南亞參加反擊海盜活動會議去了。

如此看來，日方在釣魚台這張支票開得的確很妙，穩住了國內的輿論，又沒有真的派艦到釣魚台去常駐，也不會激怒中國，真是裡子面子全有了。

但或許等到民眾遺忘的時候，這個常駐會因為經費什麼的原因也被遺忘了；或許三天打魚兩天曬網地去「常駐」一下；或許趁中國鬆懈下來，真的來個大換防把琉球號派去，也不是不可能。

不過，即便這種常駐僅僅是一種姿態，針對中方的「保釣」活動，日本在釣魚台周圍的部署，經過多年經營已經形成了一個立體多層次的完整體系，令人不可掉以輕心。由於歷史的原因，日本在釣魚台海域一直試圖製造出日方「實際掌握」這一地區的輿論，而中方的保釣工作則對此不斷發動衝擊，在雙方你來我往的對抗中，日方的對策已經形成了某種套路，其對應體系，也可說是按照這個套路構成的。

這個體系，大體可以分成三個層次：

第一個層次，是民間對抗層次。日方對中方的民間保釣活動，主要通過海上保安廳的力量進行對抗，其主力即前面提到的海上保安廳第 11 管區海上本部。這個部門屬於日本的民事系統，共計裝備各種巡邏船 20 艘，包括巡視船 17 艘，測量、燈塔補充和救難船各一艘，並擁有包括 4 架直升飛機的 11 架各型海上巡邏機。中國大陸、臺灣、香港、澳門的多次民間保釣活動，遇到的對手主要就是這支力量。

由於主要是與民間力量對抗，海上保安廳的日方艦船和飛機的對抗多採用低烈度手段，目的是阻止保釣人士靠近和登上釣魚台。其程式通常為在 40 海浬遠距離以外開始用直升飛機跟蹤，進入 40 海浬後用燈光信號警告；進入 12 海浬中距離後採用放煙霧和造浪的方式對保釣船隻進行干擾，8 海裡中距離用中文廣播警告後，用水龍噴射或採用危險航線逼迫保釣船改變方向。也曾發生過雙方接舷後日方用竹棍等毆打保釣人員的事情；假如保釣船逼近到距離釣魚台 2、3 海浬的超近距離時，日方會採取撞擊的方式阻止，同時為避免巡視船擱淺，在岸邊會改用快艇拉攔阻索攔截，有時派出小船或潛水夫到釣魚台灘頭攔截鳧水上岸的保釣人員（釣魚台沒有碼頭，船隻無法靠岸）。

歷史上數次發生中國保釣人員的傷亡，多是在雙方進行船隻撞擊等情況下發生的。2008 年，在臺灣的強烈抗議下，日本保安廳召開記者會，為在釣魚台海域撞沉臺灣聯合號漁船一事鞠躬致歉。

但日方在這種對抗中，通常比較重視控制衝突烈度。2008 年臺灣全家福號保釣船的宣示主權行動中，由於臺灣艦艇隨同護送，日方摘下巡視船上火炮的炮衣，表示了強硬的態度，是唯一一次對抗升級到實彈級別的記錄，但最終雙方也沒有發生交火。

第二個層次，是針對中方有軍事背景的行動進行警戒和對抗。這個任務，主要由防衛省自衛隊在沖繩的部隊擔任，目的是宣示用軍事力量控制釣魚台的決心。

在沖繩的日本自衛隊，陸上自衛隊只有一支 1900 名官兵組成的輕步兵混成團，現任團長武內誠一陸將補，並沒有在外島作戰的能力。海上自衛隊的沖繩基地隊（指揮官小松龍也海將補）力量較弱，水面艦艇主力是第 46 掃雷艦隊，轄三艘 510 噸掃雷艦，也從未在釣魚台方面露過面。

日本自衛隊參與釣魚台方面的對抗，主要通過航空自衛隊駐紮在沖繩的「南西航空混成團」，以及海上和陸上自衛隊的空中力量。這個

混成團使用F—15、T—4等型飛機，指揮官山川龍夫空將。2004年，一艘中國潛艇出現在沖繩海域，這個混成團曾經派飛機參加搜索。

不過，日方對出動自衛隊參加對抗小心翼翼，1997年日本航空自衛隊的行動報導，被當時的日本首相橋本龍太郎封殺，即便是前線指揮官佐藤守也給部下定了兩條規定：一、不得使用武器；二、不得離對方戰鬥機過近。

日本自衛隊在對抗手段和對抗強度上明顯高於保安廳，但兩者互不同轄，交流資料鏈也不暢通。自衛隊的出動程式較為繁瑣，判斷對方是否出動了正規軍事力量是其中最難的部分。例如，這次中國出動的海洋調查船，日本國內有人認為中國的海洋調查與軍隊關係密切，應該看做軍事力量，可出動自衛隊進行對抗，但最終沒有得到支持。因為日本在出動自衛隊上顧慮重重，通常在釣魚台等低烈度衝突中，自衛隊都是雞肋，通常不能有效率地出動。

第三個層面，現在依然基本停留在紙面上，就是在釣魚台出現大規模軍事衝突時，日本自衛隊在本土的力量將投入對抗。

2005年1月16日，日本共同社披露，日本防衛廳（省）已對釣魚台等島嶼制定了一套「西南島嶼有事」對策方針，其核心內容是：當西南諸島「有事」——實際包括中方出動軍事力量佔領釣魚台時，日本防衛廳除派遣戰鬥機和驅逐艦參戰外，還將派遣多達5萬5千人的陸上自衛隊和特種部隊前往防守。參戰的日本自衛隊成員，除海上與空中武裝力量外，還將由受過登島作戰訓練特種部隊官兵和具有空降能力的中央快速反應部隊官兵組成。考慮到釣魚台不可能展開大規模的陸上部隊，這個計畫的主戰場主要在沖繩本島。

儘管這個計畫在當前日本社會和法律形態下令人不可思議——日

本法學界在自衛隊員是否可以在戰鬥中殺死敵人而不承擔刑事責任一事一直在爭論中，但日本防衛省已經在釣魚台以北180公里的宮古島修建新型雷達基地，用於更有效地掌握釣魚台方向中方的動向，這一舉措看來與所謂「西南諸島有事」的假想，顯然是一脈相承的。面對日方長期潛心構築的體系，中方怎樣保衛自己在釣魚台的主權，是一個值得深思的問題。

釣魚台的海權爭奪戰

釣魚諸島，位於臺灣東北，距基隆190公里，含11個無人島礁，主要島嶼包括釣魚台、黃尾嶼、赤尾嶼等。日本方面稱其為「尖閣列島」，堅持釣魚台屬於日本領土的理由，大體可以分為三派：

第一派，認為釣魚台是作為臺灣屬島，於1895年《馬關條約》隨臺灣、澎湖列嶼割讓給日本的，因此屬於日本領土。這一派別在日本的聲音不甚響亮。因為即便主張「臺灣地位未定論」的勢力，也承認1951年《三藩市和約》中，日本明文放棄了臺灣、澎湖及其所屬島嶼的主權，只是對這主權是否為中國所繼承表示疑問。臺灣屬島彭佳嶼等就是按照這個原則歸還的，因此，如果日方認為釣魚台是臺灣屬島，根本就沒有法理資格繼續談對釣魚台的主權。

第二派，認為釣魚台屬於琉球群島，1874年日本吞併琉球的時候，一併獲得釣魚諸島的主權。但是，琉球政府編的琉球正史《中山世鑒》中，詳細介紹了琉球所屬36島的情況，並指出其西界為姑米山，其領土範圍並不包括釣魚諸島。沒有任何證據和理由認為釣魚諸島在日本吞併琉球時是其領地。所以，日本持這種觀點的派別，由於

其理論站不住腳，也是少數派。

第三派，認為釣魚台是日本八重山群島的一部分，與臺灣無關。日本外務省的聲明《關於尖閣列島主權的基本見解》明確解釋了這種代表日本政府的官方觀點，稱「尖閣諸島，1885 年以後（日本）政府通過沖繩縣當局再三到當地進行了調查，不但確認這裡確實是無人島，而且慎重確認了沒有清國管轄這裡和相關的痕跡。1895 年 1 月 14 日內閣決定在此設立標誌，確認此地編入我國領土。」

由於 1895 年 1 月 14 日早於《馬關條約》（1895 年 4 月），因此日本方面認為釣魚諸島是日本早於《馬關條約》佔領的「無主島」。

因為第一派和第二派的觀點，在理論上很容易被駁倒，第三派意見是日本輿論目前的主流派別。因此，如果能夠駁倒這一觀點，也就是駁倒了日本官方對於釣魚台擁有主權的理論基礎。對於「無主島」，特別是無人的無主島主權，國際上有這樣的認定原則——首先命名者、首先發現者都可以宣佈擁有主權，而最有力的證據，則是率先將其繪入版圖。

當然還有一個居民情況，由於釣魚諸島不具備人生存的基本條件，日本幾次試圖送人上去居住，最後都以失敗告終。因此，釣魚諸島至今都是無人之島，沒有居民。

釣魚諸島之主島，包括釣魚台、黃尾嶼、赤尾嶼的中國命名，遠遠早於日本命名的魚釣島、屋久島和大正島，因此，中國顯然是這一群島的最先命名者。1534 年，中國第 11 次冊封琉球使郭侃在《使琉球記》中首先記錄了途徑「釣魚台」的事實，是目前記錄的該島最早目擊發現人。而 1562 年的《籌海圖編》一書，則首先將釣魚台繪入了地圖，甚至 18 世紀日本學者林子平的《三國通覽圖說》（1785 年），將釣魚台和中國本土繪製成同一顏色，明確表明這是中國所屬。

這些證據，也是我國堅持釣魚台主權的時候，使用的重要歷史依據。既然依據如此充分，為何日方依然視而不見呢？

原因是日方也有一套邏輯來反駁。知己知彼，百戰不殆。且看日方怎樣看待這一問題。

對於最先命名，日方的看法是對釣魚台的命名中國沒有記載具體的命名人，當時東亞地區都受到中華文化的影響，也可能是其他國家之人用中文命名該島，因此，中方沒有足夠證據說明命名的是中國人。當然，日方也沒有證據是哪一國人對此進行了命名，所以依據首先命名者確認主權的做法在釣魚台問題上不適用。

對於郭侃的第一個發現說，日方的看法是郭侃沒有上島，只是把釣魚台當做航行中標識點，不能認為他是釣魚台的發現者。雙方漁民雖然都有上島的，但由於沒有明確記載，無法分辨誰先誰後，因此依據首先發現者確認主權的做法，在釣魚台問題上也不適用（作者按：事實上由於黑潮流向影響，臺灣漁民去釣魚台是順水，很方便，而八重山漁民是逆水，所以這裡是臺灣的傳統漁場）。

以上兩條，日方從不與中方正面交鋒，因為他們很清楚採取以上任何一條原則確立主權，日方都必敗無疑。但是，對於版圖問題，日方無法推託——國際上對無人島的主權認定，最權威的方法莫過於誰先將該島劃入自己的版圖。

日方採取了迂迴的方法，他們聲稱《三國通覽圖說》一書不是權威性的版圖史料，因為其中雖然將釣魚台與中國本土都用淺紅色標注，但臺灣另為其他顏色，因此這種顏色並非國境含義。如果中國認為這本書可以作歷史依據，則表示承認臺灣那時不是中國領土。而《籌海圖志》一書，日方認為根據來源看，這並不是一部版圖，而是一

部軍事圖書。它的編者是明朝大將胡宗憲，主持對抗倭寇。1560 年以來，倭寇對華中、華南威脅很大，胡宗憲 1562 年編制此書，目的在於組織抗倭戰爭。當時明軍防禦力僅及澎湖，所以臺灣就未繪入此圖，繪入釣魚台並非表示這是明朝領土，而僅僅是標示倭寇來襲路線。

日本學者提出關鍵的看法是——「沿海地圖上面，通常既標有本國領有島嶼，也標有同一海區其他國家的島嶼與領土。比如，日本的沿海圖上面，也會有朝鮮半島南端的一部分，臺灣的沿海圖上面，也會有日本的石垣島、與那國島，這是很普通的現象。」

因此，日方認為《籌海圖志》上面出現釣魚台，也並非確定說明釣魚台是當時大明的領土，仍然有可能是外國島嶼或者無主島嶼。

如此說法，確實強詞奪理，但是用在日本國內，或者在和一些國際人士打交道的時候抛出來，匆忙之間對其進行反駁，確實要花不少功夫。因為釣魚諸島都是無人島，我國在封建時代，對於無人島的管轄和領土標識不夠重視，海圖中經常缺少國內和國外島嶼間的標界，給後人在討論這些島嶼主權的時候，帶來不少的麻煩。

有沒有更加有力的證據，可以一下將日方的論據駁倒呢？

在研究相關文獻時，為了準確起見，薩專門查閱了提到的圖書、海圖等，結果意外地發現這樣的論據還真是有的，而且，在我國討論釣魚台的問題中，似乎還尚未有使用這一論據的。

中國確實曾在日本以前，明確地將釣魚諸島（至少是部分）劃入了自己的版圖，這是一個無可爭辯的事實。而在歷史上立下這一功勳的人，是晚清「中興三名臣」之一，曾任湖北巡撫的胡林翼。

胡林翼，晚清中興名臣之一，湘軍重要首領，與曾國藩齊名，時人並稱「曾胡」。時人評價二人相比，論學問胡不及曾，但比曾聰明；

論毅力胡不及曾，但比曾練達；論苦熬胡不及曾，但比曾巧幹。胡林翼一生評價複雜，一方面，他文武雙全，有富國強兵之決心並精通兵法，被稱為清朝「中興三名臣」之一；另一方面，他又長期被視為「鎮壓太平天國的劊子手」而在官方史書中被給予負面評價。但是無論如何，胡林翼對後代的影響超出我們今天的瞭解，先後領導中國的國共兩黨領袖——蔣介石和毛澤東，都對胡深表欽佩，這大約是近代人物中獨一無二的了。

然而，胡林翼在釣魚台問題上能夠對後世有所幫助，卻是當時始料不及的。今天，如果查找釣魚台的有關資料，可以看到這樣的記載：清同治二年（1863 年），胡林翼、嚴樹森等編繪了《大清一統輿圖》（又名《皇朝一統輿圖》），其上用中文地名標出了釣魚台、黃尾嶼、赤尾嶼等島；而凡屬日本或琉球的島嶼，皆注有日本地名。作者在跋文中還特意注明：「名從主人，如屬於四裔，要雜用其國家語。」這是我國對釣魚台擁有主權的重要依據之一。

由於《大清一統輿圖》中的記載，既不是最早的文字記錄，也不是最早的地圖記錄，所以多被作為加強旁證使用，其名不彰，其對於釣魚台的主權意義，也是通過「名從主人」的跋文，以釣魚諸島的標注並未雜用四裔（夷）語言，間接推斷出釣魚諸島屬於中國領土。

在這種先入為主的觀念導引下，老薩對這部古代資料進行了實際的驗看，發現事實上《大清一統輿圖》遠比上述文字所記更為有力地證明釣魚諸島當時確實屬於中國領土。

能夠得出這一結論，需要首先看一下《大清一統輿圖》是怎樣一部文獻。所謂胡林翼編制《大清一統輿圖》，其實並不十分確切。這部書是在胡擔任湖北巡撫任上，監督聘任鄒漢池等人編纂的清朝全國地

圖，尚未完成，胡林翼即病死，由嚴樹森繼續主持，終於在 1862 年完成。由於標注準確，記載詳細，這部文獻一直被作為中國近代航空測繪開始前的權威官方地圖。它能夠有這樣的權威性，一個重大原因是此圖融合了中國「畫方」與西洋經緯線，使其對地理的描述，與今天通用的地圖更加接近，而與中國傳統的示意圖類地圖有明顯的區別。

《籌海圖編》卷四沿海山沙圖中可以看到釣魚台，但是這種中國傳統地圖對於島嶼位置、面積等的描述明顯有較大的隨意性。

而《大清一統輿圖》要嚴謹得多，這可能反映了胡林翼本人對於編纂這部地圖的思路，胡是軍事將領出身，善於用兵，深知地圖若要實用，必須具備精細準確，與實際地理吻合的特點。這部文獻準確地記載了珠穆朗瑪峰、羅布泊等重要地理標誌。《大清一統輿圖》的詳細、準確，至今尤有重大價值。

可惜的是，胡林翼死後，很長時間中國歷屆政府對於自己國家的地圖勘測、繪製工作始終不加重視，以至於抗日戰爭中日軍使用的地圖（依賴間諜繪製），比中國軍隊使用的還要準確。

經過對原書的檢證，可以看到《大清一統輿圖》一書中，釣魚諸島可見於南七卷的東二、三、四、五圖。其中，第二、三圖對於確定釣魚台的歸屬有著決定性的意義。

日方學者一直堅持中國古代地圖如《籌海圖編》中，釣魚諸島可能是作為靠近中國領土的別國或無主島嶼被列入圖中，並不能說明其屬於中國版圖。

的確，「日本的沿海圖上面，也會有朝鮮半島南端的一部分，臺灣的沿海圖上面，也會有日本的石垣島、與那國島」，這個很正常，鄰國也不會有意見。但日本地圖中不可能有一頁全是朝鮮半島，而沒有任何日本領土，臺灣的地圖中也不可能有一頁僅僅是石垣島和與那國島。那肯定是要引來鄰國抗議的——你們國家的地圖冊，怎麼放的全是我們的領土？

《大清一統輿圖》是權威的中國版圖文獻，而權威的版圖文獻中專門有一頁繪製釣魚台和黃尾嶼，這便是中國政府最早將釣魚台劃入國版圖的鐵證。

因為劃入版圖，是為無人島歸屬的最重要依據。故 1895 年 1 月 14 日，日本將釣魚台作為「無主地」併入的做法，是沒有法理依據的——因為釣魚諸島在 1862 年，已經被中國收入了自己的版圖，這裡根本不是無主之地。

要推翻這個鐵證，唯一的辦法就是找到比中國更早將此地劃入版圖的證據。

但這顯然無法從日本方面找到。事實上，不要說劃入版圖，連日本「尖閣列島」這樣名詞的出現，都是晚於《大清一統輿圖》的。

今日日本文獻中，將釣魚諸島稱為「尖閣列島」、「尖頭諸嶼」、「尖閣群島」或「尖閣諸礁」，日文中最早出現「尖閣」地名的時間，是 1866 年在《環瀛水路志》中，晚於《大清一統輿圖》成書 4 年，且僅僅作為水道標識，並未標明其所屬。日本外務省也只能認定釣魚諸島劃入其版圖是 1895 年。

事實上，當我們對日語中尖閣群島這一地名進行進一步的調查，還有新的發現——那就是日本使用的尖閣群島一詞並非出自日本，而是從英語翻譯而來，而且，很可能所指的島嶼並不包括釣魚台！

問題還要回到《環瀛水路志》這本書。這本 1866 年（一說 1886 年）日本海軍部編制的航道水文圖書中，在今天釣魚台附近的位置標

上了「尖閣群島」的名稱。但是，在「尖閣群島」字樣的旁邊，還有一行英文發音標注，稱為「ピナクルグロース」。這個「ピナクルグロース」是什麼呢？原來是英文「Pinnacle groups」的發音。「Pinnacle」的含義，是教堂的尖頂，日本人是直接從這個含義翻譯過來，將這裡稱作「尖閣諸島」或「尖頭諸嶼」的。

由於日本長期使用造成的反向影響，今天西方也經常用「Pinnacle Islands」代表釣魚諸島。然而，「Pinnacle groups」和「Pinnacle Islands」並不是一個含義，《環瀛水路志》引用「Pinnacle groups」的時候，所代表的卻不是釣魚諸島。

Pinnacle groups 最早見於英國 1855 年繪製的《臺灣—日本間各島嶼及中國沿海圖》。英國軍艦薩馬朗號（Samarang）1845 年在船長巴爾切爾爵士（Sir Edward Balcher）指揮下，對西太平洋這一帶海域進行了考察，並將釣魚台以東的岩礁群稱為 Pinnacle groups。

日本《地學雜誌》曾注明 Pinnacle 即尖閣，指的是釣魚諸島中南小島上面突出的石岩。

而巴爾切爾爵士的記錄中，對當地的島嶼有三個記錄：

1. Hoapin San Islends：Hoapin San 即和平山，是西方對釣魚台的別稱，薩馬朗號 6 月 14 日勘查完石垣島後「轉舵向和平群島前進」；

2. Pinnacle groups：即日本記錄的尖閣群島，是釣魚台東南的岩礁群，於 6 月 15 日考察了此地；

3. Tiau Su：即黃尾嶼，於 6 月 16 日考察了黃尾嶼。

由於釣魚台主島與東南方向的南北小島諸島之間有一條明顯的避風水道，而黃尾嶼距離釣魚台 48 公里，因此，巴爾切爾爵士將其分成三個部分描述是很合理的推測。

因此，日本所說的尖閣群島，又稱尖頭諸嶼，指的應該僅僅是釣魚台東南，南北小島等組成的岩礁群。

1900年，在日本的黑岩恒《尖閣列島探險記事》中，依然這樣描述釣魚諸島——「帝國海軍省出版の海図（明治30年刊行）を案ずるに、本列島は、釣魚嶼、尖頭諸嶼、及び黃尾嶼より成立し渺（びょう）たる蒼海の一粟なり」（譯：按照帝國海軍明治30年出版的海圖，這個列島包括釣魚台，尖頭諸嶼，以及黃尾嶼，看來仿佛滄海一粟），也就在這篇文章中，黑岩用了個偷樑換柱的手法，用小的尖閣諸嶼之名大而化之，囊括了更大的釣魚台、黃尾嶼——「列島には未だ一括せる名稱なく、地理學上不便少なからざるを以て、餘は竊かに尖閣列島なる名稱を新設することとなせり」（譯：這個列島還沒有統一的名字，為了減少地理學上不便，我且私下給它起閣新的名字，叫做尖閣列島吧）。

也就是說，如果有日本人說日本從1885年對「尖閣諸島」就擁有主權的時候，請他學學日本歷史，他們那時候「尖閣諸島」的說法實際上並不能包括釣魚台、黃尾嶼等主島，日本所能爭的，不過釣魚台東南的南北小島群礁即「尖頭諸嶼」而已。

在研究釣魚台的歷史淵源過程中，筆者還有一個新的發現。

《歷代疆域形勢一覽圖》是嘉定人童世亨所製，最初出版於1914年，我買到的這一本，是1938年重印的。

既然如此，有朋友就說了：「老薩你吃多了，撐糊塗了？釣魚台問題引用資料都是從明朝開始，你找民國的東西，是不是稍微晚了點兒啊？」

要是證明釣魚台歸屬，這份資料是晚了點，可是別忘了在這個問題上，日方一直有一個觀點，70年代發現了那周圍的石油之前，中國一直沒提過自己擁有釣魚台主權，後來才跟日本人爭起來。

這一說，好像我們衝著那點兒石油去的。

有朋友曾經提出，對於釣魚台問題，如果能夠找到日本地圖中關於釣魚台屬於中國的標注，那是最有價值的證據。比如 1785 年，日本仙台人林子平彩繪《三國通覽圖說》中，把釣魚台與中國大陸畫成同一種顏色，與琉球諸島和日本畫成不同顏色；凡屬琉球的地區均用日文加注，而釣魚台等島嶼則沒有，這就是非常重要的證據。

如此，中方地圖中對釣魚台的標識意義何在呢？

因為日本爭論釣魚台主權的時候，有兩條很重要的觀點：

第一，日本聲稱佔有釣魚台主權，原因在於「日本政府はこの明治 18 年以來、沖縄県當局を通じるなどして、尖閣諸島の実態調查を行い、『この諸島が清國に所屬する証拠はない』と判斷した後の明治 28 年に先占論によって日本の領土であることを閣議決定しました。」摘自《尖閣諸島の歴史概要》（譯：日本政府於 1875 年以來，通過沖繩縣當局，對釣魚諸島的實態進行調查，做出「這些島嶼沒有屬於中國的證據」的判斷後，於 1895 年內閣通過決定，以「先占」的理由將其劃入日本領土）。

第二，日本聲稱中國對於釣魚台主權的主張，開始於 20 世紀 70 年代，此前並無對釣魚台主權的要求。

在 1863 年出版的《大清一統輿圖》這部中國官修地圖集中，專門設立一頁標示釣魚諸島的釣魚台和黃尾嶼，明確表明了當時中國對釣魚台的主權。這個時間，比日本對釣魚台開始考察，至少早了 12 年。

那麼，中國將釣魚諸島劃入中國版圖，就說明日本的第一條觀點不成立，因為如果中國 1863 年已經通過地圖標示了對釣魚台的主權，日本 1895 年所謂「這些島嶼沒有屬於中國的證據」就是睜著眼睛說瞎話了，所以，根本不能使用先占原理來獲得釣魚台主權。同時，也說明中國對於釣魚台主權的宣示，至少在19世紀60年代已經存在，日本的第二條觀點「中國對於釣魚台主權的主張，開始於20世紀70年代」也不成立。

如果日本通過「先占」獲得釣魚台主權無效，它對釣魚台的佔領，只能被視為《馬關條約》的產物或偷占中國領土。若是偷占，自然要歸還，若是通過《馬關條約》……實際上，釣魚台至今在中國行政區劃上屬於臺灣，可見中國的傳統認識上，釣魚台是臺灣的附屬島嶼。因此中國在1895年《馬關條約》中割讓臺灣及周圍諸島，自然無法在當時和日本理論釣魚台的主權問題。1952年4月日本簽訂的《中日和約》日文本規定「1941年12月9日前に日本國と中國との間で締結されたすべての條約，協約及び協定は，戦爭の結果として無効となつたことが承認される」（譯：凡1941年12月9日之前中國和日本間簽署的條約，協約及協定均作廢失效）。

因此，根據這一條約，日本通過《馬關條約》從中國獲得的任何權利，包括對臺灣、澎湖、釣魚台等臺灣附屬島嶼，即告失效。只是二戰後美國始終佔據釣魚台作為靶場，並於1971年錯誤地表示將仍是無人島的這些島嶼「歸還」日本，才導致了釣魚台始終沒有回歸中國。

故此，中國地圖上對釣魚台的記載，其價值可見一斑。而討論釣魚台問題，可以讓對方在上面幾個謬誤的觀點上充分發揮，然後，用我們的證據徹底將其推翻，所謂站得越高，摔得越慘，讓對方的態度越慷慨激昂，效果越好。

領土問題，固然是實力的體現，但道理的制高點，卻不能不站。

從《歷代疆域形勢一覽圖》中清代前期的疆域圖可以看到，在臺

灣東側外海，還有一連串的島嶼，標注著與中國領土相同的顏色，而沖繩島，則是完全不同的標識。

這些島嶼，是哪些島呢？

可以看到，將顏色標為開發中心國領土顏色相同的還有「石垣島」。那麼，這是否說明清朝中葉石垣島一帶也是中國的？

石垣島？忽然想起來，目前，經常在釣魚台海域活動的日本巡邏船，均來自日本海上保安廳的第 11 管區石垣保安部。這次中國在釣魚台被扣的中國漁民，也是被扣押在石垣島。可要是石垣島也屬於中國，那釣魚台周圍的事兒，可就熱鬧了。

實際上，這片和中國同一顏色的島嶼，包括的不僅是石垣島，而且囊括了整個八重山群島和宮古群島——如今，這裡都是日本管轄的土地，稱為「先島群島」。

石垣島一帶，古代是中國屬國琉球的一部分。奇怪的是，除此之外，卻沒有找到中國在石垣島乃至周邊島嶼設立行政機構的記載。不過，這張圖上，明顯把琉球的本島沖繩畫成了和日本相同的顏色，顯然，認為石垣一帶屬於中國，並非來自於琉球對中國的宗藩關係。那麼《歷代疆域形勢一覽圖》裡面，對於這塊土地的歸屬，又是來自什麼緣由呢？

查過以後才明白，雖然這張地圖聲稱使用的是乾隆年間的疆域，在這裡，卻使用了中日 1880 年就琉球問題簽訂的草約結果。在這個草約中第一款，日本即提出八重山群島和宮古群島劃歸中國所有。

說起來，這個條約，還有美國前總統格蘭特的參與。他 1875 年訪問中國時，中方請美國出面幫助爭回公理，阻止日本侵吞琉球（1872 年）。然而，由於形勢變化，這一調停未能按照中方預想達到琉球復國的目的，只得到了將琉球兩分，北屬日本，南屬中國的結果。按照這個草約，石垣島一帶，確實可以劃入中國版圖。

不過，中國中央政府從未批准過這個草約。一般認為，是李鴻章阻止了這個條約的簽署。

李鴻章為何阻止這個條約呢？有人稱其為賣國成性。其實事情並不是這樣簡單。仔細考察歷史實況，原來，日本方面在這個草約中暗藏著中國不能接受的內容，那就是和列強一樣享受在中國的最惠國待遇，暴露了日本對華野心。中方不批准此條約，也有其原因。

不過，八重山群島和宮古群島的歸屬，因此在一些中國瞭解此約的人士中形成了《歷代疆域形勢一覽圖》中表達的概念——畢竟，日本也曾在條約中將其列入中國所屬。

正在查這段歷史的時候，發現了一個令人唏噓的歷史細節。日本侵佔琉球，琉球國從無軍隊，其宗室除被俘外，大多逃往宗主國中國。儘管苦苦哀求，但清政府內外交困、政治腐敗，始終不能作出支持琉球復國的行動。他們對中日草約也持反對的態度，始終抱著琉球復國的態度。

這些琉球人大多長期滯留福州，客死異鄉。在日本，這批人被稱作「脫清人」。他們的墓地今天依然在福州，被稱作「琉球墓園」。

二戰後沖繩的獨立運動曾十分活躍，甚至其激進分子曾刺殺到沖繩的日本皇太子明仁（即今天的日本天皇），造成今天的日本皇后美智子負傷，這種不安形勢導致昭和天皇裕仁在全國各縣中，唯一未能去成的就是沖繩。不過這只是曇花一現，古老的琉球國，今天已經變成了歷史的一頁。

根據日本使者小葉田淳的記載，這樣死在福州的脫清琉球人，一共 576 人。

參考書目

1.《菊花與錨》 劉怡　閻京生 —— 武漢大學出版社

2.《北洋海軍艦船志》 陳悅 —— 山東畫報出版社

3.《大國崛起日本篇》 中國中央電視臺 —— 中國民主法制出版社

4.《軍人生來為戰勝》 金一南 —— 解放軍文藝出版社

5.《龍旗飄揚的艦隊》 姜鳴 —— 三聯書店

6.《日本武士道》 張萬新 —— 南方出版社

7.《火與劍的海洋》 宋宜昌 —— 上海科技普及出版社

8.《豐臣家的人們》 司馬遼太郎 —— 外國文學出版社

9.《決戰海洋》 宋宜昌 —— 上海科技普及出版社

10.《東方的「西方」》 劉景華主編 —— 中國文史出版社

11.《大洋角逐》 宋宜昌 —— 湖南人民出版社

12.《沉沒的甲午》 陳悅 —— 鳳凰出版社

13.《風暴帝國》 宋宜昌　倪建中主編 —— 中國國際廣播出版社

14.《東洋梟雄》 司馬遼太郎 —— 河南人民出版社

15.《輝煌帝國的軍事視角》 宋宜昌 —— 山東人民出版社

16.《明朝那些事兒》 當年明月 —— 中國海關出版社

17.《左宗棠傳》 左景伊——華夏出版社

18.《大國的興衰》 保羅·甘迺迪——世界知識出版社

19.《中外諜海縱橫》 李銀橋 張遵強 華乃強——農村讀物出版社

20.《德川家康》 司馬遼太郎——重慶出版社

21.《織田信長》 古木——中國工人出版社

22.《武田信玄》 古木——中國工人出版社

另有《艦船知識》、《軍事史林》、《軍事歷史》、《世界軍事》等期刊。

海魂貳—從甲午戰爭到釣魚台的海權爭奪戰

作　　者	李峰、薩蘇
發 行 人	林敬彬
主　　編	楊安瑜
編　　輯	廖詠如
美術編排	于長煦
封面設計	王雋夫
出　　版	大旗出版社　行政院新聞局北市業字第1688號
發　　行	大都會文化事業有限公司 11051台北市信義區基隆路一段432號4樓之9 讀者服務專線：(02)27235216 讀者服務傳真：(02)27235220 電子郵件信箱：metro@ms21.hinet.net 網　　　址：www.metrobook.com.tw
郵政劃撥	14050529 大都會文化事業有限公司
出版日期	2012年6月初版一刷
定　　價	280元
I S B N	978-986-6234-46-0
書　　號	History 37

4F-9, Double Hero Bldg., 432, Keelung Rd., Sec. 1,
Taipei 11051, Taiwan
Tel:+886-2-2723-5216　Fax:+886-2-2723-5220
E-mail:metro@ms21.hinet.net
Web-site:www.metrobook.com.tw

大旗出版 BANNER PUBLISHING

國家圖書館出版品預行編目資料

海魂貳：從甲午戰爭到釣魚臺的海權爭奪戰／李峰、薩蘇合著. -- 初版. -- 臺北市，大旗出版，大都會發行, 2012.06
288面；17×23公分 -- (History-37)

ISBN 978-986-6234-46-0 (平裝)

1.海軍 2.軍事史 3.近代史 4.中國

597.92　　101008894

大都會文化　讀者服務卡

書名：海魂貳—從甲午戰爭到釣魚台的海權爭奪戰

謝謝您選擇了這本書！期待您的支持與建議，讓我們能有更多聯繫與互動的機會。

A. 您在何時購得本書：______年______月______日

B. 您在何處購得本書：____________書店，位於____________(市、縣)

C. 您從哪裡得知本書的消息：

1.□書店　2.□報章雜誌　3.□電台活動　4.□網路資訊

5.□書籤宣傳品等　6.□親友介紹　7.□書評　8.□其他

D. 您購買本書的動機：（可複選）

1.□對主題或內容感興趣　2.□工作需要　3.□生活需要

4.□自我進修　5.□內容為流行熱門話題　6.□其他

E. 您最喜歡本書的：（可複選）

1.□內容題材　2.□字體大小　3.□翻譯文筆　4.□封面　5.□編排方式　6.□其他

F. 您認為本書的封面：1.□非常出色　2.□普通　3.□毫不起眼　4.□其他

G. 您認為本書的編排：1.□非常出色　2.□普通　3.□毫不起眼　4.□其他

H. 您通常以哪些方式購書：(可複選)

1.□逛書店　2.□書展　3.□劃撥郵購　4.□團體訂購　5.□網路購書　6.□其他

I. 您希望我們出版哪類書籍：（可複選）

1.□旅遊　2.□流行文化　3.□生活休閒　4.□美容保養　5.□散文小品

6.□科學新知　7.□藝術音樂　8.□致富理財　9.□工商企管　10.□科幻推理

11.□史地類　12.□勵志傳記　13.□電影小說　14.□語言學習（_____語）

15.□幽默諧趣　16.□其他

J. 您對本書(系)的建議：

____

K. 您對本出版社的建議：

____

讀者小檔案

姓名：______________ 性別：□男　□女　生日：____年____月____日

年齡：□20歲以下 □21～30歲 □31～40歲 □41～50歲 □51歲以上

職業：1.□學生 2.□軍公教 3.□大眾傳播 4.□服務業 5.□金融業 6.□製造業

7.□資訊業 8.□自由業 9.□家管 10.□退休 11.□其他

學歷：□國小或以下 □國中 □高中／高職 □大學／大專 □研究所以上

通訊地址：______________________________

電話：（H）______________（O）______________ 傳真：______________

行動電話：______________ E-Mail：______________

◎謝謝您購買本書，也歡迎您加入我們的會員，請上大都會文化網站 www.metrobook.com.tw 登錄您的資料。您將不定期收到最新圖書優惠資訊和電子報。

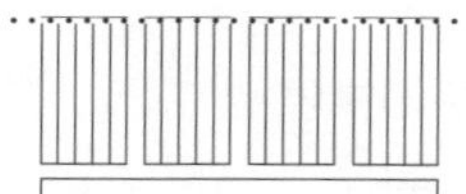

北 區 郵 政 管 理 局
登記證北台字第9125號
免 貼 郵 票

大都會文化事業有限公司

讀　者　服　務　部　　　收

11051台北市基隆路一段432號4樓之9

寄回這張服務卡〔免貼郵票〕
您可以：
◎不定期收到最新出版訊息
◎參加各項回饋優惠活動

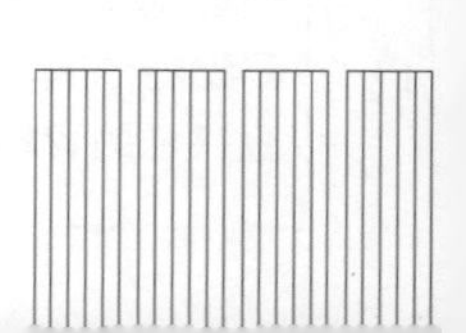

大旗出版
BANNER PUBLISHING